计算机编程语言课程设计丛书

Visual C++课程设计

——案例精选与编程指导

陈清华　朱　红　主编

·最新版·

东南大学出版社
·南　京·

内 容 提 要

学习程序设计语言的主要目的是能够利用简洁的语句编写出高效、完整的实用程序。本书正是为了满足广大读者的这一实际需要而编写的。书中精选出大量涉及各个领域的优秀案例,使读者通过阅读、分析优秀程序以及在样例程序的引导下编写程序等手段,掌握编写大规模实用程序的方法和技巧。

本书共分8部分,内容包括域名服务器的仿真程序样例及样例详解,经典有趣的游戏程序,简单实用的数学问题求解程序,清晰易懂的矩阵及向量处理程序,实用有趣、可扩充的小型管理程序,获取及利用时间和日期的实用程序,有趣、可扩充的多媒体应用程序,有一定难度的数据结构应用程序。书中精选的程序实用性强,语言简练,注释通俗易懂。程序组织结构及对问题的处理方法多种多样,覆盖面广,对读者编写大型实用程序有一定的借鉴作用。

本书是专门为大专院校理工科学生进行C++程序设计语言课程设计而编写的教材,对广大的计算机编程爱好者而言也是一本难得的实用参考书。

图书在版编目(CIP)数据

Visual C++课程设计——案例精选与编程指导/陈清华,朱红主编.—南京:东南大学出版社,2003.6(2025.2重印)
(计算机编程语言课程设计丛书)
ISBN 978-7-81089-275-9

Ⅰ.V… Ⅱ.①陈…②朱… Ⅲ.C语言-程序设计
Ⅳ.TP312

中国版本图书馆CIP数据核字(2003)第041923号

东南大学出版社出版发行
(南京四牌楼2号 邮编210096)
江苏省新华书店经销 南京玉河印刷厂印刷
开本:787mm×1092mm 1/16 印张:21.75 字数:556.86千字
2003年6月第1版 2025年2月第15次修订印刷
本册定价:35.00元
(凡因印装质量问题,可直接向发行部调换。电话:025-83795801)

计算机编程语言课程设计丛书
编委会名单

丛书总序

过去我国高等院校的非计算机专业大学生的计算机基础教育是分为三个层次进行的，即文化基础教学、技术基础教学、专业基础教学。由于除计算机专业外的理、工、农、医、文等各类专业十分复杂，同时各类专业对学生的知识结构要求不一，对掌握计算机知识技能的要求相差也很大，即使同是工科类但由于专业不一样，要求亦不同，如电子类专业和机械类专业要求就不一样。尽管如此，各专业基本上都设有“计算机文化基础”的教学内容，在这类课程中大都设置了不同的计算机语言课，如：BASIC、FORTRAN、PASCAL 及 C 语言等。根据许多语言教师和学生们的反映，学生们学过了程序设计语言，但却不会进行程序设计，当然更谈不上开发应用软件了。而由于信息技术的发展，学生毕业后工作中很需要程序设计的技能。

新的世纪对高校计算机教育提出了更高的要求，一是初、高中开设了信息技术课，今后进入大学的新生具有较好的计算机基础知识；二是信息技术的发展对大学生的计算机应用能力提出了更高的要求，因此，“程序设计”课程必须改变过去学生学了程序设计语言不会进行程序设计的状况。全国高校计算机基础教育研究会 2000 年深圳学术年会经过充分讨论一致认为：理工科大学生应当学习程序设计，以具有一定的软件开发能力。

我们认为，对大学生程序设计能力的培养是十分重要的，抓住了这一要害问题，以培养学生程序设计能力为主线，通过安排一个大作业，就能带动学生对程序设计的技巧、系统分析和数据结构、数据库等许多知识的综合应用，可以大大提高学生的分析思维能力，为毕业设计和以后工作需要打下一个良好的基础。

我们江苏省高校计算机基础教学工作委员会通过调查研究，召集了东南大学、南京理工大学、南京航空航天大学、河海大学、江南大学、南京师范大学、南京邮电学院、中国药科大学、南京工业大学、南京农业大学、江苏大学、解放军理工大学、江苏教育学院、南京气象学院、南通师范学院、扬州大学、南京中医药大学、常州工学院、沙洲工学院等院校多年从事计算机基础教学的第一线骨干教师们进行了多次研讨，综合了大家的宝贵意见，认为当前急需编写并出版一套“计算机编程语言课程设计系列教材”，以满足教学之需要。为保证本套书之质量，我们成立了丛书编委会，确定了以南京理工大学陈清华老师为主编的编写组。此套书采用开放式滚动出版的办法，即通过实践不断吸收广大师生的意见，充实新的内容，吐故纳新，努力打造精品，以取得较好的教学效果，热诚欢迎广大师生提出宝贵意见。

李文忠

2003 年 5 月 24 日

前　言

学了汉语的字、词、成语及语法，你未必能写出好的文章。但是优秀的文章读多了，你就能写出好的文章。而写出好文章的人，未必都是从文学院科班毕业的。

如果你不会游泳，即使请来国家游泳队的总教练，在岸上将蛙泳的每个动作要领都讲解得清清楚楚，你也把每个动作铭记在心，做得准确无误，而你正要跃跃欲试时，将你扔到深水里，你一定会被淹死。

本书主要目的是通过引导读者在阅读、分析、理解精选的优秀样例程序的基础上，学会一步一步设计完整程序的基本方法。提高读者用C＋＋程序设计语言来解决问题的能力，进而掌握编写高效、完整、面向对象的实用程序的设计方法，及编写大规模实用程序的方法和技巧。

本书中的优秀样例程序是从近10万行程序代码中精心挑选出来的。全书共分8部分，内容包括域名服务器的仿真程序样例及样例详解，6个经典有趣的游戏程序，7个简单实用的数学问题求解程序，6个清晰易懂的矩阵及向量处理程序，5个实用有趣的小型管理程序，2个简单实用的时间和日期处理程序，5个多媒体应用程序，以及6个实用但有一定难度的数据结构应用程序。

书中精选的程序实用性强，语言简练，注释通俗易懂。程序组织结构及对问题的处理方法多种多样，覆盖面广，对读者编写大型实用程序有一定的借鉴作用。

如果能把本书中的样例程序研读一遍，你就知道别人是如何写出优秀的程序的。如果你能在读懂三个以上样例程序的前提下，并按照题目中提出的“课程设计要求”去做，且能很好完成，你已经成为编程高手，这将使你在工作中受益无穷。

本书是专门为大专院校理工科学生进行C＋＋程序设计语言课程设计而编写的教材，对广大的计算机编程爱好者也是一本难得的实用参考书。

本书主编为陈清华和朱红，主要参编人员有朱近、靳丛、刘永、戴益民、王庆宝、刘明、钱芸生、赵琦、张峰、闫玉德。

本书能够正式出版，首先要感谢“计算机编程语言课程设计丛书编委会”的所有教授及专家，特别是东南大学的朱敏教授、南京邮电学院的秦军教授、中国药科大学的唐全教授以及南京航空航天大学的王珊珊教授，更要感谢南京理工大学张岳新教授、李晓梅、梅景春、陆汉栋、李涛、宗士增等相关领导，他们为本书的前期策划及编写提出了很多宝贵意见。

本书是编者总结多年来从事计算机教学的经验，结合实际科研开发的成果，几经修订编写成的。但由于时间仓促，书中难免有不当之处，恳请读者不吝指正。

陈清华

Cqh608@yahoo.com

2003年4月于南京理工大学

使 用 说 明

本书可以用作“Visual C++课程设计”的教材，也可以用作“Visual C++程序设计”课程大作业及上机编程参考书。如果作为课程设计教材使用，以下使用说明可供参考。

一、各学校根据课程进度和学时数来安排学生选题。每个设计程序按难易程度被分为A或B两个等级，原则上B级题为单选题，A级题可合做。建议由学生自由选题，但原则上不能重复。如果是二人合做一题，则教师要给学生规定好各自的工作，保证学生课程设计的不重复。所附光盘中“补充部分”文件夹中的题也可选做。

二、原则上学生在进行课程设计时应独立完成，以培养其分析问题和解决问题的能力。教师可以安排一定的时间答疑。

三、要求学生必须利用一定的时间（可以利用假期）针对所选题目进行分析、注释。分析清楚程序主要完成的功能，如果有类，注释清楚类的功能、类中的数据变量用途、类中的函数定义；注释清楚每个函数的功能、函数的参数、函数的返回值含义；注释清楚整个程序中，各代码段之间的前后运行关系、函数的前后调用关系；注释清楚程序中的每一行语句的具体含义。

四、学生在完成课程设计的基本功能要求之后，可根据各自的兴趣对所选设计题目的功能进行扩充，对程序结构进行改写。

五、本书和光盘上提供的代码程序仅作参考。所附光盘中为每个题目提供了一个代码程序。在进行课程设计时，可将包含设计题目的文件夹复制到硬盘中，去掉所有文件的只读属性，如果是第1,2,3,4,5,6,8部分的题目建议在VC6.0环境下编译运行，如果是第7部分的题目建议在Turbo C++ 2.0以上环境下编译及运行。

六、编程时，要求变量名、函数名、类名规范，语句嵌套采用缩进格式，尽量采用面向对象的设计方法。请参见附录1和附录2。

七、课程设计结束时，学生应提交完成的所有源程序及相关文件。同时撰写《课程设计报告》，其中主要包括以下内容：对题目的分析、注释，所增加功能模块的设计及设计中遇到的主要问题及解决方法，设计中尚存的不足，对设计的感想和心得体会等。

八、教师在考核学生的设计时，应增加面试过程。这样可以全面准确地了解学生对基础知识的掌握和对设计题目所做的工作，同时杜绝作弊现象的发生。因为题目的难易程度差别较大，第8部分设计题目相对较难，考核时应予以充分考虑。

九、如果有程序代码不在随书光盘中，请访问东南大学出版社网站 http://press.seu.edu.cn。

目 录

1 样例及样例解答

样例　域名服务器的仿真程序

1.1.1　程序功能简介

一个域名服务器的仿真(模拟)程序。一个简单的仿真模拟程序,其中包括数据的输入、查询和删除功能,要求在该程序的基础上添加一些功能,使程序的功能更为全面,操作更加方便。

1.1.2　课程设计要求

(1) 本程序每个功能只能完成一次操作,若进行同样的操作需退回到主菜单中方可进行,增加可以多次进行同样操作的功能。

(2)每次程序执行完后数据不能保存下来,应该将输入的数据存放在一个文件中,在每个数据记录格式中添加时间单元,存入添加数据时的系统时间,并可以根据不同的时间范围(某时间之前、某时间之后、某段时间之间)来查找域名。

(3)将数据保存在文件中,增加打开原有文件和建立新文件的功能。

(4)增加修改原有数据的功能,在修改数据时,应将新旧数据同时在屏幕上显示,并询问是否以新数据替换旧数据,按"确认"键后再将数据替换,否则放弃。

1.1.3　课程设计说明

(1) 本程序以链表的方式存储数据,基本结构比较合理,不需修改,应该在原有结构的基础上增加一些函数。

(2)评定难易级别:A 级。

1.1.4　关键源代码注解

```
#include <stdlib.h>
#include <time.h>
#include<iostream.h>
#include<ctype.h>
#include<string.h>
#include<fstream.h>
#include<stdio.h>

struct webaddress       //地址簿格式
{
    char www[5];
    char name[9];
    char adm[5];
    char country[4];
    webaddress *next;      //增加指针变量,作为链表进行操作
};
```

```
webaddress *head=NULL;    //全局变量,链表头
void Initial(void)
{
    cout<<"***************************************\n";
    cout<<"    欢迎使用域名服务器查程序                  \n";
    cout<<"        请选择以下功能                        \n";
    cout<<"                                              \n";
    cout<<" 1.查询数据                                   \n";
    cout<<" 2.插入数据                                   \n";
    cout<<" 3.删除数据                                   \n";
    cout<<" 4.打印全部数据                               \n";
    cout<<" 5.退出                                       \n";
    cout<<"                                              \n";
    cout<<"***************************************\n";
}

void Change(webaddress *pt1,char *TempChar)
{

    int i,j;
    int dot=0;
    static char str[10];
    for(j=0;TempChar[j]!='\0';j++)
    {
        TempChar[j]=tolower(TempChar[j]);    //将输入的字符串变成小写
            if(TempChar[j]=='.')
                dot++;          //统计数
    }
    if(dot==0)
    {
        cout<<"数据格式错误,未插入数据!\n";
        return;
    }
    for(i=0;i<4;i++)
        str[i]=TempChar[i];
    str[i]='\0';
    if(strcmp(str,"www.")==0)
    {
        strcpy(pt1->www,str);
        dot--;
        j=i;
    }
    else
```

```
    {
        j=0;
        strcpy(pt1->www,"");
    }
    for(i=0;TempChar[j]!='.'&&TempChar[j]!='\0';i++,j++)
    {
        str[i]=TempChar[j];
    }
    str[i]='\0';
    j=j+1;
    dot--;
    strcpy(pt1->name,str);
    for(i=0;TempChar[j]!='.'&&TempChar[j]!='\0';i++,j++)
    {
        str[i]=TempChar[j];
    }
    str[i]='\0';
    j=j+1;
    strcpy(pt1->adm,str);
    for(i=0;TempChar[j]!='\0'&&dot;i++,j++)
        str[i]=TempChar[j];
    str[i]='\0';
    strcpy(pt1->country,str);
    return;
}
void Insert(webaddress * pt)
{
    webaddress * pt1, * pt2;
    pt1=pt2=head;
    if (head == NULL )
    {
        head = pt;
        pt->next = 0;
        return ;
    }
    if (strcmp( head->name, pt->name)>=0 )
    {
        pt->next=head;
        head=pt;
        return;
    }
    pt2=pt1 = head;
    while (   pt2->next && strcmp(pt2->name, pt->name)<0    )
```

```
	{
		pt1 = pt2 ;
		pt2 = pt2->next;
	}
	if (strcmp( pt2->name, pt->name)<0 )
	{
		pt2->next = pt;
		pt->next =0;
	}
	else
	{
		pt->next = pt2;
		pt1->next = pt;
	}
	return ;
}

void Print(webaddress * pt)
{
	cout<<pt->www<<pt->name<<'.'<<pt->adm<<'.'<<pt->country<<endl;
}

void LookUpData(void)
{
	webaddress * pt;
	char webname[10];
	cout<<"输入域名的名称\n";
	cin>>webname;
	pt=head;
	while(pt)
	{
		if(strcmp(webname,pt->name)==0)
		{
			cout<<"查找出的域名为:\n";
			Print(pt);
			break;
		}
		pt=pt->next;
	}
	if(pt==NULL)
		cout<<"数据文件中没有该地址\n";
	cin.get();
	cin.get();
```

```
        return;
}

void InsertData(void)
{
        webaddress * pt;
        char Tempchar[22];
        cout<<"请输入要插入的域名\n";
        cin.get();
        cin.getline(Tempchar,22);
        pt=new webaddress;
        Fill(pt,Tempchar);
        Insert(pt);
        return;
}

void Delete(char * Tempchar)
{
        webaddress * p1, * p2;
        char choice;
        if ( head == NULL )
        {
            cout <<"数据表为空,无域名可删!\n";
            return   ;
        }
        if ( strcmp(head->name,Tempchar)==0 )
        {
            p1=head;
            cout<<"存在,该域名为:\n";
            Print(p1);
            cout<<"请确定是否删除该域名(y/n)?\n";
            cin>>choice;
            if(choice=='Y' || choice=='y')
            {
                head = head->next;
                delete p1;
                cout <<"删除了该域名!\n";
            }
            else
            {
                cout<<"未删除域名!\n";
            }
        }
```

```
    else
    {
        p2=p1 = head;
        while (strcmp(p2->name,Tempchar) ! =0 && p2->next ! = NULL )
        {
            p1 = p2 ;
            p2 = p2->next;
        }
        if (strcmp( p2->name,Tempchar)   ==0 )
        {
            cout<<"存在,该域名为:\n";
            Print(p2);
            cout<<"请确定是否删除该域名(y/n)? \n";
            cin>>choice;
            if(choice=='Y' || choice=='y')
            {
                p1->next = p2->next;
                delete p2;
                cout <<"删除了该域名! \n";
            }
            else
            {
                cout<<"未删除域名! \n";
            }

        }
        else cout <<"数据表上没有找到要删除的域名! \n";
    }
    return;
}

void DeleteData(void)
{
    char Tempchar[22];
    cout<<"请输入要删除的域名的名称(第二个字段)\n";
    cin. get();
        cin. getline(Tempchar,22);
    Delete(Tempchar);
    cin. get();
    cin. get();
    return;
}
```

```
void PrintData(void)
{
    webaddress * pt;
    pt=head;
    if(head! =0)
        cout<<"数据表中的域名有:\n";
    while(pt)
    {
        Print(pt);
        pt=pt->next;
    }
}
void main(void)
{
    int choice;
    do
    {
        Initial();
        cin>>choice;
        switch(choice)
        {
        case 1:
            LookUpData();    break;
        case 2:
            InsertData();    break;
        case 3:
            DeleteData();    break;
        case 4:
            PrintData();    getchar();break;
        case 5:
            break;
        default:
            cout<<"选择错误! \n";
        }
    }while(choice! =5);
}
```

样例解答　域名服务器的仿真程序

1.2.1　原程序各个功能说明

1）原程序的结构

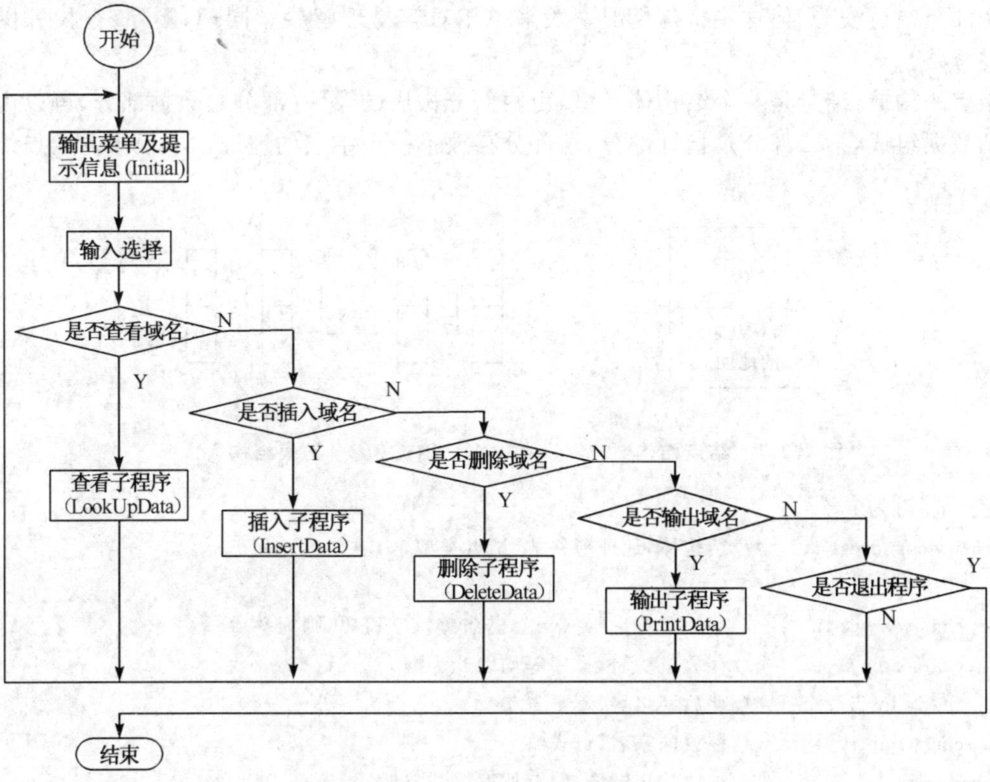

图 1.1　域名服务器结构框图

这是原程序的框图，可以看出，域名服务器程序是一个大的循环结构，每种功能都用菜单选项列出，用户可以根据需要选择相应的菜单项，从而执行不同的子程序以完成对应的操作。

比如插入子程序的结构框图如下：

可以看出，插入子程序调用了两个函数，一个是将域名（字符串）转换为结点的 Change 函数，另一个是单向有序链表的通用插入函数 Insert。在对数据的其他操作功能中还多次调用了 Change 函数，这个函数在后面再进行详细分析。

2）链表说明

原程序用链表的方式存储数据，各个子程序都是针对同一个链表的不同操作。链表存储数据有诸多好处，它可以根据需要动态开辟存储空间，有较大的灵活性，且算法固定通用。查找、建立、删除、

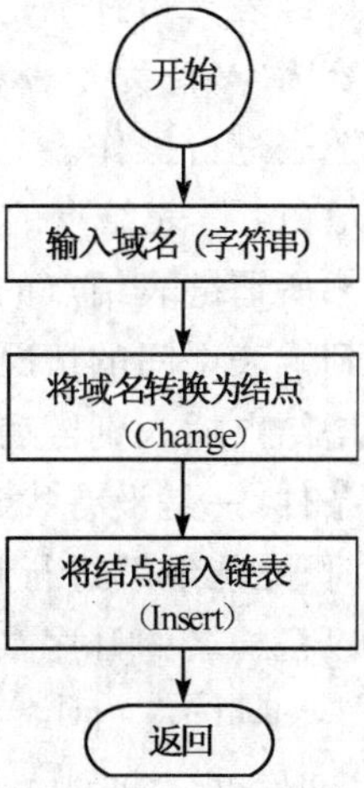

图 1.2　插入子程序框图

输出等操作都比较方便，下面着重分析本程序涉及的链表的具体操作。由于链表的操作结合了指针和结构体类型，所以对于初学者而言，可能不太好掌握，其实链表操作的算法比较固定，无论我们编写程序或阅读程序，有关链表操作的要点是：**先解决中间情况，再考虑一头一尾。**在这里用链表的插入操作来举例说明，首先考虑结点插入到链表中间（除去一头一尾）的情况，这是一般操作，将这个一般的算法掌握后，再考虑两种特殊情况，即插入到头结点前或插入到尾结点后，这样，插入的算法就基本上掌握了。当然，根据具体的操作可能还有一些特殊情况，如遇到的是空链表等，但这些特殊情况一般来说相对容易理解些。同理，删除、查找等操作也是这种思路。

结点的构成：结点是一个结构体类型，由两部分构成的，第一部分是数据部分，可以由各种类型的数据组成，第二部分是指针部分，这部分存放下一个结点的地址。本程序的结点结构定义如下：

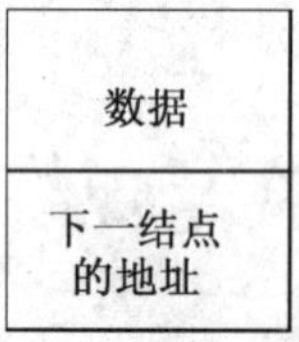

图 1.3.1 结点结构

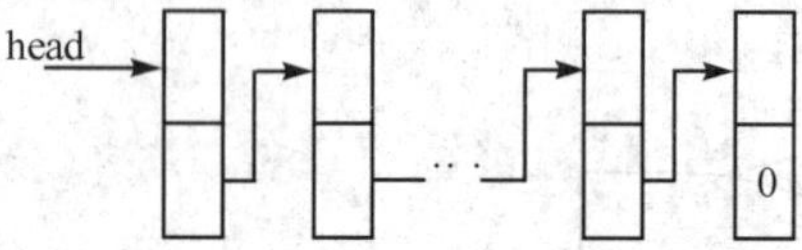

图 1.3.2 链表结构

定义语句为：

```
struct webaddress        //结构体，地址簿格式，结点类型
{
    char www[5];         //存放字符串"www. ",若省略该字符串，则为空
    char name[9];        //存放机构名，排序等均以此为据
    char adm[5];         //存放网络名，不可省略
    char country[4];     //存放国家名，可省略
webaddress * next;       //结构体指针变量，存放下一结点地址
};
```

链表头指针也是一个结构体类型的指针，指示链表头结点的地址，链表尾结点的指针部分内容为空，值为 0 表示空，即指针不再指向其他结点。这样，只要知道链表头指针就可以对整个链表进行操作。

(1) 链表结点的插入（排序）操作

所谓链表结点的插入是指对有序链表而言的，将结点按一定的顺序链接起来，首先考虑插入到链表中间的情况（而不是插入到头结点前或尾结点后）。首要的问题是要找到插入点，即新增结点插入到链表中的哪个结点后面，这是一个循环查找的过程。查找循环进行下去有两个条件，一是没有找到合适的插入点，一个是没有查找完全部链表，只有当这两个条件全部满足时，才能继续进行查找。在这里，用指针 pt 来表示指向欲插入链表的结点，假定链表的结点是以机构名的升序来排序的，因此，这个循环判断可用下面语句实现：

```
webadress * pt1, * pt2;
pt1=pt2=head;      //定义 pt1,pt2 是结构体的指针变量，并从链表头开始操作
    while (  pt2->next && strcmp(pt2->name, pt->name)<0  )     /* pt2 沿着链表依次指
```

向各个结点，当 pt2 未指到尾结点且不满足插入条件时(即欲插入数据的机构名大于 pt2 指向结点的数据的机构名)循环。*/

```
{
    pt1 = pt2;      //将 pt2 指向的结点地址赋给 pt1
    pt2 =pt2－>next;      //pt2 指向链表的下一结点
}
```

该循环图示如下：

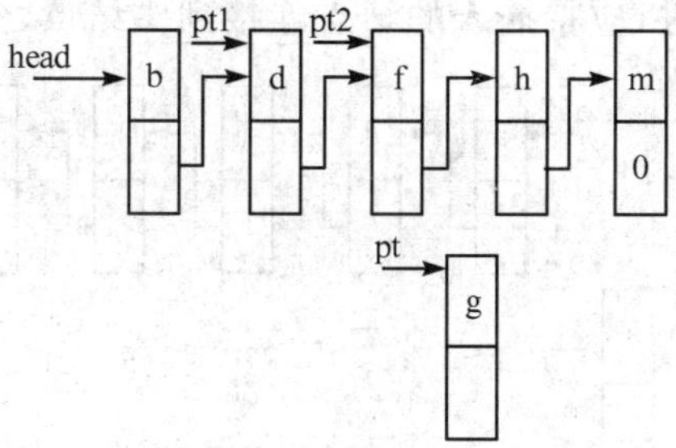

图 1.4　查找插入点循环示意图

由此可见，pt2 寻找第一个机构名大于 pt 所指结点的机构名的结点，如图 1.4 所示。当寻找到满足上述条件的结点时，链表及指针的分布情况如图 1.5 所示。

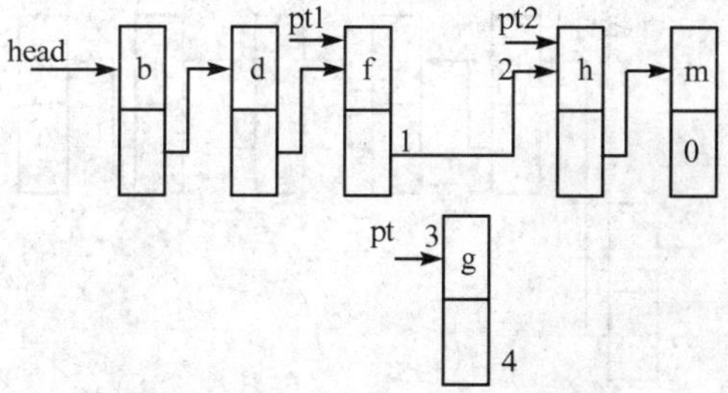

图 1.5　插入点在 pt1 和 pt2 之间

可以看出，pt 指向的结点应插入到 pt1 和 pt2 指向的结点之间，即将 1,2 间的连线断掉，即对原来 pt1－>next (pt1－>next＝pt2)重新复制，然后将 1 与 3 连接起来，2 与 4 连接起来。如图 1.6 所示。

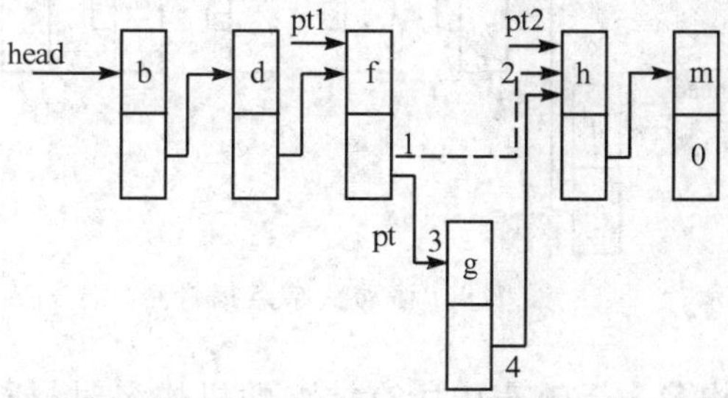

图 1.6　连接插入点

将 1 与 3 连接起来的语句是：pt1－>next＝pt；将 4 与 2 连接起来的语句为：pt－>next＝pt2；所以应有以下语句：

```
    if (strcmp( pt2->name, pt->name)>=0 )     //当满足插入的条件
    {
        pt->next = pt2;     //将 2 与 4 连接起来
        pt1->next = pt;     //将 1 与 3 连接起来
    }
```

即将 pt 所指的结点插入到 pt1 和 pt2 所指的结点之间。

以上考虑的是一般的情况，下面就应该考虑一头一尾的特殊情况，即当所要插入的结点的机构名小于头结点的机构名时，应将插入的结点连接到头结点之前。

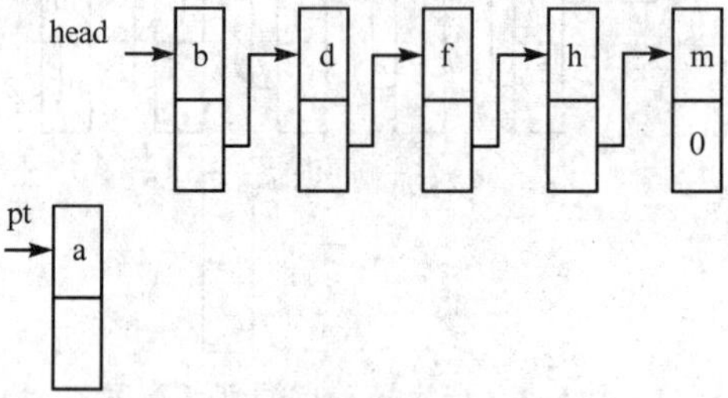

图 1.7　插入点在头结点之前

即首先将 pt 和 head 连接起来：pt－＞next＝head；

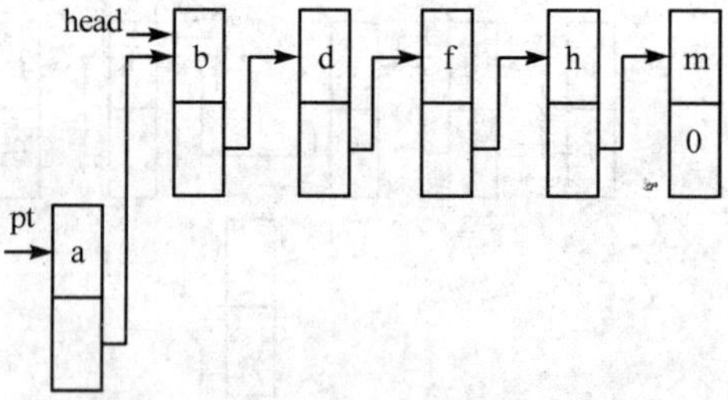

图 1.8　将插入点与头结点连接起来

然后再将 pt 赋值给 head：head＝pt；也即移动头结点指针：

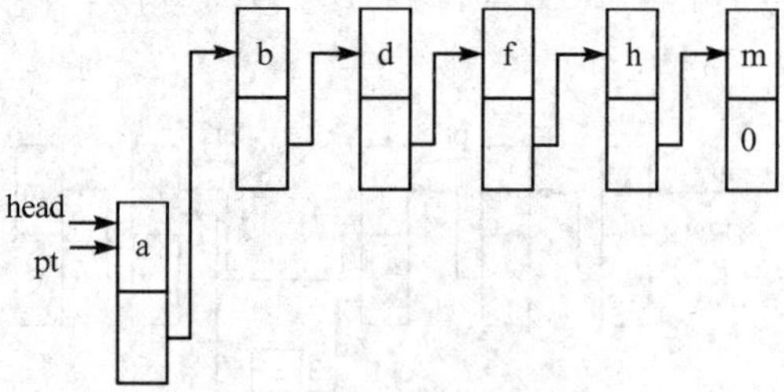

图 1.9　移动头结点指针

当所要插入结点的机构名大于链表中所有结点的机构名时，插入的结点应成为链表的新的尾结点。如图 1.10 所示。

这时，在查找插入点的循环中，pt2 已经指向了最后一个结点即：pt2－＞next＝＝0，即不满足查找循环的第一个条件而退出，这时，首先应将 pt2 与 pt 连接起来：pt2－＞next＝pt；如图 1.11 所示。

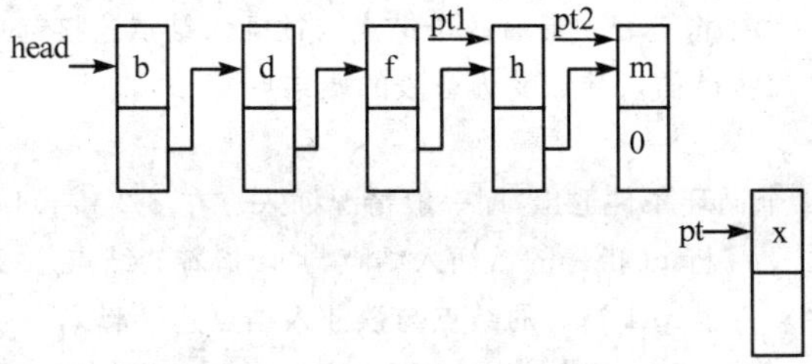

图 1.10　插入到尾结点后

再将 pt 的指针部分赋值为 0，使之成为链表的最后一个结点，如图 1.12 所示。

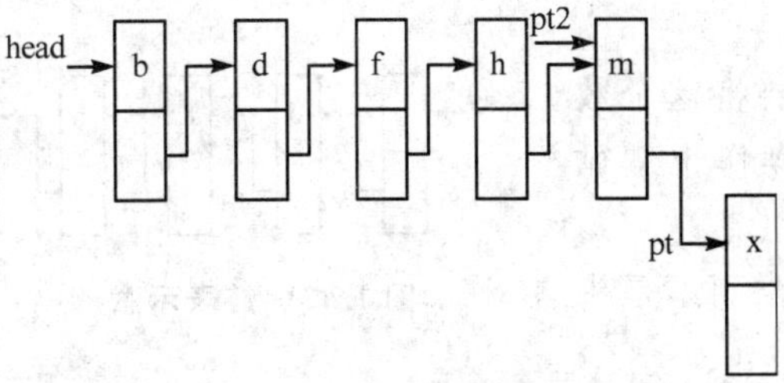

图 1.11　将插入结点与尾结点连接起来

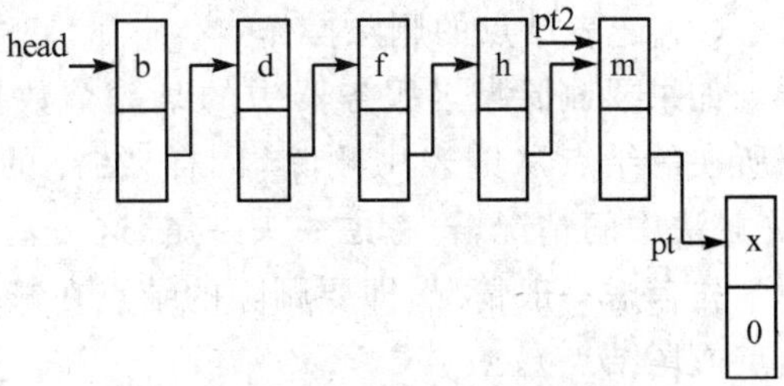

图 1.12　插入点成为尾结点

在插入操作中，还有一种情况必须要考虑，就是一开始是空链表的情况，这种情况比较简单，当链表中没有结点，那么插入的结点就是惟一的一个结点，即是头结点又是尾结点，所以将该结点赋值给 head，并将此结点的指针部分赋值为 0。head＝pt；pt－＞next＝0；

可见，原程序中插入操作部分的函数如下：

```
void Insert(webaddress * pt)     //pt 为欲插入的结点指针
{
webaddress * pt1, * pt2;     //定义两个结点指针变量
pt1=pt2=head;     //将指针 pt1,pt2 指向链表开头的位置
if (head == NULL )     //如果为空链表
{   head = pt;     //插入的结点即为链表中的惟一结点,链表头指针指向该结点
    pt->next = 0;     //该结点也是链表的尾结点,置尾结点标记
    return ;
}
if (strcmp( head->name, pt->name)>=0 )     //特殊情况,即插入结点在链表头结点之前
{   pt->next=head;     //将插入结点与链表头结点连接起来
    head=pt;     //将插入结点作为链表新的头结点
    return;
}
pt2=pt1 = head;
while (  pt2->next && strcmp(pt2->name, pt->name)<0  )     //该循环为寻找插入点循环
{   pt1 = pt2 ;     //从链表头开始,pt1 指向链中 pt2 所指向的前一结点
    pt2 = pt2->next;     //pt2 指向下一结点去判断该结点是否是插入点
}
if (strcmp( pt2->name, pt->name)<0 )     /* 不满足第一个循环条件退出循环,即欲插入的结点
在整个链表的后面,也就是特殊情况,欲插入结点是尾结点 */
```

```
{   pt2->next = pt;        //将链表中最后一个结点与欲插入结点连接起来
    pt->next =0;       //将欲插入结点变为链表的尾结点
}
else      //当不满足第二个循环条件退出,即一般情况插入点在 pt2 和 pt1 所指向的结点之间
{   pt->next = pt2;        //将 pt 指着的欲插入结点与 pt 指着的结点连接起来
    pt1->next = pt;        //将 pt1 指着的结点与欲插入结点连接起来
}
return ;
}
```


(2) 链表结点的删除操作

如果要删除域名服务器中的某一个数据,需要将这个数据所在的结点从链表中删除,同样,结点的删除操作也遵循“先解决中间情况,再考虑一头一尾”这一基本规律。

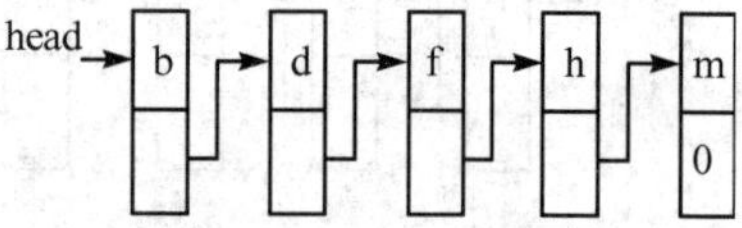

图 1.13 链表示意

先考虑一般情况,即要删除的结点在链表中部(而不是头结点或尾结点)。

若要删除链表中间的某一结点,例如机构名为"h"的结点,首先要找到这个结点,寻找欲删除结点的操作与寻找插入点的操作基本类似,只是循环的条件稍有不同,即当没有找到相同机构名的结点或没有查找到最后结点时,进行循环查找。

```
webaddress *pt1, *pt2;      //定义 pt1,pt2 是结构体的指针变量
pt1=pt2=head;     //从链表头开始操作
while (strcmp(pt2->name,Tempchar) ! =0 && pt2->next ! = NULL )
{   pt1 = pt2;
    pt2 = pt2->next;
}
```

当 pt2 查找到有相同结构名的结点时,pt2 指向那个结点,pt1 紧跟在 pt2 的后面,如图 1.14 所示。

欲将 pt2 指向的结点删除,就要将 1 与 2 断开,而将 1 与 3 连接在一起,3 点即是 pt2 前一结点,地址为 pt2->next,而 1 点即 pt1 指向结点的指针部分 pt1->next,所以语句为:pt1->next=pt2->next; 即是完成此项操作。最后,用 delete pt2; 将 pt2 指向的结点删除。

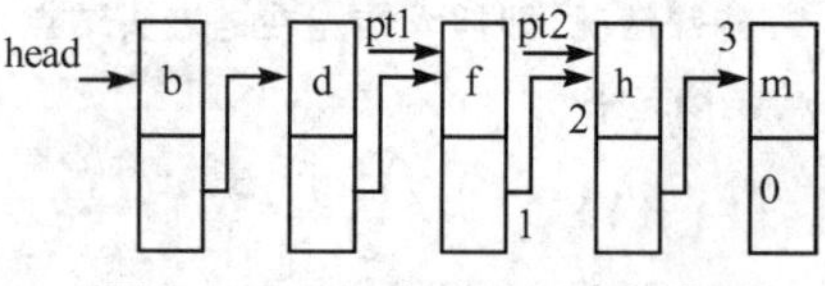

图 1.14 pt2 找到欲删除结点

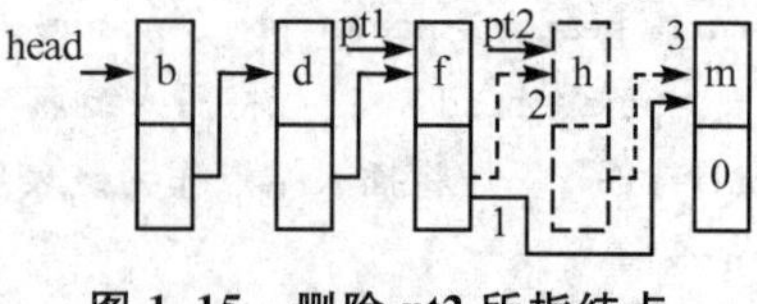

图 1.15 删除 pt2 所指结点

下面考虑特殊情况,若欲删除的结点是头结点,如图 1.16 所示。

这时应将 head 指针后移一个结点,head=head->next;

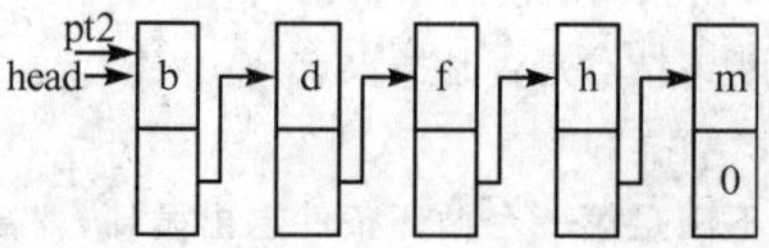

图 1.16 删除的是头结点指针

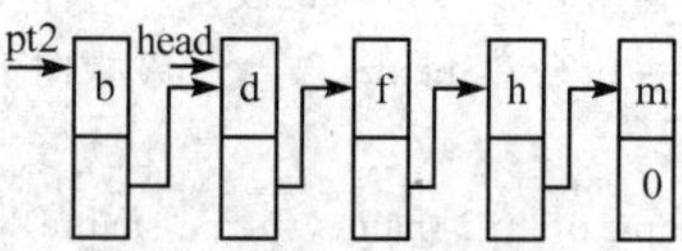

图 1.17 head 指针后移

然后将原来的头结点删除，delete pt2；

语句为：

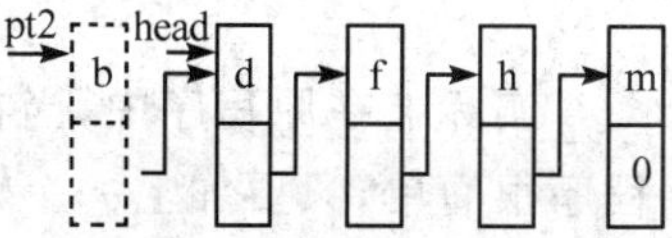

图 1.18 删除原头结点

```
webaddress * pt2;
if ( strcmp(head->name,Tempchar)==0 )     //当头结点满足删
除条件
{  pt2=head;    //pt2 指向头结点
   head = head->next;    //将头结点的后一结点变为新的头结点
   delete pt2;    //删除原头结点
}
```

再考虑删除尾结点的情况，可以看出，当 pt2 指向最后一个结点而满足(strcmp(pt2->name,Tempchar) = =0)并且 pt2->next==NULL(或为 0)时，delete pt2，即删除了最后一个结点。这时让 pt1->next 为 0，成为链表的最后一个结点。

下面还有两个特殊情况，即当链表为空或链表中不存在满足删除条件的结点时，应输出相应的信息并退出操作。

原程序中的函数主要语句如下：

```
void Delete(char * Tempchar)
{
webaddress * pt1, * pt2;
if ( head == NULL )     //如果该链表中没有结点，是空链表
{  cout <<"数据表为空，无域名可删！\n";
   return;
}
if ( strcmp(head->name,Tempchar)==0 )     //如果欲删除的结点为头结点
{  pt1=head;     //将指针变量指向头结点
   head = head->next;     //头指针后移一个结点
   delete pt1;     //删除原头结点
}
else
{  pt2=pt1 = head;
   while (strcmp(pt2->name,Tempchar) ! =0 && pt2->next ! = NULL)
/* 当未找到删除的结点且未查找完整个链表时循环查找满足条件的删除结点 */
   {  pt1 = pt2 ;     //pt2 向后查找,pt1 紧跟 pt2
      pt2 = pt2->next;
   }
   if (strcmp( pt2->name,Tempchar)  ==0 )     //pt2 指向欲删除的结点
   {  pt1->next = pt2->next;     //将 pt1 所指向的结点与 pt2 的后一结点连接起来
      delete pt2;     //删除 pt2 指向的结点
   }
   else     /* 不满足第二个循环条件退出循环，即查找完整个链表仍没有找到要删除的结点，输出提
示信息 */
   cout <<"数据表上没有找到要删除的域名！\n";
}
```

```
return;
}
```

实际上在原程序中,当在链表中找到欲删除的结点时,还要用户进一步确认一下,这部分程序很简单,只要加上一个输入判断语句即可,在这里就不再解释。

(3) 查找链表结点操作

查找结点的操作类似于删除结点,只是去掉删除的操作,具体的算法就不再赘述。

3) 字符串转换为结点的函数 void Change(webaddress * pt1,char * TempChar)的流程图及解释

本程序是域名服务器,不论是插入、查找、删除,均要求输入的是域名形式,因此,当输入的不是域名的形式时,程序应该能进行鉴别。域名形式最明显的特征就是各个字段要有小数点号"."进行分隔,函数就是利用这一特征进行判断。完整的域名包括四个部分:www. name. address. country,分别代表服务器(www)、机构名(name)、网络名(address)、国家名(country)。本程序要求的域名的形式比较灵活,只要有机构名和网络名就认为是合法的域名,即只要字符串中存在一个小数点就认为该字符串是可以识别的域名,那么就将该字符串转换为结构体的结点形式。程序也正是依据识别小数点的个数及位置来判断域名的各个部分内容。

Change 函数流程如图 1.19 所示。

函数语句如下:

```
功能:将字符串 TempChar 转换成结构体变量 pt1
void Change(webaddress * pt1,char * TempChar)
{    int i,j;
     int dot=0;     //将小数点的个数清零,以便进行统计计数
     static char str[10];
     for(j=0;TempChar[j]! ='\0';j++)     /*输入的字符串存放在 TempChar 数组中,该循环是从数组首部开始统计小数点的个数*/
     {    TempChar[j]=tolower(TempChar[j]);     //将输入的字符串变成小写
          if(TempChar[j]= ='.')     //如果发现字符串中有小数点字符"."
          dot++;     //统计"."数
     }
     if(dot= =0)     /*统计结束,没有在字符串中发现字符".",说明输入的字符串不是合法的域名,输出这一信息,函数返回*/
     {    cout<<"数据格式错误,未插入数据! \n";
          return 0;
     }
for(i=0;i<4;i++)
          str[i]=TempChar[i];     //取字符串首部的四个字符
     str[i]='\0';
     if(strcmp(str,"www.")==0)     //判断这些字符是否为"www."
     {    strcpy(pt1->www,str);     //如果是,将字符复制进结构体的第一部分(服务器)
          dot--;     //小数点个数减 1
          j=i;     //标记字符串的当前位置,即从字符串的当前位置开始进行后续操作
     }
```

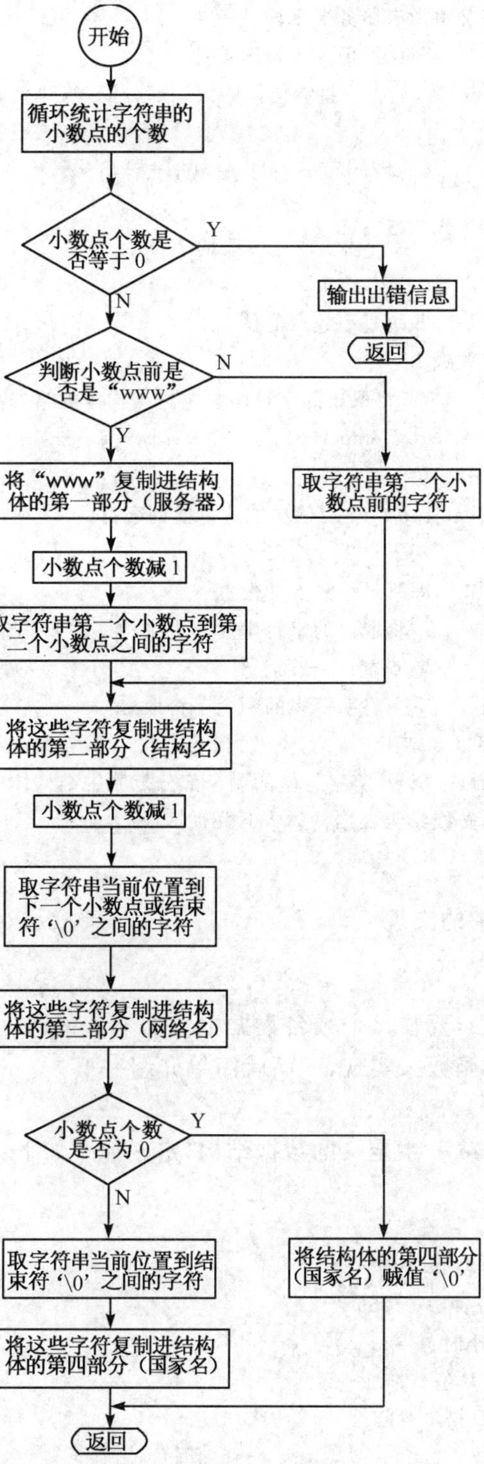

图1.19 Change函数流程图

```
else      //如果输入的字符串没有服务器字段
{     j=0;     //字符串的当前位置仍为字符串首部
      strcpy(pt1->www,"");      //将结构体的第一部分清零,即服务器部分为空
}
for(i=0;TempChar[j]!='.'&&TempChar[j]!='\0';i++,j++)   /*从字符串的当前位置到下一个小数点或字符串结束进行操作*/
{     str[i]=TempChar[j];}      //依次取这一段的字符
      str[i]='\0';      //字符串以'\0'结束
j=j+1;      //当前位置加1,即跳过小数点的位置
dot--;      //小数点个数减1
strcpy(pt1->name,str);      //将取出的字符串复制进结构体的第二部分(机构名)
for(i=0;TempChar[j]!='.'&&TempChar[j]!='\0';i++,j++)      /*从字符串的当前位置到下一个小数点或字符串结束进行操作*/
   {     str[i]=TempChar[j];}      //依次取这一段的字符
         str[i]='\0';      //字符串以'\0'结束
j=j+1;      //当前位置加1,即跳过小数点的位置
strcpy(pt1->adm,str);      //将取出的字符串复制进结构体的第三部分(网络名)
for(i =0;TempChar[j]!='\0'&&dot;i++,j++)      //当小数点不为0或没有到达字符串尾部
   str[i]=TempChar[j];      //将字符串的剩余字符取出
str[i]='\0';      //字符串以0结束
strcpy(pt1->country,str);      //将字符串的剩余部分复制进结构体的第四部分(国家名)
return ;      //函数返回,转换结果在结构体pt1中
}
```

1.2.2 课程设计要求的实现

1) 有关时间的操作

根据课程设计要求(2),要在每个域名数据中添加输入的时间。VC++中对时间的表示和操作有专门的结构体和函数来实现,下面就简单介绍一下:

(1) 时间的表示

结构体类型tm为time.h中定义的数据结构,定义形式如下:

```
struct tm
  {
  int tm_sec;      //秒数 0~59
  int tm_min;      //分钟数 0~59
  int tm_hour;      //小时 0~23
  int tm_mday;      //月份日期 1~31
  int tm_mon;      //月份 0~11
  int tm_year;      //年  1900-
  int tm_wday;      //星期日期  0~6
  int tm_yday;      //年份日期  0~365
  int tm_isdst;      //白天的标志位
  };
```

还有一种表示时间的类型：time_t，该类型实际上是长整型，一般用来表示从 1970 年 1 月 1 日 00:00 到当前时刻所经过的秒数。

(2) 时间的操作

time_t time(time_t * timer);

该函数返回从 1970 年 1 月 1 日到当前时刻所经过的秒数，这个秒数可以用指针变量 timer 返回，也可以直接用函数值返回，常用的语句如下：

```
time_t  t;
t=time(NULL);    //长整型变量 t 中存放的即返回的秒数
```

常用 NULL 作参数，表示函数返回从 1970 年 1 月 1 日到当前系统时间所经过的秒数。

用 time_t 表示的时间是长整型，不够直接，一般我们还是用 tm 的结构体类型来判断或输出时间，将time_t类型转变为 tm 类型的函数为：localtime()，函数原型为：

struct tm * localtime (time_t * timer);

语句为：

```
tm  CurrentTime;
time_t  timer;
timer=time(NULL);    //取得当前时间
curr=localtime(&timer);    //转换为 tm 的形式
```

还可以利用函数 ctime( )直接将 time_t 类型的数据以字符串的形式输出，函数原型为：

char * ctime(time_t * timer);

语句为：

```
time_t timer;
timer=time(NULL);    //取得当前时间
cout<<ctime(&timer);    //将当前时间以字符串的形式输出
```

程序运行后输出：Thu Jul 08 15:38:55 2004

2) 时间单元在程序中的实现

根据课程设计的要求要在域名数据中增加时间单元，即增加录入域名时的系统时间，因此，我们有必要修改一下保存域名数据的结点结构，在结点的数据域中增加时间部分，增加后的结构体类型定义如下：

```
struct webaddress    //结构体：地址簿格式
{
    char www[5];    //存放字符串"www."，若省略该字符串，则为空
    char name[9];    //存放机构名，排序等均以此为据
    char adm[5];    //存放网络名，不可省略
    char country[4];    //存放国家名，可省略
    int year;    //年  新增成员
    int month;    //月  新增成员
    int day;    //日  新增成员
    int hour;    //时  新增成员
    int minute;    //分    新增成员
    webaddress * next;    //指针变量，作为链表进行操作，指向下一节点
};
```

因为结点中所需添加的时间是系统时间，不需要从键盘中输入具体时间，程序只要求从键盘中输入域名形式的字符串，而在 Change()函数中将字符串转换为域名结构体类型时，将系统时间添加进去，具体语句实现如下：

```
int  Change(webaddress *pt1,char *TempChar)
{    int i,j;
    ……      //这部分同原始程序的 Change()函数部分
    strcpy(pt1->country,str);     //将第三部分复制进链表节点相应的区域
    time_t time_date;
    tm CurrentTime;     //tm 结构体类型,保存当前时间
    time_date=time(0);     /*time( )函数的功能是取得自格林威治时间 1970 年 1 月 1 日 00:00 所经过的秒数*/
    CurrentTime=localtime(&time_date);     /*localtime( )函数的功能是将类型为 time_t 的时间值,放入结构类型为 tm 的结构中*/
    pt1->year=CurrentTime->tm_year+1900;     /*由于 CurrentTime 的时间是从 1900 年开始计算的相对时间,所以要将其转换为标准形式*/
    pt1->month=CurrentTime->tm_mon+1;     /*取出月份赋给类中的私有数据 Month,tm_mon 是从 0 开始,表示 12 月份依次为 0~11,故真实月份需加一*/
    pt1->day=CurrentTime->tm_mday ;     //取出当前时间的天数放入结构体的节点中
    pt1->hour=CurrentTime->tm_hour ;     //取出当前时间的小时数放入结构体的节点中
    pt1->minute=CurrentTime->tm_min ;     //取出当前时间的分钟数放入结构体的节点中
    return  1;     //函数返回
}
```

这样，将带有系统时间的结点插入到链表中就可以完成域名的输入操作。

当表示域名类型的结构体中有了时间单元，针对时间范围的查找和删除等操作就比较容易进行，从键盘中输入的时间用一个整型数组 a[5]存放，从 a[0]到 a[4]这 5 个元素依次存放从键盘输入的需删除或查找的结点数据的年、月、日、时、分的数值，输入具体的时间后，顺着链表结点进行比较查找，具体的查找操作与上述链表的操作完全一致，只不过比较的对象不是机构名，而是时间的大小，即在具体实现中，将函数 int strcmp(char *, char *)改为 int CompareTime(webaddress *pt,int *time)；将结点域名的时间和输入的时间比较，根据两者的大小，依次返回 1,0 作为时间判断的结果，具体函数的实现语句如下：

```
int CompareTime(webaddress *pt,int *time)
{    if(pt->year >time[0])     //比较域名结构体中的年份和输入数据中的年份
     return 1;     //当输入的时间小于结点中的时间时,返回 1
     else if(pt->year <time[0])
     return 0;     //当输入的时间大于结点中的时间时,返回 0
     if(pt->month >time[1])     //比较月
     return 1;
     else if(pt->month <time[1])
     return 0;
     if(pt->day >time[2])     //比较日期
     return 1;
     else if(pt->day <time[2])
```

```
        return 0;
        if(pt->hour >time[3])       //比较小时
        return 1;
        else if(pt->hour <time[3])
        return 0;
        if(pt->minute >time[4])       //比较分钟
        return 1;
        else if(pt->minute <time[4])
        return 0;
        return 1;      //两者时间相等,返回 1
    }
```

根据课程设计要求 2,有关时间的新增操作还有:

(1) 函数 void LookUp_Ttime_Between(void):要查询的域名在某两个时间之间,首先输入这两个时间,然后再依次查找链表中满足条件的数据,进行显示;

(2) 函数 void LookUp_Time_Before(void):要查询的域名在某时间之后输入,这时,首先输入这个时间,然后再查找链表中满足条件的数据,一一显示;

(3) 函数 void LookUp_Time_After(void):要查询的域名在某时间之后输入,这时,首先输入这个时间,然后再查找链表中满足条件的数据,一一显示;

(4) 函数 void LookUp_Time(void):按输入域名的时间进行查找。

这四个函数的设计思路都是一样的,首先都是将输入时间与域名结点中的时间进行比较,然后将满足条件的结点数据一一列出,具体程序的实现与说明在后面都有详细的描述,在这里就不再赘述。

3) 有关文件的操作

文件(file)是程序设计中一个重要的概念。所谓“文件”一般指存储在外部介质上数据的集合。在实用程序中绝大多数都有针对文件所进行的操作,很多数据是以文件的形式存放在外部介质(如磁盘、光盘和 U 盘)上的。在本程序中,输入或修改的域名数据若没有保存在文件中,当程序运行结束后,数据全部消失,这样显然不是一个真正的“域名服务器”。

根据文件中数据的组织形式,可分为 ASCII 文件和二进制文件。ASCII 文件又称文本(text)文件或字符文件,它的每一个字节放一个 ASCII 代码,代表一个字符。二进制文件又称内部格式文件或字节文件,是把内存中的数据按其在内存中的存储形式原样输出到磁盘上存放。

C++中针对 ASCII 文件和二进制文件的操作函数各不相同,具体的操作函数在相关书籍中都有论述,在这里只讲解程序设计中用到的几个函数。

在本程序的设计中,域名数据既可以用 ASCII 文件保存,也可以用二进制文件保存,因为涉及 ASCII 文件的函数相对简单且形式直观,用一般的编辑器即可打开(记事本、写字板等)观看,所以在这里选用了 ASCII 文件作为域名数据的存储介质。

在 C++中,内存数据不能直接和外存(磁盘)文件发生联系,必须通过特定的文件对象做介质,即将磁盘上的具体文件用一个文件对象替代,有关这个磁盘文件的所有操作就是对这个文件对象的操作,而关于文件对象与内存数据的各种操作在 C++的库函数中都有具体的实现,用户只要依据库函数中规定的格式调用即可。这个库函数所在的头文件为<fstream.h>,凡涉及有关文件操作的语句必须将此头文件包含进去。

首先,定义一个与磁盘文件相联系的文件对象。在C++中,文件对象的类型有三种:输入文件对象,即与该对象相联系的磁盘文件只能用作输入,专门输入数据,可以把这个文件对象看成是键盘;输出文件对象,即与该对象相联系的磁盘文件只能用作输出,专门输出显示数据,可以把这个文件对象看成显示器;输出输入文件对象,该对象相联系的磁盘文件既能用作输入,也能用作输出。分别定义如下:

```
ifstream  infile;    //infile 对象只能同输入文件相联系
ofstream  outfile;    //outfile 对象只能同输出文件相联系
fstream  file;    //与 file 对象相联系的文件可以用作输入和输出
```

定义好文件对象后,怎样将其与磁盘上具体的文件联系起来呢? 有两种方式联系。一种是在定义的时候指定具体的文件(构造对象),如:

```
ifstream infile("D:\VC\TELBOOK.TXT");    /*将 infile 对象与 D 盘中 VC 子目录下的 TELBOOK.TXT 文件相联系,即以后程序对 infile 对象的操作均是对该文件的操作*/
```

另一种是定义完对象以后,用 open 函数进行连接,如:

```
ifstream  infile;
infile.open("D:\VC\TELBOOK.TXT");    //与上述语句含义一致
```

输出文件的联系方法与此相同。

文件对象与具体的磁盘文件联系到一起后,输入输出操作就变得异常简单,可以将输出文件看成是显示器,比如要将变量 a, b, str 中的数据输出到文件"a.txt"中,具体实现语句为:

```
int a=2; double b=4.5; char str[]="abc";    //定义数据
ofstream  outfile("a.txt");    //将输出文件对象 outfile 与磁盘文件"a.txt"相联系
outfile<<a<<'\t'<<b<<'\t'<<str<<endl;    //用输出到显示器的格式输出这些数据到文件中
```

可以看到,当定义好文件对象后,数据向 ASCII 文件的输出就相当于数据向显示器的输出,实际上,C++也就是把显示器看成一个特殊的文件。

值得注意的是,如果用以上的方法将一个已存在的文件与输出文件对象联系在一起,那么这个已存在文件中原先已有的数据会全部消失。如果将输出文件对象与一个不存在的磁盘文件联系在一起,那么系统会在磁盘上建立这个文件。

在程序中,域名数据需要保存在具体的磁盘文件中,供下次程序运行时使用,域名数据在程序中是保存在链表中的,所以只需在程序退出的时候增加一个 void SaveFile(void)函数,在该函数中遍历链表,将链表中结点数据的数据域进行保存即可。具体的函数实现如下:

```
void SaveFile(void)
{    ofstream outfile;    //定义输出文件对象
     char Filename[20];    //存放从键盘中输入的文件名
     cout<<"请输入数据文件名:\n";    //根据需要选择不同的文件
     cin>>Filename;    //接受文件名
     outfile.open(Filename);    //将文件对象与键入的磁盘上的具体文件联系到一起
     if(! outfile)    //打开文件错误,输出提示信息,退出程序
     {    cout<<"打开文件错误! \n";
          exit(0);
     }
     webaddress *pt;    //结点指针,指向链表中的各个结点
     pt=head;    //从链表头开始向数据文件中输入数据
```

```
    while(pt)     //当指针没有找到链表尾时
    {     if(pt->www )      //如果该结点的域名数据存在第一部分 www.,则输出
              outfile<<pt->www;      //将结点数据域上的数据输出到磁盘文件中
          outfile<<pt->name<<'.'<<pt->adm;      //接着输出第二、第三部分:机构名、网络名
          if(pt->country )      //如果域名存在第四部分(国名),则输出
              outfile<<'.'<<pt->country<<endl;
          outfile<<pt->year <<'\t'<<pt->month <<'\t'<<pt->day<<'\t'
                 <<pt->hour<<'\t'<<pt->minute<<endl;      //输出键入域名的时间数据
          pt=pt->next;      //顺着链表依次指向下一结点
    }
    cout<<"文件存储完毕\n";
}
```

同样,把输入文件看成键盘,比如一个文件“a.txt”中有数据“1　3.0　abc”,要将这些数据输入到内存,必须在内存中事先定义好变量存放这些数据,数据的输入语句为:

```
int a;  double  b;  char  s[10];     //在内存中定义变量以存放欲输入的数据
ifstream  infile("a.txt");      //将输入文件对象 infile 与磁盘文件"a.txt"相联系
infile>>a>>b>>s;      //将文件"a.txt"中的数据输入到已定义好的变量中
```

可以看到,当定义好文件对象后,从 ASCII 文件中向程序输入数据就相当于从键盘向程序输入数据。实际上,C++也就是把键盘看成一个特殊的文件。

同样,文件中的字符串数据的输入也等同于从键盘向程序输入字符串,同样用成员函数 getline();例如在上例中"a.txt"文件中有字符串"I am a student",将其输入到程序中的语句为:

```
char  s[30];     //在内存中定义变量以存放要输入的数据
ifstream  infile("a.txt");      //将输入文件对象 infile 与磁盘文件"a.txt"相联系
infile.getline(s,30);      //将文件"a.txt"中的字符串输入到已定义好的字符串数组中
```

注意,在用文件对象输入数据时,与之相联系的磁盘文件必须存在且有正确的数据格式,否则就会有错误的运行结果。

再回到我们的域名服务器,在程序的菜单项中,新增“打开数据文件”这一项,用户可指定将某一数据文件输入到链表中,以便对这些域名数据进行操作,针对这一功能的函数 OpenFile( )实现如下:

```
void OpenFile(void)
{     ifstream infile;      //定义文件对象
      webaddress *pt1,*pt2;      //定义域名类型的链表指针
      pt2=head;      //pt2 指向链表头指针
      char FileName[20];      //存放从键盘输入的数据文件名
      char Tempchar[22];      //存放从数据文件读入的一条域名记录
      cout<<"请输入数据文件名: ";
      cin>>FileName;      //从键盘输入数据文件名
      infile.open(FileName);      //将文件对象与具体的数据文件联系起来
      if(! infile)      //打开文件发生错误,程序退出
      {     cout<<"打开文件错误! \n";
            exit(0);
      }
```

```
    while(pt2&&pt2->next)      /* 当链表不为空,即内存中存在域名链表,数据文件中的域名数
据将接在原链表之后 */
    {     pt2=pt2->next;}}      //pt2 指向链表的最后一个结点
          while(infile.getline(Tempchar,22))      /* 从数据文件中读取一行数据进 Tempchar 单元,
数据未读完时循环读入 */
          {     pt1=new webaddress;      //开辟一新结点
                Change(pt1,Tempchar,infile);      //将 Tempchar 中的数据写进结点 pt1
                Insert(pt1);      //将此数据排序插入链表中
          }
          infile.close();      //关闭数据文件
          return;
    }
```

在这个函数中主要是利用 infile.getline()函数从文件中输入一行字符串,然后调用 Change()函数将其转换为结点类型,再插入链表中。

在程序中有两个同名的 Change 函数,它们的参数个数不同,是重载函数,具体的解释在后面的程序实现中有详细的解释。

4) 如何反复执行各项具体操作

原程序每个功能(插入、删除等)只能完成一次操作,若要进行同样的操作需退回到主菜单中再重新选择菜单项才能进行,课程设计要求(1)即要求每个功能可以重复运行,直到选择退出为止。为实现这一功能,需在原程序的基础上增加一循环语句,在完成一次操作后由用户选择是否继续操作。以插入域名的功能为例,原程序函数结构与修改后的函数结构比较如图 1.20 所示。

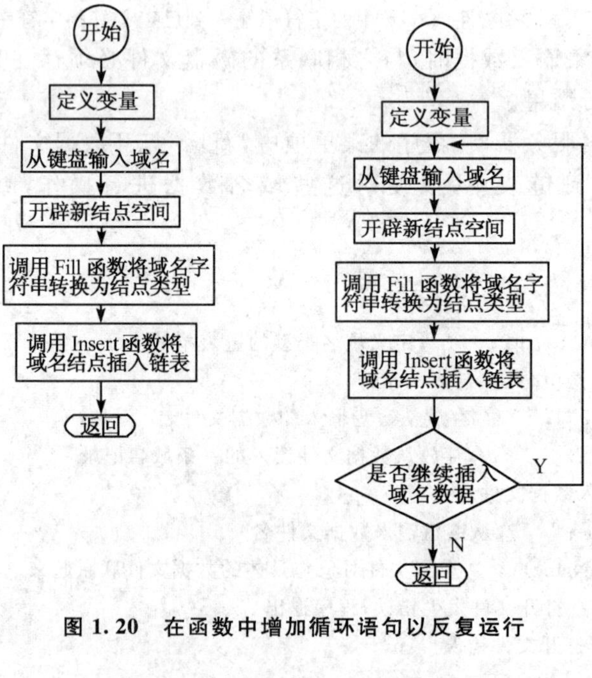

图 1.20 在函数中增加循环语句以反复运行

1.2.3 课程设计中常见问题的说明

1）输入数据类型错误导致程序无效循环

C++的输入流可以自动对于不同的标准数据类型进行重载，在使用时只需用语句：cin>>变量；而不需要像标准C那样使用特定的格式符（%d，%s等），但如果重载运算符">>"右边变量的类型与输入的类型不一致，在运行时会出现错误，在大多数情况下还会出现很严重的后果，导致程序无法运行。如以下程序：

```
#include<iostream.h>
void main(void)
{   int nChoice;
    do{   cin>>nChoice;
          switch(nChoice)
          {
          case 1:
              cout<<nChoice<<endl;
              break;
          case 2:
              cout<<nChoice<<endl;
              break;
          case 3:
              cout<<nChoice<<endl;
              break;
          default:
              cout<<"error!"<<nChoice<<endl;
          }
    }while(nChoice! =3);
}
```

这是很典型的输入选择循环，当用户输入为整型数时，程序可以正确运行，而一旦用户输入了错误的数据类型，如字母、标点符号等，程序无法自动纠正错误，就陷入了死循环。这是很常见的一种情况，尤其是在程序比较复杂，输入项数很多的情况下，如果有一项输入错误，就可能前功尽弃，给调试、运行带来许多不便。

一个优秀的程序应该使用户操作起来感到非常方便，即使偶尔操作有误也能自动纠正并给予正确的提示，这就需要程序员在编写程序时考虑到各种可能，反复调试程序，尽量减少误操作产生的影响。

解决方法：

(1) 更改输入类型

避免上述问题需注意两个方面：一是提示信息要详细正确，比如上述程序，在输入语句cin>>nChoice；的前面，加上语句cout>>"请输入您的选择（正整数）："；这样，用户就减少了出错的机会。二是更改输入类型，一般来说，如果把输入的数据看成是字符或字符串，那么从键盘键入的任何字符都是合法的。可以先把输入的数据读到内存的一个字符数组中，然后再通过判断数组中的数据来进行操作，这样虽然程序较为烦琐，但可以完全避免误操作带来的

错误,上述程序可以更改为:

```
#include<iostream.h>
#include<stdlib.h>
void main(void)
{    int  nChoice;
     char str[30];     //定义一个字符数组,存放输入缓冲区的内容
     do{    cout<<"请输入您的选择(正整数):";
            cin.getline (str,30);     //输入的数据先存放在字符数组中
            nChoice=atoi(str);     //将字符数组中的字符转变为整数,转换错误返回0
            switch(nChoice)
            {
            case 1:
                cout<<nChoice<<endl;
                break;
            case 2:
                cout<<nChoice<<endl;
                break;
            case 3:
                cout<<nChoice<<endl;
                break;
            default:     //转换错误,重新输入
                cout<<"error data! Input again! "<<endl;
            }
     }while(nChoice! =3);
}
```

(2) 清空键盘的输入缓冲区

函数 cin.clear( )可以将键盘输入缓冲区中的数据清空,这样我们可以首先判断 cin 流的返回值或 cin.rdstate ()函数的返回值是否为零,若为零,表示输入的数据类型不对。首先用 clear 函数清空缓冲区,然后用 getline 函数将这个数据读入丢弃,重新提示输入。上面的程序可以改为:

```
#include<iostream.h>
void main(void)
{    int  nChoice;
     do{ cout<<"请输入您的选择(正整数):";
        cin>>nChoice;
        while(! cin)     //当输入的数据类型与定义的变量类型不一致
        {    char str[20];
             cin.clear ();     //清空输入缓冲区
             cin.getline (str,20);     //接收原输入数据
             cout<<"非法输入,请输入一个整数:";
             cin>>nChoice;     //重新输入
        }
```

```
        switch(nChoice)
        {
        case 1:
            cout<<nChoice<<endl;
            break;
        case 2:
            cout<<nChoice<<endl;
            break;
        case 3:
            cout<<nChoice<<endl;
            break;
        default:
            cout<<"error data! Input again! "<<endl;
            }
    }while(nChoice! =3);
}
```

也可以用 cin. rdstate()函数判断输入数据是否合法。与 cin 流一样,该函数返回非零整数代表输入正确,返回 0 代表输入有误,在实际应用也常用这个函数去判断。

2）输入流对象 cin 中不同成员函数的应用区别

输入流对象 cin 中有许多成员函数,它们读取数据的方式有一些区别,最常用的是读取字符串的函数 cin. getline 和重载的输入流对象语句 cin>>变量名;

cin. getline 函数从输入流读字符时,遇到终止标志字符(回车键)时结束,指针移到该终止标志字符之后,下一个 cin. getline 函数将从该终止标志的下一个字符开始接着读入,即最后键入的 Enter 键已被函数读取。如果用 cin 或 cin. get 函数从输入流读字符时,遇到终止标志字符时停止读取,指针不向后移动,仍然停留在原位置,下一次读取时仍从该终止标志字符开始。也就是说,当 cin 或 cin. get 函数后面有 cin. getline 函数时,必须先将输入缓冲区中的回车符去掉,才可以正确读入后面键入的字符串,而当 cin 或 cin. get 函数后面有 cin 函数时则不必考虑这个问题,因为 cin 流自动跳过空白字符,举例如下:

```
#include<iostream.h>
void main(void)
{   int a;
    char str[30];
    cin>>a;
    cin.getline(str,30);
    cout<<a<<endl;
    cout<<str<<endl;
}
```

欲键入 23<CR> student<CR>分别赋给 a 和 str,但当键入 23<CR>时,程序输出 23 后结束,这是因为 cin 流只读取了 23,而将 23 后的回车保留在输入缓冲区,cin. getline 函数将这个回车作为输入数据读入,因为 cin. getline 函数读入到回车结束,所以只读取了一个空字符串,而忽略了回车后的字符。正确的程序应为:

```
#include<iostream.h>
void main(void)
{	int a;
	char str[30];
	cin>>a;	//关于此整数的输入,也存在前面介绍过的输入问题
	cin.ignore ();	//忽略输入缓冲区中第一个字符(回车符)
	cin.getline(str,30);
	cout<<a<<endl;
	cout<<str<<endl;
}
```

利用 cin.ignore()函数将缓冲区的第一个字符忽略,这样,就可以跳过回车符,而读取回车符后的下一个字符。

因此,在程序中碰到有 cin 和 cin.getline 混合输入数据时,保险的方式是在所有的 cin 语句后均加上 cin.ignore ();语句,这样就避免了可能出现的输入错误。

3) 尽量考虑运行中出现的各种可能性,提高程序的容错能力

在本程序中,由于处理的是域名数据,需要输入的数据较长,用户有可能误输入,比如接连输入两个'.',输入在两个小数点之间的网络名或机构名过长等,这时程序应能够判别错误的输入并给予提示。所以,在接收输入域名并将其转换为结点的程序 Change 中,应考虑各种可能的输入情况并做出正确的应答。修改的 Change 函数在图 1.21 中说明。

4) 函数设计中参数与返回值的设计

一个较大的程序不可能把所有的内容都放在一个主函数中。为了便于规划、组织、编程和调试,一般把一个大的程序划分为若干个功能模块,每一个模块实现一种功能,程序编写者要根据需要编写一个个函数,通过各个功能函数的实现从而完成整个程序的功能。由此可见,正确设计、使用函数是编写优秀程序的一个很重要的环节。

被调函数是通过两个渠道和主调函数联系的,即函数值和函数参数,函数的运算结果既可以通过函数值返回,也可以通过函数参数进行改变,在程序中要根据具体情况进行综合考虑。一般来说,如果要进行一个具体的操作(比如插入操作),存在有成功和失败两种可能,我们一般用函数的返回值表示操作是否成功,具体操作的结果用函数的参数表示,可以用指针类型或引用类型来返回操作结果。比如样例程序的 Change()函数,我们定义当函数返回值为 1 时,字符串可以正确转换成结点数据,而返回值为 0 时,转换失败。若转换成功后的具体结点数据通过指针参数返回。这样,在主调函数中通过判断 Change 的函数值就可以得知转换操作是否成功,转换成功后才进行查找、插入等操作,这样可以避免一些误操作。经修改后样例程序中 Change 函数的流程图如图 1.21 所示,其中斜体部分为新增语句或功能。

以插入操作为例,被调函数的流程图如图 1.22 所示。

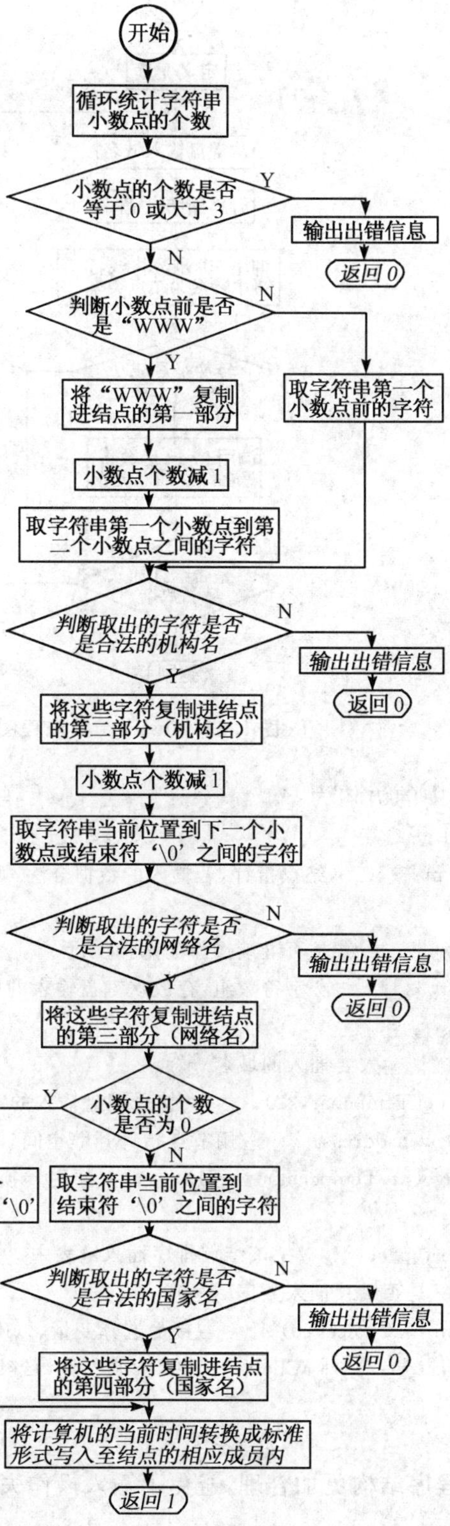

图 1.21　修改后的 Change 函数

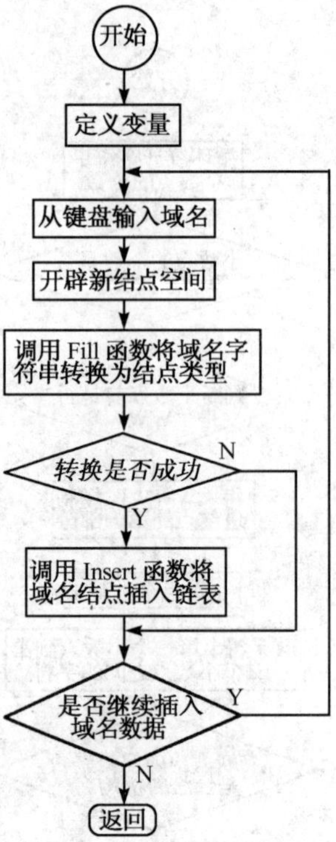

图 1.22 Insert 函数流程图

插入函数在程序中的语句为：

```
void InsertData(void)
{	webaddress * pt;	/* 结点指针，若输入的数据合法，则将数据放入该指针所指向的结构体空间中 */
	char aChoice[20];	//是否继续操作的选择变量
	char Tempchar[22];	//字符数组，存放从键盘输入的域名数据
	do
	{	cout<<"请输入要插入的域名\n";
		cin.getline(Tempchar,22);	//接受键盘输入的字符串
		pt=new webaddress;	//用节点指针开辟空间，以存放输入的数据
		if (Change(pt,Tempchar)==1)	/* 调用转换函数，将字符串中的数据转换成结点形式，转换成功继续 */
			Insert(pt);	//把该结点排序插入链表中
		cout<<"是否继续插入数据(y/n)? \n";
		cin.getline (aChoice,20);	//接受选择变量，以确定是否继续插入
	}while(aChoice[0]=='y' || aChoice[0]=='Y');	//继续插入，重复循环
	return;
}
```

可见，修改后的程序结构更加合理，避免了输入操作失误而带来的错误。

1.2.4 样例程序详细解答

```
/*
struct tm
{
int tm_sec;     //秒数 0～59
int tm_min;     //分钟数 0～59
int tm_hour;     //小时 0～23
int tm_mday;     //月份日期 1～31
int tm_mon;     //月份 0～11
int tm_year;     //年 1900－
int tm_wday;     //星期日期 0～6
int tm_yday;     //年份日期 0～365
int tm_isdst;     //白天的标志位
};
*/

#include <stdlib.h>
#include <time.h>
#include<iostream.h>
#include<ctype.h>
#include<string.h>
#include<fstream.h>
#include<stdio.h>
struct webaddress     //结构体:地址簿格式
{
    char www[5];     //存放字符串"www. ",若省略该字符串,则为空
    char name[9];     //存放机构名,排序等均以此为据
    char adm[5];     //存放网络名,不可省略
    char country[4]; //存放国家名,可省略
    int year;     //以下为注册域名或修改域名的时间:年
    int month;     //月
    int day;     //日
    int hour;     //时
    int minute;     //分  以上为结点的数据部分
    webaddress *next;//指针变量,作为链表进行操作,指向下一结点
};
webaddress *head=NULL;     //全局变量,链表头
tm *CurrentTime;     //时间类型指针变量
time_t  time_date;     // time_t 里面放的是星期、月份、日期、时间及年份等数据
void Initial(void)     //初始化程序,输出开始菜单选项
{
    cout<<"***************************\n";
```

```
	cout<<"  欢迎使用域名服务器查程序                      \n";
	cout<<"       请选择以下功能                           \n";
	cout<<"                                                \n";
	cout<<" 1.从数据文件中读入数据                         \n";
	cout<<" 2.查询数据                                     \n";
	cout<<" 3.插入数据                                     \n";
	cout<<" 4.删除数据                                     \n";
	cout<<" 5.修改原数据                                   \n";
	cout<<" 6.打印全部数据                                 \n";
	cout<<" 7.保存数据文件                                 \n";
	cout<<" 8.退出\n";
	cout<<"\n";
	cout<<"************************\n";
		cout<<"请输入您的选择:                          \n\n";
}
/* Change 函数:将 TempChar 字符串中的数据复制进结点指针 pt1 所指向的结构体空间,形成结点数据,转换成功,返回 1,否则返回 0 */
int Change(webaddress *pt1,char *TempChar)
{	int i,j;
	int dot=0;	//表明域名中小数点的个数
	static char str[10];	//暂时存放域名的各个部分
	for(j=0;TempChar[j]!='\0';j++)	//统计小数点的个数,以决定域名省略了几个部分
	{	TempChar[j]=tolower(TempChar[j]);	//将输入的字符串变成小写
		if(TempChar[j]=='.')
			dot++;	//小数点计数
	}
	if(dot==0 || dot>=4)	/*没有小数点或小数点大于等于 4,不是域名的形式,该数据不能插入链表*/
	{	cout<<"数据格式错误,未插入数据! \n";
		return 0;	//没有进行转换,返回 0
	}
	for(i=0;i<4;i++)	/*将字符串的前四个字符复制进 TempChar,以确定是否为第一部分www. */
	str[i]=TempChar[i];
	str[i]='\0';	//str 数组用'\0'结束,可以用字符串处理函数操作
	if(strcmp(str,"www.")==0)	//str 字符串中的内容与 www. 比较
	{	strcpy(pt1->www,str);	/*相同,说明域名的第一部分为 www.,将其复制进链表结点的对应部分*/
		dot--;	//小数点的个数减一,因为已经处理完一部分
			j=i;	//下面对原字符串 TempChar 的处理从第四个字符开始
	}
	else	//不相同,说明域名的第一部分为机构名
	{	j=0;	//下面对原字符串 TempChar 的处理仍从第一个字符开始
```

```
        strcpy(pt1->www,"");      //将链表结点对应 www.的部分赋为空
    }
//以下处理域名的第二部分
    for(i=0;TempChar[j]!='.'&&TempChar[j]!='\0'&&i<9;i++,j++)
    {   str[i]=TempChar[j];      //将原字符串从 j 开始到下一个小数点的所有字符复制进 str 中
    }
    if(TempChar[j]=='.')       //判断是否为合法的机构名,即以.结尾同时字段不大于 9 个字符
    {   str[i]='\0';
        j=j+1;       //原字符串的处理过的字符序号加一,以跳过域名间作间隔的小数点.
        dot--;      //处理过第二部分,小数点减 1
        strcpy(pt1->name,str);      //将域名的第二部分复制进链表节点中的相应区域
    }
    else      //如果字段发生错误,返回出错信息
    {   cout<<"域名数据格式错误,机构名字母个数超界或没有网络名!\n";
        return 0;
    }
    //以下处理域名的第三部分:网络名
    for(i=0;TempChar[j]!='.'&&TempChar[j]!='\0'&&i<5;i++,j++)
    {   str[i]=TempChar[j];      /*将原字符串从 j 开始或到下一个小数点(存在第四部分)或到字符
串结束(域名省略了第四部分)的所有字符复制到 str 中*/
    }
    if((TempChar[j]=='.'||TempChar[j]=='\0')&&i!=0)      /*判断是否为合法的网络名,即字段
以.或'\0'结尾且不超过 5 个字符*/
    {   str[i]='\0';      //正确,str 以'\0'结束,可以用字符串处理函数操作
        j=j+1;      //将原字符串处理过的序号加 1,跳过小数点.
        strcpy(pt1->adm,str);      //将第三部分复制进链表结点相应的区域
    }
    else      //错误,返回出错信息
    {   cout<<"域名数据格式错误,网络名字母个数超界或没有网络名!\n";
        return 0;
    }
    for(i=0;TempChar[j]!='\0'&&dot&&i<4;i++,j++)
        str[i]=TempChar[j];      //最后处理第四部分(如果存在),不存在为空
    str[i]='\0';      //同样,str 以'\0'结束,可以用字符串处理函数操作
    strcpy(pt1->country,str);      //将第四部分复制进链表结点相应的区域
    if(dot!=0&&TempChar[j]!='\0')      //如果第四部分字段发生错误,返回出错信息
    {   cout<<"域名数据格式错误,国家名部分不正确!\n";
        return 0;
    }
    time_date=time(0);      /*time()函数是取得自格林威治时间 1970 年 1 月 1 日 00:00 所经过的秒数
*/
    CurrentTime=localtime(&time_date);      /*localtime()函数是将类型为 time_t 的时间值,放入结构
类型为 tm 的结构中*/
```

```
    pt1->year=CurrentTime->tm_year+1900;       //将当前时间变为标准形式
    pt1->month=CurrentTime->tm_mon+1;      /*取出月份赋给类中的私有数据 Month,tm_mon
是从 0 开始,表示 12 月份依次为 0~11,故真实月份需加一*/
    pt1->day=CurrentTime->tm_mday ;      //取出当前时间的天数放入结构体的结点中
    pt1->hour=CurrentTime->tm_hour ;     //取出当前时间的小时数放入结构体的结点中
    pt1->minute=CurrentTime->tm_min ;    //取出当前时间的分钟数放入结构体的结点中
    return 1;     //转换结束,返回 1
}
/*新设计 Change 重载函数:将 TempChar 中的字符串写入 pt1 所指向的结构体单元;将数据文件中的年份、
月份、日期、小时、分钟,复制进链表结点中相应的区域,转换成功返回 1,否则返回 0*/
int  Change(webaddress *pt1,char *TempChar,ifstream infile)
{   int i,j;
    int dot=0;     //存放 TempChar 字符串中的小数点数,以判断域名的形式,有几个部分
    static char str[10];     //暂时存放字符串的单元
    for(j=0;TempChar[j]!='\0';j++)     //统计小数点数
    {   TempChar[j]=tolower(TempChar[j]);     //将输入的字符串变成小写
        if(TempChar[j]=='.')
            dot++;     //小数点计数器加 1
    }
    if(dot==0 || dot>=4)     //如果数据中没有小数点或小数点大于等于 4,则该数据不是域名
    {   cout<<"数据格式错误,未插入数据! \n";
        return 0;     //转换错误,返回 0
    }
    for(i=0;i<4;i++)
        str[i]=TempChar[i];     //将字符串中前四个字符复制进 str,以判断是否为 www.
    str[i]='\0';     //str 数组用'\0'结束,可以用字符串处理函数操作
    if(strcmp(str,"www.")==0)  //str 字符串中的内容与 www. 比较
    {   strcpy(pt1->www,str);     /*相同,说明域名的第一部分为 www.,将其复制进链表结点的对
应部分*/
        dot--;     //小数点的个数减一,因为已经处理完一部分
        j=i;     //下面对原字符串 TempChar 的处理从第四个字符开始
    }
    else     //不相同,说明域名的第一部分为机构名
    {   j=0;     //下面对原字符串 TempChar 的处理仍从第一个字符开始
        strcpy(pt1->www,"");     //将链表结点对应 www. 的部分赋为空
    }
//以下处理域名的第二部分
    for(i=0;TempChar[j]!='.'&&TempChar[j]!='\0'&&i<9;i++,j++)
    {   str[i]=TempChar[j];     //将原字符串从 j 开始到下一个小数点的所有字符复制进 str 中
    }
    if(TempChar[j]=='.')     //如果小数点后为合法的机构名字段
    {   str[i]='\0';
        j=j+1;     //原字符串的处理过的字符序号加一,以跳过域名间作间隔的小数点.
```

```
        dot--;    //处理过第二部分,小数点减1
        strcpy(pt1->name,str);    //将域名的第二部分复制进链表节点中的相应区域
    }
    else    //机构名字段出错
    {   cout<<"域名数据格式错误,机构名字母个数超界或没有网络名!\n";
        return 0;
    }
    //以下处理域名的第三部分:网络名
    for(i=0;TempChar[j]!='.'&&TempChar[j]!='\0';i++,j++)
    {   str[i]=TempChar[j];    /*将原字符串从j开始或到下一个小数点(存在第四部分)或到字符串结
束(域名省略了第四部分)的所有字符复制到str中*/
    }
    if((TempChar[j]=='.'||TempChar[j]=='\0')&&i!=0)    //判断网络名是否合法
    {   str[i]='\0';    //同样,str以'\0'结束,可以用字符串处理函数操作
        j=j+1;    //将原字符串处理过的序号加1,跳过小数点
        strcpy(pt1->adm,str);    //将第三部分复制进链表结点相应的区域
    }
    else    //网络名字段出错
    {   cout<<"域名数据格式错误,网络名字母个数超界或没有网络名!\n";
        return 0;
    }
    for(i=0;TempChar[j]!='\0'&&dot;i++,j++)
        str[i]=TempChar[j];    //最后处理第四部分(如果存在),不存在为空
    str[i]='\0';
    strcpy(pt1->country,str);
    if(dot!=0&&TempChar[j]!='\0')
    {   cout<<"域名数据格式错误,国家名部分不正确!\n";
        return 0;
    }
    infile>>pt1->year;    //将数据文件中的年份进链表结点中相应的区域
    infile>>pt1->month;    //复制月份
    infile>>pt1->day;    //复制日期
    infile>>pt1->hour;    //复制小时
    infile>>pt1->minute;    //复制分钟
    infile.getline(TempChar,20);    //读入下一行
    return 1;    //正确转换,返回1
}
//Insert函数:将结点指针所指向的数据按机构名的顺序插入到链表中
void Insert(webaddress *pt)
{    webaddress *pt1,*pt2;    //结点指针
     pt1=pt2=head;            //指向链表头
     if (head == NULL)        /*当链表头为空,即链表内没有结点,此时插入的结点应为链表内的惟
一的结点*/
```

```
    {     head = pt;     //插入的结点作为链表中的惟一的结点
          pt->next = 0;     //也是最后的结点,所以指针部分指向空
          return;
    }
    //当链表不为空
    if (strcmp( head->name, pt->name)>=0)     /* 如果原链表不为空,新插入的结点按机构名进行排序插入,当新插入结点的机构名小于头结点时,应使新插入的结点作为头结点 */
    {     pt->next=head;     //新插入结点的尾部连接头结点
              head=pt;     //将新插入结点作为头结点
          return;
    }
    //若新插入结点应插在头结点之后,这时要在链表中寻找插入点的位置
    pt2=pt1 = head;
    while ( pt2->next && strcmp(pt2->name, pt->name)<0)     /* 当新插入结点大于 pt2 所指向的结点时,pt2 应指向下一结点,继续寻找插入位置,而 pt1 跟在 pt2 后面,方便找到插入点后进行操作 */
    {     pt1 = pt2 ;     //pt1 跟在 pt2 后面
          pt2 = pt2->next;     //pt2 继续寻找下一结点
    }
    if (strcmp(pt2->name,pt->name)<0)     /* 当 pt2 指向链表尾部且新插入的结点依然大于 pt2 所指向的结点(链表尾结点),此时,应将新插入的结点作为链表尾结点 */
    {     pt2->next = pt;     //pt2 的尾部与新结点连接
          pt->next =0;     //新结点的尾部指向空,即为链表尾结点
    }
    if(strcmp(pt2->name,pt->name)>=0)     /* 当新插入的结点小于 pt2 所指向的结点时,新结点应插入在 pt1 和 pt2 之间 */
    {     pt->next = pt2;     //新插入结点的尾部连接 pt2
          pt1->next = pt;     //pt1 的尾部连接新插入的结点
    }
    return ;
}
//新设计的 OpenFile 函数:打开数据文件,将数据文件中的数据输入到链表中
void OpenFile(void)
{     ifstream infile;               //定义文件对象
      webaddress *pt1,*pt2;     //定义域名类型的链表指针
      pt2=head;                      //pt2 指向链表头指针
      char FileName[20];             //存放从键盘输入的数据文件名
      char Tempchar[22];             //存放从数据文件读入的一条域名记录
      cout<<"请输入数据文件名: ";
      cin.getline (FileName,20);     //从键盘输入数据文件名
      infile.open(FileName);     //打开该数据文件
      if(! infile)     //打开文件发生错误,程序退出
      {     cout<<"打开文件错误! \n";
            exit(0);
```

课程设计 Visual C++

```
    }
    while(pt2&&pt2->next)    /*当链表不为空，即内存中存在域名链表，数据文件中的域名数据将
接在原内存的链表后*/
    {   pt2=pt2->next;    //pt2 指向链表的最后一个结点
    }
    while(infile.getline(Tempchar,22)) /*从数据文件中读取一行数据进 Tempchar 单元，
数据未读完时循环读入*/
    {   pt1=new webaddress;    //开辟一新结点
        if(Change(pt1,Tempchar,infile)==1)    //将 Tempchar 中的数据写进结点 pt1
            Insert(pt1);    //将此数据排序插入链表中
    }
    infile.close();    //关闭数据文件
    return;
}
//Print 函数：显示链表指针指向的结点中的全部数据，依次为域名及输入数据的时间
void Print(webaddress *pt)
{   cout<<pt->www<<pt->name<<'.'<<pt->adm;
    if(strcmp(pt->country,"")!=0)    //如果存在国家名，输出国家名
        cout<<'.'<<pt->country;
    else    //否则输出为空，使输出格式一致
        cout<<"    ";
cout<<'\t'<<pt->year<<'-'<<pt->month<<'-'<<pt->day<<'\t'<<pt->hour<<':'<<
pt->minute<<endl;
}
// Initial_lookup 函数：显示查询域名的子菜单选项
void Initial_lookup(void)
{   cout<<"欢迎使用域名查询功能！\n";
    cout<<"请选择查询条件\n";
    cout<<"\n";
    cout<<"1.按域名检索查询\n";
    cout<<"2.按数据建立时间查询\n";
    cout<<"3.退出\n\n";
    cout<<"请输入您的选择：";
    return;
}
//新设计的函数 LookUp_Name：按域名的机构名查询符合条件的链表数据
void LookUp_Name(void)
{   webaddress *pt;    //链表指针，从链表头依次指向链表结点
    char webname[10];    //存放从键盘输入的要查找的域名机构名
    cout<<"输入域名的名称\n";
    cin.getline (webname,10);    //输入机构名进入 webname
    pt=head;    //链表指针指向链表头
    while(pt)    //指针依次向后移动，当指针未到链表尾时
```

```
    {       if(strcmp(webname,pt->name)==0)        //指针指向的域名符合查找条件
            {       cout<<"查找出的域名为:\n";        //显示链表中的全部域名
                    Print(pt);                        //显示链表中的一个结点的数据
                    break;
            }
            pt=pt->next;     //指针所指向的结点不符合查找条件,指针顺着链表结点向后移动
            }
            if(pt==NULL)       /*退出循环后指针为空,表示指针查找为整个结点,并未找到符合条件的
结点*/
                cout<<"数据文件中没有该地址\n";
            cout<<"任按一键继续...\n\n";
            cin.get();      //显示屏幕暂停,任按一键继续
            return;
}
/*新设计函数CompareTime:将链表中结点的数据中的时间与整型数组中的时间进行一一比较,当结点中
的时间在数组中的时间之后,函数返回1,否则返回0*/
int CompareTime(webaddress *pt,int *time)
{       if(pt->year >time[0])      //比较年
            return 1;
        else if(pt->year <time[0])
            return 0;
        if(pt->month >time[1])       //比较月
            return 1;
        else if(pt->month <time[1])
            return 0;
        if(pt->day >time[2])       //比较日期
            return 1;
        else if(pt->day <time[2])
            return 0;
        if(pt->hour >time[3])       //比较小时
            return 1;
        else if(pt->hour <time[3])
            return 0;
        if(pt->minute >time[4])       //比较分钟
            return 1;
        else if(pt->minute <time[4])
            return 0;
        return 1;
}
/*新设计的函数InputTime:判断输入的时间年、月、日等是否合法,并将正确的时间数据存放到整型数组
中,输入正确返回1,否则返回0*/
int InputTime(int *a)
{       char str[20];      //字符数组,输入缓冲区
```

```
    cout<<"请输入具体的时间\n";
    cout<<"请输入年份： ";
    cin.getline (str,20);
    a[0]=atoi(str);        //将字符串转换为整型数
    if(a[0]<1900)          //判断该整型数是否符号时间格式的要求
        return 0;          //非法的时间,返回 0
    cout<<"请输入月份： ";
    cin.getline (str,20);
    a[1]=atoi(str);
    if(a[1]>12 || a[1]<=0)
        return 0;
    cout<<"请输入日期： ";
    cin.getline (str,20);
    a[2]=atoi(str);
    if(a[2]>31 || a[2]<=0)
        return 0;
    cout<<"请输入小时： ";
    cin.getline (str,20);
    a[3]=atoi(str);
    if(a[3]>24 || a[3]<0)
        return 0;
    cout<<"请输入分钟： ";
    cin.getline (str,20);
    a[4]=atoi(str);
    if(a[4]>60 || a[4]<0)
        return 0;
    return 1;      //输入正确,返回 1
}
/*新设计的 LookUp_Time_Between 函数:要查询的域名在某两个时间之间,首先输入这两个时间,然后再
依次查找链表中满足条件的数据,进行显示*/
void LookUp_Time_Between(void)
{   int a[5],b[5];
    cout<<"请输入具体的时间段(第一时间>第二时间)\n";
    cout<<"请输入第一时间年份： ";
    if(InputTime(a)==1)       //第一时间年份格式正确
    {   cout<<"请输入第二时间年份： ";
        if(InputTime(b)==1)       //第二时间年份格式正确
        {   webaddress *pt=head;     //链表指针,指向链表头
            while(pt)      //指针依次向后移动,当指针未到链表尾时
            {   if(CompareTime(pt,a)==0&&CompareTime(pt,b)==1)
    //当指针所指向的数据符合时间条件时调函数,即在第一时间之后,第二时间之前
                    Print(pt);    //显示这一数据
                    pt=pt->next;      //指针指向下一结点
```

```
            }
        }
    }
    else
        cout<<"输入数据错误!"<<endl;
    return;
}
/*新设计 LookUp_Time_Before 函数:要查询的域名在某时间之后输入,这时,首先输入这个时间,然后再查找链表中满足条件的结点,一一显示*/
void LookUp_Time_Before(void)
{   int a[5];    //整型数组,依次存放输入的时间年、月、日、时、分(均为整型值)
    if(InputTime(a)==1)
    {   webaddress *pt=head;    //链表指针,指向链表头
        while(pt)    //指针依次向后移动,当指针未到链表尾时
        {   if(CompareTime(pt,a)==0)    //调用函数,当指针所指向的数据符合时间条件时
                Print(pt);    //显示这一数据
            pt=pt->next;    //指针指向下一结点
        }
    }
    else
        cout<<"输入数据错误!"<<endl;
    return;
}
/*新设计 LookUp_Time_After 函数:要查询的域名在某时间之后输入,这时,首先输入这个时间,然后再查找链表中满足条件的结点,一一显示*/
void LookUp_Time_After(void)
{   int a[5];    //整型数组,依次存放输入的时间年、月、日、时、分(均为整型值)
    if(InputTime(a)==1)
    {   webaddress *pt=head;    //链表指针,指向链表头
        while(pt)    //指针依次向后移动,当指针未到链表尾时
        {   if(CompareTime(pt,a)==1)    //调用函数,当指针所指向的数据符合时间条件时
                Print(pt);    //显示这一数据
            pt=pt->next;    //指针指向下一结点
        }
    }
    else
        cout<<"输入数据错误!"<<endl;
    return;
}
//新设计 LookUp_time 函数:按输入域名的时间进行查找
void LookUp_Time(void)
{   int nChoice;    //子菜单选项变量,以下为按时间查找的各种可能情况,供用户选择
    char str[30];    //输入缓冲区
```

```
        cout<<"请选择正确的时间段\n";
        cout<<"1.要查询的域名在某时间之后\n";
        cout<<"2.要查询的域名在某时间之前\n";
        cout<<"3.要查询的域名在某两时间之间\n";
        cout<<"4.退出\n";
        cout<<"\n";
        cin.getline (str,30);
        nChoice=atoi(str);      //将字符串转换为整型数
        switch(nChoice)
        {
        case 1:
            LookUp_Time_After();      //要查询的域名在某时间之后
            break;
        case 2:
            LookUp_Time_Before();     //要查询的域名在某时间之前
            break;
        case 3:
            LookUp_Time_Between();    //要查询的域名在某两个时间之间
            break;
        case 4:
            break;
            default:
            cout<<"选择错误,退出!";
            }
            return;
}
//LookUpData 函数:查找某个域名
void LookUpData(void)
{       int nChoice;      //选择子菜单选项的变量
        char str[30];
        do
        {      Initial_lookup();     //显示子菜单
               cin.getline (str,30);     //键入选择
               nChoice=atoi(str);
               switch(nChoice)
               {
               case 1:
                   LookUp_Name();      //按域名的机构名查询
                   break;
               case 2:
                   LookUp_Time();      //按输入域名的时间查询
                   break;
               case 3:
```

```
            break;     //退出
        default:
            cout<<"输入错误,请重新输入\n";
        }
    }while (nChoice! =3);
}

// InsertData 函数:从键盘键入一行数据排序插入到链表中
void InsertData(void)
{   webaddress * pt;     //结点指针,若输入的数据合法,则将数据放入该指针所指向的结构体空间中
    char aChoice[20];     //是否继续操作的选择变量
    char Tempchar[22];     //字符数组,存放从键盘输入的域名数据
    do
    {   cout<<"请输入要插入的域名\n";
        cin.getline(Tempchar,22);     //接受键盘输入的字符串
        pt=new webaddress;     //用结点指针开辟空间,以存放输入的数据
        if (Change(pt,Tempchar)==1)     /* 调用函数,将字符串中的数据以标准形式放入到结点中,
转换成功后继续 */
            Insert(pt);     //把该结点排序插入链表中
        cout<<"是否继续插入数据(y/n)? \n";
        cin.getline (aChoice,20);     //接受选择变量,以确定是否继续插入
    }while(aChoice[0]=='y' || aChoice[0]=='Y');     //继续插入,重复循环
    return;
}

// Delete 函数:将域名机构名为字符串 Tempchar 的结点从链表中删除
void Delete(char * Tempchar)
{   webaddress * p1, * p2;     //结点指针变量
    char aChoice[20];     //找到符合条件的数据后删除之前需要确认,该变量为键入的确认选择
    if ( head == NULL )     //链表头指针为空,即链表中无数据,不需删除,程序直接返回
    {   cout <<"数据表为空,无域名可删! \n";     //删除提示信息
        return;
    }
    if(strcmp(head->name,Tempchar)==0 )     /* 当链表头指针即是要删除的域名时,将头指针后的
指针作为头指针,然后将该结点删除 */
    {   p1=head;     // p1 指向头指针
        cout<<"存在该域名为:\n";
        Print(p1);     //输出 p1 中的数据内容
        cout<<"请确定是否删除该域名(y/n)? \n";
        cin.getline (aChoice,20);     //从键盘输入信息,确定是否真要删除该结点
        if(aChoice[0]=='Y' || aChoice[0]=='y')     /* 当输入 Y 或 y 时,确定要删除该结点,以下是删
除操作 */
        {   head = head->next;     //将链表的头指针移后一个结点
```

```
            delete p1;      //删除原头指针所在的结点
            cout <<"删除了该域名!\n";      //输出提示信息
        }
        else      //若选择不删除该结点
        {   cout<<"未删除域名!\n";      //输出提示信息
        }
    }
    else     //若链表头结点不满足删除条件,则 p2 指针顺着链表寻找满足删除条件的结点
    {   p2=p1 = head;      //首先,p1,p2 从头指针开始沿链表查找
        while (strcmp(p2->name,Tempchar) ! =0 && p2->next ! = NULL )      /*查找过程是
循环过程,当没有找到符合条件的结点且没有查找完整个链表时,循环继续*/
        {   p1 = p2 ;      //p1 跟在 p2 后面
            p2 = p2->next;      //p2 接着查找下一个结点
        }
        if (strcmp( p2->name,Tempchar) ==0 )      //找到要删除的目前正是 p2 所指向的结点
        {   cout<<"存在该域名为:\n";               //输出该结点的数据信息
            Print(p2);
            cout<<"请确定是否删除该域名(y/n)? \n";      //要求用户确认一下是否真的删除
            cin.getline (aChoice,20);      //输入用户的选择
            if(aChoice[0]=='Y' || aChoice[0]=='y')      //如果输入为 Y 或 y,确认为真的要删除
            {   p1->next = p2->next;      /*将 p2 指着的结点的下一个结点作为 p1 所指着的
结点的下一个结点,同时将 p2 所指向的结点从链表中断开*/
                delete p2;      //删除 p2 所指向的结点
                cout <<"删除了该域名!\n";
            }
            else      //如果用户选择不删除
            {   cout<<"未删除域名!\n";      //删除提示信息
            }
        }
        else cout<<"数据表上没有找到要删除的域名!\n";      /*如果查找完链表中的所有结点未
找到符合条件的结点,这时输出提示信息   */
    }
    return;
}
//DeleteData 函数:根据机构名删除域名
void DeleteData(void)
{   char Tempchar[22];      //存放键入要删除的域名中的机构名
    char aChoice[20];
    do
    {   cout<<"请输入要删除的域名中的机构名(第二个字段)\n";
        cin.getline(Tempchar,22);      //接受字符串
        Delete(Tempchar);      //调用函数,删除符合要求的域名
        cout<<"是否继续删除(Y/N)?   ";
```

```
        cin.getline(aChoice,20);
    }while(aChoice[0]=='Y' || aChoice[0]=='y');
    return;
}
//新设计的 Modify 函数:修改链表中域名中机构名为字符串 Tempchar 的结点数据,输出原结点数据内容
void Modify(char * Tempchar)
{   webaddress * pt;     //结点指针,指向修改后的结点数据
    webaddress * p1, * p2;//结点指针,用来在链表中寻找符合条件的结点
    char aChoice[20];    //确认是否替换原结点的选择变量
    char webname[22];  //接受从键盘输入的新修改的域名数据
    if ( head == NULL )//头指针为空,即链表中没有数据,不需修改
    {   cout <<"数据表为空,无域名可修改! \n";    //输出提示信息
    return;
    }
    if ( strcmp(head->name,Tempchar)==0 )    //当要修改的结点就是头结点时
    {   p1=head;   //p1 指向头结点
        cout<<"存在该域名为:\n" ;    //输出头结点数据
        Print(p1);
        cout<<"请输入修改的域名:\n";    //输入欲修改的域名数据
        cin.getline (webname,20);    //将新域名数据放入 webname
        pt=new webaddress;    //用 pt 指针在内存中生成一个结点
        if(Change(pt,webname)==1)    //将欲修改的域名数据放入这个结点中
        {   cout<<"请确定是否替换原数据(y/n)? \n";
            cin.getline (aChoice,20);    //输入选择,以确认是否真的用新信息替换旧域名
            if(aChoice[0]=='Y' || aChoice[0]=='y)    /* 选择确认替换,以下进行替换,即将旧的结
点从链表中删除,然后再将新的结点插入链表中,这样,链表依然是排序存放 */
            {   p1=head;    //p1 指向头结点
                head=head->next;    //头结点移到下一个结点
                delete p1;    //删除 p1 所指向的结点(原头结点)
                Insert(pt);    //将新键入的结点插入到原链表中
                cout <<"修改了该域名! \n";    //删除提示信息
            }
        }
        else    //如果选择不替换
        {   cout<<"未修改域名! \n";    //输出提示信息,不操作,直接退出
        }
    }
    else    //如果欲替换的域名不是头结点,则用指针顺着链表查找满足要求的结点
    {   p2=p1 = head;    //从链表头指针开始
        while (strcmp(p2->name,Tempchar) !=0 && p2->next != NULL )    /* 当没有查找
到满足要求的结点且没有查找完链表时 */
        {   p1 = p2 ;    //p1 跟在 p2 后面
            p2 = p2->next;    //p2 继续顺着链表查找
```

```
        }
        if (strcmp( p2->name,Tempchar)  ==0 )    /*当p2指向的结点满足查找要求时,首先显示该结点数据,再确认是否真的替换*/
        {   cout<<"存在该域名为:\n";
            Print(p2);    //输出原结点数据内容
            cout<<"请输入修改的域名:\n";   //输入欲替换的域名
            cin.getline (webname,20);
            pt=new webaddress;    //用pt指针在内存中开辟空间,存放欲替换的结点数据
            if(Change(pt,webname)==1)    //将键入的数据转换成结点形式
            {   cout<<"请确定是否替换原数据(y/n)? \n";
                cin.getline (aChoice,20);    //输入确认信息
                if(aChoice[0]=='Y' || aChoice[0]=='y')    /*如果确认真的替换,首先将旧的结点删去,再将新的结点插入到原链表中*/
                {   p1->next = p2->next;    /*将p2指着的结点的下一个结点作为p1所指着的结点的下一个结点,同时将p2所指向的结点从链表中断开*/
                    delete p2;    //删除p2所指向的结点
                    Insert(pt);    //将欲替换的结点插入链表
                    cout <<"修改了该域名! \n";    //删除提示信息
                }
            }
            else    //如果确认不做替换
            {
                cout<<"未修改域名! \n";    //删除提示信息
            }
        }
    else cout<<"数据表上没有找到要修改的域名! \n";    /*如果查找完整个链表仍没有满足要求的域名,则输出提示信息*/
    }
    return;
}
//ModifyData函数:修改链表中域名中机构名为字符串Tempchar的结点数据
void ModifyData(void)
{   char Tempchar[22];    //字符数组,存放要修改的域名的机构名
    char aChoice[20];
    do
    {   cout<<"请输入要修改的域名的名称(第二个字段)\n";
        cin.getline (Tempchar,22);    //从键盘输入机构名
        Modify(Tempchar);    //调用函数,将链表中符合条件的域名显示并修改
        cout<<"是否继续修改域名(Y/N)?   ";
        cin.getline (aChoice,20);
    }while(aChoice[0]=='y' || aChoice[0]=='Y');
    return;
}
```

```
//PrintData 函数:输出链表中所有结点的数据信息
void PrintData(void)
{
    webaddress * pt;    //结点指针,依次指向链表中的各个结点
    pt=head;    //从链表头开始显示
    if(head! =0)    //如果链表不为空,即链表中存在数据,依次显示
        cout<<"数据表中的域名有:\n";
    while(pt)    //当未显示到链表尾部时,循环显示
    {
        Print(pt);    //显示一个结点数据
        pt=pt->next;    //指针指向链表的下一结点
    }
}
//新设计的 SaveFile 函数:将链表中所有结点的数据都保存在数据文件中
void SaveFile(void)
{   ofstream outfile;    //输出文件对象
    char Filename[20];    //存放从键盘中输入的文件名
    cout<<"请输入数据文件名:\n";    //根据需要选择不同的文件
    cin.getline (Filename,20);    //接受文件名
    outfile.open(Filename);    //以输出的方式打开数据文件
    if(! outfile)    //打开文件错误,输出提示信息,退出程序
    {   cout<<"打开文件错误! \n";
        exit(0);
    }
    webaddress * pt;    //结点指针,指向链表中的各个结点
    pt=head;    //从链表头开始向数据文件中输入数据
    while(pt)    //当指针没有找到链表尾时
    {   if(pt->www )    //如果该结点的域名数据存在第一部分 www.,则输出
            outfile<<pt->www;
        outfile<<pt->name<<'.'<<pt->adm;    //接着输出第二、第三部分:机构名、网络名
        if(pt->country )    //如果域名存在第四部分(国名),则输出
            outfile<<'.'<<pt->country<<endl;
        outfile<<pt->year <<'\t'<<pt->month <<'\t'<<pt->day<<'\t'
            <<pt->hour<<'\t'<<pt->minute<<endl;    //输出键入域名的时间数据
            pt=pt->next;    //顺着链表依次指向下一结点
    }
    cout<<"文件存储完毕\n";
}
void main(void)
{int nChoice;
    char str[30];
    do
    {   Initial();    //输出菜单选项
```

```
        cin.getline (str,30);      //用户从键盘输入选择
        nChoice=atoi(str);
        switch(nChoice)
        {
        case 1:
            OpenFile();      //打开数据文件
            break;
        case 2:
            LookUpData();      //查找数据
            break;
        case 3:
            InsertData();      //插入数据
            break;
        case 4:
            DeleteData();      //删除数据
            break;
        case 5:
            ModifyData();      //修改数据
            break;
        case 6:
            PrintData();      //显示链表中的所有数据
            system("pause");
            break;
        case 7:
            SaveFile();      //将链表中的结点数据保存在数据文件中
            break;
        case 8:
            break;     //退出
        default:
            cout<<"选择错误!\n";
        }
    }while(nChoice!=8);      //当选择为8时退出
}
```

2 游戏程序

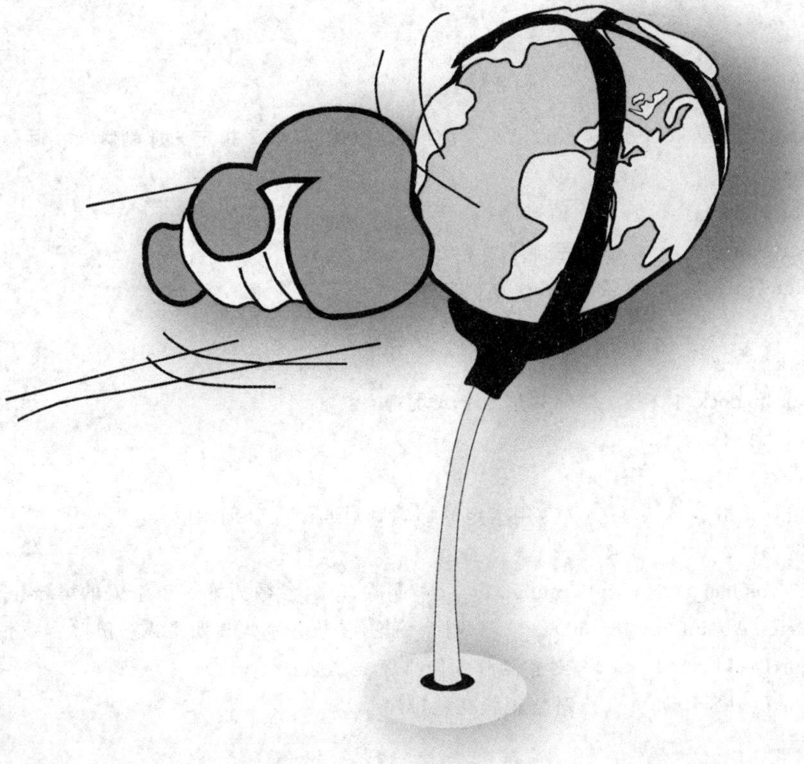

第1题 扑克牌游戏

2.1.1 程序功能简介

创建一副扑克,并完成洗牌等操作。

2.1.2 课程设计要求

(1) 增加大小王。
(2) 删去一张指定的扑克后,余牌显示。
(3) 创建一副扑克,显示一副扑克,洗牌,依次分发给4个人并显示。
评定难易级别:A级。

2.1.3 程序设计思想

添加大小王:修改类Deck,将一副扑克牌对象内的扑克牌个数增加两张,对这两张牌的面值及花色分别赋值"S" 1(小王),"B"2(大王)。

创建一副扑克牌分发四人并删除指定张:这个程序可以有各种编写方式,在这里介绍一种对原程序修改较小的方法,抛砖引玉。

新建两个类,PerDeck类表示某个人拿的牌,PlayDeck类表示四个人玩牌的过程,PerDeck类为Deck类和PlayingCard类的友元类,其数据结构如下:

```
class PerDeck
{     PlayingCard   m_Card[20];     //最多有20张牌
      int nNum;     //实际张数
public:
      PerDeck(){}
      void MakePerDeck(Deck &,int);     //对象初始化,参数为指定的那副牌及实际赋值个数
      void Show();     //显示
      void SortFace();     //按面值排序
      void SortSuit();     //按花色排序
      int Delete(int n);     //删除序号为n的那一张
};
class PlayDeck
{     PerDeck m_deck[4];     //一共是四个人玩牌
public:
      PlayDeck(){}
      void PlayCard(Deck &);     //用指定的那副牌对四个人分别赋值
      void Show();     //显示
      int  DeleteOne(int row,int column);     //删除一张,参数为第row个人的第column张牌
      int  DeleteAll(int,int,int,int);     //删除一轮,参数分别代表四个人各删除哪一张
      void SortDeckFace();     //对整副牌面值排序
      void SortDeckSuit();     //对整副牌花色排序
```

```
};
```

2.1.4 程序算法说明

需要对原程序做一些修改，保留生成牌及洗牌的部分，主要是修改 main 函数的结构，依次为：生成牌、洗牌、发牌，然后循环显示菜单，询问是否删除一张、删除一轮、面值排序、花色排序等，在 main 函数中定义所生成的那副扑克牌，并将其作为参数（对象引用），所有新增类的操作均以那副牌作为数据进行运算。

可以根据需要对已有程序的函数参数或实现部分做一些修改，满足程序设计的要求。

为防止误操作，修改接收键盘数据的格式，对用户的输入均设置输入缓冲区，用 cin.getline 函数读入后再判断，详细方法见样例程序的说明及解答。

2.1.5 关键源代码注解

```
/*扑克牌游戏——源代码及关键源代码注解如下：*/
#include <iostream.h>
#include <string.h>
#include <conio.h>
#include <stdlib.h>
#include <stdio.h>
#include <time.h>
class PlayingCard       //扑克牌类，表示一张扑克牌的面值、花色和与之相联系的操作
{
private:
    int nValue;      //扑克的实际面值，用整型值表示，从1开始，1～13
    char achFace[3];      //扑克的数字大小，用字符串的形式表示，为A,2,3,...,10,J,Q,K
    char chSuit ;      //扑克的花色（黑、红、梅、方）
public:
    PlayingCard();      //构造函数，初始化扑克牌对象，实际上是将对象清零
    void ShowCard();      //显示扑克牌对象的面值、花色
    void CardMake(int);      //为一张扑克牌对象赋予特定的面值及花色
};

class Deck      //一副扑克（52张）类
{
private:
    PlayingCard m_cardarray[52];      //一副扑克由52张扑克牌组成
    int nLastDelt;      //标记这副扑克牌删除的张数
public:
    Deck();      //构造函数，初始化一副扑克牌对象，实际上是将其内的52张扑克牌清零
    void MakeDeck();      //生成一副扑克，即对其内的52张扑克牌赋予正确的面值及花色
    void DealOne();      //从这副牌的开头删除一张牌
    void ShowDeck();      //依次逐张显示这副牌
    void DeckShuff(int);      //洗牌，其参数是洗牌的次数
```

```
    void RemoveCard();      //将删除的那张扑克牌的内容清零,使这张牌在屏幕上显示不出来
};
void ProgramInit();     //程序初始化,输出初始化信息
int main();
void CenterText(char []);    //将参数(字符串)在屏幕上显示在一行的中间位置
int GetNumber();     //接收用户键入的整型数值,作为函数值返回
char GetKey();     //接收用户键入的字符,作为函数值返回
void DeckMakeDriver();     /*程序的主要算法,内部调用多个函数,包括生成扑克牌、洗牌、删除等主
要操作*/
int GetRandInt(int min, int max);     //取得在两个参数之间的整型随机值
void ProgClose();     //暂停程序运行,供用户查看中间运行结果

int main()
{    srand( (unsigned)time( NULL ) );     //初始化随机数种子
     int nCardNum = 0;
     ProgramInit();     //显示程序初始化提示信息
     DeckMakeDriver();     //调用程序的主要算法,包含程序的主要操作过程
     ProgClose();     //暂停程序运行,供用户查看运行结果
     return 1;
}
PlayingCard::PlayingCard()     //扑克牌对象的构造函数
{    int i;
     for(i=1;i<=3;)     //初始化扑克牌的面值,清零
     {    achFace[i] = ' ';
        i++;
     }
     chSuit = ' ';     //初始化扑克牌的花色,清零
     nValue = 0;
}
void ProgramInit()     //程序一开始运行的提示信息
{    CenterText("扑克牌游戏");
     cout << endl <<"\n" ;
     CenterText("单击<Return>键开始……");
     cin.get();
}
char GetKey()     //从键盘接收一个字符,将其作为函数值返回
{    char x;
     x = cin.get();
     cout << endl;
     return x;
}
void PlayingCard::ShowCard()     //在屏幕上显示一张扑克牌的面值及花色
{    cout << "     ";
```

```
        cout << achFace;       //显示面值
        cout.width(1);
        cout <<  chSuit;       //显示花色
        cout << " ";
}
void CenterText(char ShellText[80])      //将函数参数(字符串)在屏幕上居中显示
{       int nLength;
        int nCenter;
        nLength= strlen(ShellText);     //取得欲显示字符串的大小
        nCenter = (80 - nLength)/2;      //整个屏幕的列数为80,取得字符串在该行的起始位置
        for(;nCenter! =0;nCenter--)      //在字符串前输出空格
        {     cputs(" ");      }
        cputs(ShellText);
}
int GetNumber()      //从键盘接收一个整型数值,将其作为函数值返回
{       int nInputInteger = 0;
        CenterText("请输入一个在0到51之间的整数,输入52退出.");
        cout << endl;
        cin >> nInputInteger;
        return nInputInteger;
}
void PlayingCard::CardMake(int nNum)      /*根据参数 nNum 生成一张扑克牌,nNum 不同,生成的
面值或花色不同*/
{       int i = 0;
        char j;
        int nFaceNum = nNum % 13;      //扑克牌的面值,从0到12
        switch(nFaceNum)      //当面值大于10时,用J,Q,K代替,面值为0,用A代替
        {
        case 0: strcpy(achFace," A");break;
        case 9: strcpy(achFace,"10");break;
        case 10: strcpy(achFace," J");break;
        case 11: strcpy(achFace," Q");break;
        case 12: strcpy(achFace," K");break;
        default:
             j = char(nFaceNum + 49);      //其他的面值,用对应的ASCII码表示
             if(i<3)
             {     achFace[i] = ' '; i++;
                   achFace[i] = j;i++;
                   achFace[i] = NULL;
                   break;
             }
        }
        //扑克牌的花色,分别用红桃、黑桃、梅花、方块的ASCII码替代
```

```
    if(nNum <= 12)chSuit = 6;    //红桃
    if(nNum >12 && nNum <= 25)chSuit = 3;    //黑桃
    if(nNum >25 && nNum <= 38)chSuit = 5;    //梅花
    if(nNum >38 && nNum <= 51)chSuit = 4;    //方块
    if(nFaceNum <= 9)nValue  = nFaceNum + 1;    /* A 的面值实际上用 1 表示，其余面值依次加 1 */
    if(nFaceNum >= 10)nValue = 10;
}
void DeckMakeDriver()    /* 主要程序操作部分，调用多个函数，完成生成一副牌、洗牌、显示、删除等操作 */
{   Deck deck_1;    //生成一副扑克牌对象，内有 52 张牌，此时所有的扑克牌均未赋值
    deck_1.MakeDeck();    //对 52 张扑克牌赋值
    deck_1.ShowDeck();    //逐一显示这 52 张牌
    GetKey();    //暂停运行，供用户查看显示结果
    deck_1.DeckShuff(250);    //对生成的这副牌洗牌 250 次
    deck_1.ShowDeck();    //逐一显示这 52 张洗好的牌
    cout << endl <<endl << endl;
    char y;
    do
    {   deck_1.DealOne();    //从这副牌的开始位置删除一张牌
        cout << endl;
        cout << endl << endl << "选择 Y 删除一张牌，选择 N 退出"<< endl;
        cin >> y;    //询问是否继续删除
        y = toupper(y);
    }while(y == 'Y');
}
void Deck::MakeDeck()    //对生成的 52 张牌逐个赋值
{   nLastDelt = 51;    //赋初值，该值作为生成每张扑克牌的参数
    while(nLastDelt >-1)    //判断是否产生完 52 张牌
    {   m_cardarray[nLastDelt].CardMake(nLastDelt);    /* 调用每张扑克牌的生成函数，依次对每张扑克牌赋值，直至生成完一副扑克牌(52 张) */
        nLastDelt--;    //生成完一张扑克牌后改变生成的参数
    }
}
void Deck::ShowDeck()    //显示一副扑克牌
{   int nIndex = nLastDelt + 1;    //以该位置为第一张牌，从头显示这副扑克牌
    int nNewLine = 0;
    CenterText("完整的一副牌");
    cout << endl;
    while(nIndex<=51)
    {   if(nNewLine % 11 == 0) cout << endl;    //每显示 11 张输出一个回车
        m_cardarray[nIndex].ShowCard();    //按数组的顺序依次显示
        nNewLine++;
```

```
            nIndex++;
        }
}
int GetRandInt(int nMin, int nMax)      //返回两个参数之间的一个整型随机值
{       int nNumToReturn;
        nNumToReturn = rand();    //取得随机值
        nNumToReturn = nNumToReturn % (nMax - nMin + 1) + nMin;     /*将随机值的范围调
整到两个参数之间*/
        return nNumToReturn;
}
void Deck::DeckShuff( int times)     //洗牌,参数为洗牌的次数
{       int x, nSplit;     //nSplit 是将一副扑克牌分开成两部分的位置,如上部分、下部分
        CenterText("洗牌……");
        cout << endl;
        for(x=0;x<=times;x++)      //开始循环,每循环一次将牌全部重排一遍
        {       nSplit = GetRandInt(20,35);      //随机选取 nSplit 的值
                Deck TopDeck;      //生成两副扑克牌对象
                Deck BottomDeck;
                int i;
                int nBottomNum = 1;
                int nTopNum = 1;
                for(i=0;i<=nSplit - 1;)      /*将初始的那副扑克牌的上边部分的张数赋值到新生成的
扑克牌对象中*/
                {       TopDeck.m_cardarray[nTopNum] = this->m_cardarray[i];
                        nTopNum++;
                        i++;
                }
                for(i=(nSplit);i< 52;)      /*同样将初始那副扑克牌的下边部分的张数赋值到新生成的
扑克牌对象中*/
                {       BottomDeck.m_cardarray[nBottomNum] = this->m_cardarray[i];
                        nBottomNum++;
                        i++;
                }
                int nOutNum = 0;
                int nNumToTop;
                int nNumToBottom;
                int j;
                int h = 0;
                nBottomNum = 52 - nSplit;      //下部分那副扑克牌的张数
                nTopNum =nSplit;      //上部分那副扑克牌的张数
                while(nOutNum <= 51)
                {       nNumToTop = GetRandInt(2,7);      /*在上部分扑克牌中随机选择 2~7 之间的随
机数*/
```

```
            nNumToBottom = GetRandInt(2,7);     /* 同样在下部分扑克牌中随机选择 2～7
之间的随机数 */
            for(j=0;j <=nNumToBottom;j++)     //从 0 开始循环 nNumToBottom 次
            {    if(nBottomNum > 0)    //当下部分那副牌没有循环完时继续
            {this->m_cardarray[nOutNum] = BottomDeck.m_cardarray[nBottomNum];
            /* 从下部分那副牌的最后张数开始,依次向初始的扑克牌赋值 */
                nOutNum++;
                nBottomNum--;
              }
              for(h=0;h<=nNumToTop;h++)     /* 下部分的那副扑克牌赋值完成后,对
上部分的那副牌做同样的操作 */
              {    if((nTopNum > 0) && (nOutNum <=52))
                   {
    this->m_cardarray[nOutNum]=TopDeck.m_cardarray[nTopNum];
                     nOutNum++;
                     nTopNum--;
                   }
              }
            }
        }
    }
    this->nLastDelt = -1;     //将删除牌的张数复原为-1(未删除)
}
void ProgClose()     //程序暂停,任按一键继续
{     cout << endl << endl;
      cout << " 单击<Return> 键继续……" << endl;
      cout << endl << endl;
      GetKey();
      cin.get();
}
void Deck::RemoveCard()
{     m_cardarray[nLastDelt]= PlayingCard();}     //将删除的那张牌清零
void Deck::DealOne()     //从一副扑克牌中删除一张牌
{     if(nLastDelt != 51)     //当未将整副牌删除完时继续
      {     nLastDelt++;     //删除的张数加 1
            cout.width(5);
            cout <<"     删除牌:";
            m_cardarray[nLastDelt].ShowCard();     //显示删除牌的牌面及花色
      }
      else
      {     cout << "这副牌全部删除完了";
            ProgClose();
      }
```

```
}

Deck :: Deck()      //初始化一副扑克牌,将 52 张扑克牌均清零
{     int lastdelt = 0;
      int i;
      for(i=0;i<=51;i++)
      {     m_cardarray[i] = PlayingCard(); }     //构造一个临时对象赋值
}
```

第 2 题　TICTACTOE 游戏(三子连珠游戏)

2.2.1　程序功能简介

该程序是 TICTACTOE 游戏,棋盘为 3×3,3 个棋子连起来即为赢。输入参数时,若输入的数字超出边界或在已有棋子的地方再输入,则提示出错,要求重新输入。

2.2.2　课程设计要求

(1) 将程序改写成类。
(2) 将棋盘扩充成 4×4。
(3) 统计输赢结果并打印输出。
(4) 选做:使游戏更生动。(输赢条件相同)
评定难易级别:B 级。

2.2.3　程序设计思想

设计一个玩家下棋的操作类,里面封装了棋盘、棋子类别和输赢次数等成员数据,其中,棋盘定义为静态成员,这样,两个玩家对象的棋盘是惟一的。

操作类的函数包括有初始化棋盘、下棋、判断输赢等,同样,初始化棋盘等的操作可以定义为静态函数,调用时直接使用类名加函数名,不必使用具体的对象名。

定义两个下棋操作类的对象,分别代表玩家'O'和玩家'X',这样,用不同的对象去调用类中的成员函数就可以完成下棋的过程。

当然,可以有各种形式来修改完善原程序,在这里只举出一个例子,供大家参考。

具体的数据结构原型说明如下所示(参考):

```
class CGobang       //棋子类
{
private :
     char chSort;      //棋子的类别
     int nWin;      //赢棋的次数
     int nLose;      //输棋的次数
     static int nDraw;      //平局次数
     static char achBoard[9][9];      //棋盘
     static int nSize;      //棋盘的尺寸 nSize×nSize
public:
     CGobang(char chsort);      //构造函数,决定一方棋子的类别
     void   PlayTurn(void);      //走一步棋
     int Judge();      //判断是否连成一线,是返回 1,否返回 0
     void Win(void);      //赢棋
     void Lose(void);      //输棋
     static void Draw(void);      //平局
```

```
    void PrintInfo(void);       //打印总体情况
    static void PrintBoard(void);       //打印棋盘
    static int GetFull(void);       //判断棋盘是否已布满棋子
    static void InitialBoard(void);       //初始化棋盘
};
```

进一步改进程序：

(1) 程序中用 if　else if 格式的语句来判断玩家的输赢，当棋盘变大时，三子连珠的各种可能性成倍增加，使得语句非常烦琐，建议修改该判断结构，采用 for 语句的循环结构进行判断，这样，如果棋盘变大只需更改循环条件结束的参数即可，可灵活适用于各种尺寸的棋盘。

(2) 程序中两个玩家都是由用户控制，试修改其中一个玩家的下棋程序，改为由 CPU 自动下棋，当然，用户事先编写好 CPU 下棋时依据的算法，尝试一下，非常有意思，您将拥有一个比人更敏锐的机器人！

(3) 为防止用户误操作，修改接收键盘数据的格式，对用户的输入均设置输入缓冲区，用 cin.getline 函数读入后再判断，详细方法见样例程序的说明及解答。

(4) 可以将程序扩充为一个标准的五子棋游戏程序，如果您实现了(1)中的建议，那么修改会变得格外简单。

2.2.4　关键源代码注解

```
/* TICTACTOE 游戏——源代码及关键源代码注解如下：*/
#include <iostream.h>
#include <stdlib.h>

void PrintBoard();      //输出棋盘
void PrintInfo();      //输出游戏提示信息
void PrintStats(int, int, int);      //输出统计的胜负信息
void IfError(int&, int&);      //判断输入是否有错
void ChoiceOfChar(char&);      //询问用户是否再玩一局
void PromptTurnO(int&, int&);      //选择 O 的玩家下棋(先走)
void PromptTurnX(int&, int&);      //选择 X 的玩家下棋(后走)
char board[3][3];      //棋盘
int main()
{   int ROW;            //棋盘的行变量
    int COLUMN;         //棋盘的列变量
    int FirstPlayer;    //第一位玩家赢的次数
    int SecondPlayer;   //第二位玩家赢的次数
    int Draws;          //平局的次数
    FirstPlayer = 0;
    SecondPlayer = 0;
    Draws = 0;
    char choice;
    choice = 'Y';       //初始选择,可以使循环进行下去
```

```
PrintInfo();
while(choice == 'Y')      //判断继续循环的条件
{   //主循环
for (ROW = 0; ROW < 3; ROW++)      //进入一局,首先将棋盘清零
for (COLUMN = 0; COLUMN < 3; COLUMN++)
board[ROW][COLUMN]= ' ';
int x;    //用户键入的棋盘行列数由(x,y)接收
int y;
int SpotsOnBoard;    //在棋盘上玩家已经布上的棋子数
SpotsOnBoard = 0;
while ( SpotsOnBoard <= 9)    //当棋盘还未布满棋子时允许继续下棋
{   if (SpotsOnBoard == 0)
        PrintBoard();    //刚开始一局,输出棋盘
PromptTurnO(x, y);    //选择'O'的玩家下棋
IfError(x, y);    //如果玩家输入坐标出错,则提示错误,重新输入
board[x - 1][y - 1]= 'O';    //棋子落在棋盘上
SpotsOnBoard++;    //棋盘上的棋子数加 1
PrintBoard();
/*以下是玩家走了一步后,判断是否这一步使三子连成一线,即判断'O'玩家是否赢棋,以下 if 中的判断是三子连成一线的各种可能*/
if (board[0][0]== 'O' && board[1][1]== 'O' && board[2][2]== 'O')    //连成一线
{     cout << " O player wins the game" << endl;
      FirstPlayer++;
      break;
}
else if (board[2][0]== 'O' && board[1][1]== 'O' && board[0][2]== 'O')    //连成一线
{     cout << "O player wins the game" <<endl;
      FirstPlayer++;
      break;
}
else if (board[0][0]== 'O' && board[1][0]== 'O' && board[2][0] == 'O')    //连成一线
{     cout << "O player wins the game" << endl;
      FirstPlayer++;
      break;
}
else if (board[0][1]== 'O' && board[1][1]== 'O' && board[2][1]== 'O')    //连成一线
{     cout << "O player wins the game" << endl;
      FirstPlayer++;
      break;
}
else if (board[0][2]== 'O' && board[1][2]== 'O' && board[2][2]== 'O')    //连成一线
{     cout << "O player wins the game" << endl;
      FirstPlayer++;
```

```
        break;
    }
  else if (board[0][0]== 'O' && board[0][1]== 'O' && board[0][2]== 'O')     //连成一线
    {   cout << "O player wins the game" << endl;
        FirstPlayer++;
        break;
    }
  else if (board[1][0]== 'O' && board[1][1]== 'O' && board[1][2]== 'O')     //连成一线
    {   cout << "O player wins the game" << endl;
        FirstPlayer++;
        break;
    }
  else if (board[2][0]== 'O' && board[2][1]== 'O' && board[2][2]== 'O')     //连成一线
    {   cout << "O player wins the game" <<endl;
        FirstPlayer++;
        break;
    }
  else if (SpotsOnBoard == 9)    //若三子未连成一线,则判断棋子是否落满棋盘
    {   cout << "Draw!" <<endl;
        Draws++;
        break;   //若落满棋盘则平局,跳出循环
    }
  PromptTurnX(x, y);    //轮到选择'X'的玩家下棋,以下的操作与'O'的玩家相同
  IfError(x, y);
  board[x - 1][y - 1]= 'X';
  SpotsOnBoard++;
  PrintBoard();
  if (board[0][0]== 'X' && board[1][1]== 'X' && board[2][2]== 'X')     //连成一线
    {   cout << "X player is victorious" << endl;
        SecondPlayer++;
        break;
    }
  else if (board[2][0]== 'X' && board[1][1]== 'X' && board[0][2]== 'X')     //连成一线
    {   cout << "X player is victorious" << endl;
            SecondPlayer++;
            break;
    }
  else if (board[0][0]== 'X' && board[1][0]== 'X' && board[2][0]== 'X')     //连成一线
    {   cout << "X player is victorious" << endl;
            SecondPlayer++;
            break;
    }
  else if (board[0][1]== 'X' && board[1][1]== 'X' && board[2][1]== 'X')     //连成一线
```

```
    {      cout << "X player is victorious" << endl;
                SecondPlayer++;
                break;
    }
  else if (board[0][2]== 'X' && board[1][2]== 'X' && board[2][2]== 'X')      //连成一线
    {      cout << "X player is victorious" << endl;
                SecondPlayer++;
                break;
    }
  else if (board[0][0]== 'X' && board[0][1]== 'X' && board[0][2]== 'X')      //连成一线
    {      cout << "X player is victorious" << endl;
           SecondPlayer++;
           break;
    }
  else if (board[1][0]== 'X' && board[1][1]== 'X' && board[1][2]== 'X')      //连成一线
    {      cout << "X player is victorious" << endl;
           SecondPlayer++;
           break;
    }
  else if (board[2][0]== 'X' && board[2][1]== 'X' && board[2][2]== 'X')      //连成一线
    {      cout << "X player is victorious" << endl;
           SecondPlayer++;
           break;
    }
      else if (SpotsOnBoard == 9)      //若三子未连成一线,则判断棋子是否落满棋盘
    {    cout << "Draw!" <<endl;
         Draws++;
         break;      //若落满棋盘则平局,跳出循环
    }
  }
  ChoiceOfChar(choice);      //一局结束,询问玩家是否继续
}
PrintStats(FirstPlayer, SecondPlayer, Draws);      //结束游戏,输出统计的输赢信息
system("PAUSE");
return 0;
}
void PrintBoard()      //输出棋盘,玩家下棋子的情况存储在数组 board[2][2]中
{      cout << endl;
       cout << "  1   2   3 " << endl;
       cout << "1 " << board[0][0] << " | " << board[0][1]<<" | "<< board[0][2]<< endl;
       cout << " ---|---|---" << endl;;
       cout << "2 " << board[1][0]<< " | " << board[1][1]<< " | " << board[1][2]<< endl;
       cout << " ---|---|---" << endl;
```

```
    cout << "3 " << board[2][0]<< " | " << board[2][1]<< " | " << board[2][2]<< endl;
    cout << endl<<endl;
}
void PrintInfo()     //输出游戏的提示信息
{ cout << "First player is represented by O, second by X. " << endl;
  cout << "Enter the coordinates for Rows and Columns" << endl;
  cout << "Strike enter when Done. " << endl;
  cout << endl;
}
void PrintStats(int FirstPlayer, int SecondPlayer, int Draws)     //输出统计输赢的情况
{ cout << "The O player have won " << FirstPlayer << " times" << endl;
  cout << "The X player have won " << SecondPlayer << " times" << endl;
  cout << "There was " << Draws << " draws" << endl;
  cout << "Thanks for using my program" << endl;
}
void IfError(int& x, int& y)     //判断玩家输入的棋盘坐标是否错误,若有错,则提示重新输入
{ while (x > 3 || x < 1 || y > 3 || y < 1 || ('O'== board[x - 1][y - 1]
        || 'X'== board[x - 1][y - 1]))
   {cout << "This coordinate is not allowed, try again" << endl;
    cout << "row: ";
    cin  >> x;
    cout << "column: ";
    cin  >> y;
   }
}
void ChoiceOfChar(char& choice)     //接收玩家输入是否继续下棋的信息
{ cout << endl;
  cout << " Press CAPITAL Y if you want to play again. " << endl;
  cout << " Otherwise, press any other letter key to exit the loop. " << endl;
  cin  >> choice;
}
void PromptTurnO(int& x, int& y)     //'O'玩家输入棋子坐标
{ cout << "Turn of the first player (O), enter the coordinates" << endl;
  cout << "Row: ";
  cin  >> x;
  cout << "Column: ";
  cin  >> y;
}
```

第3题 21点的扑克牌游戏

2.3.1 程序功能简介

一个21点的扑克牌游戏，玩家一共可以要5张牌，但如果牌的点数超过21，则为输了，自动出局；在不超过21点的情况下，玩家与庄家比牌的点数大小，大者为赢。

2.3.2 课程设计要求

(1) 将所有的函数与相应的数据封装到类中，并改写主程序，使程序简化。

(2) 程序中一共有13张扑克牌可以随机抽取，大于10的点数为10，现要求大于10的点数全部为半点。

(3) 要求高级玩家永远不会输掉，即高级玩家可以查看下一张牌，若大于21点，则拒绝，当然，在游戏规则上不能泄露这点秘密。

(4) 超级玩家可以查看下一张牌，即输入指定的字符或字符串，然后按要求输入密码，密码正确可以看自己和计算机的牌，并指定下一级牌的点数。

(5) 每次要牌后可以设定赔率，即如果开始下的是10元钱的注，如果牌好，你可以要求再下注，当然不能超过你所有的总钱数。

(6) 将界面的提示说明改成中文界面，界面的解释详细友好，可以吸引更多的玩家。

评定难易级别：B级。

2.3.3 程序设计思想

1) 随机牌点产生

在C++的库函数stdlib.h中，有一个随机序列发生器，由函数rand()产生，按固定的顺序输出由5位数组成的随机整数。随机数列的排列是固定的，也就是说，如果每次运行指定这个数列的起始位置相同，那么产生的就是固定的整数数列，达不到产生随机数的目的。因此，为了使随机数列能够产生随机数，我们就要在每次程序运行时随机指定随机数序列的起始位置，也就是指定一个随机数的“种子”，srand()函数就是初始化这个“种子”。因为时间总是在变化的，所以人们一般用系统的当前时间去初始化随机数种子，语句为：

```
srand((unsigned)time(NULL));
```

这样，每次程序运行时随机数序列的起始位置不同，产生的随机数也就不同。

在原程序中，在产生多个随机数之间利用时间的延时函数wait()去初始化种子，但由于多个随机数产生的时间不可能相隔太长，所以经常出现多个随机数用一个种子的情况，即产生出来的随机数相等，不符合程序的实际要求。改进方法是应在程序一开始执行时就初始化随机数种子，以后只要用rand()函数顺序选取即可。

2) 类的封装

设计一个类，将出牌、下注等的操作包含进去，玩家和计算机均为这个类的对象。这样，在玩牌及判断输赢时，函数只需要用这两个对象的引用做参数即可，大大简化了函数。

具体参考的数据结构如下：

```
class  CCard
{
private:
 int naPip[5];    //一共五张牌
 int nNumber;     //实际发了多少牌
 int nDollar;    //有多少钱
 int nGamble;    //赌注
 int nWin;    //赢局数
 int nLose;    //输局数
 int nDraw;    //平局数
public:
 CCard();    //构造函数,初始化
 void FirstPlayTwo();    //最初两张牌
 int GetNumber();    //返回牌的张数
 double GetPip();    //返回点数
 void DisplayPip();    //依次全部显示牌面点数
 void DisplayPip(int);    //除了第一张牌,依次全部显示牌面点数(针对计算机牌的显示)
 void TurnPlay();    //出一张牌
 void Win();    //赢了计算赌注
 void Lose();    //输了
 void Draw();    //平局
 int SetGamble(int);    //设置赌注,赌本不够返回-1
 int GetMoney();    //返回钱数
 void DisplayInfo();    //显示必要的信息
 char * GetCurrentCard();    //返回当前牌点
 void DeleteCard(void);    //删除当前牌点,作弊用
 void ModifyCard(double);    //修改当前牌,作弊用
 int AddGamble(int );    //加赌注
};
```

以上类的成员数据及函数只是参考,读者可以根据自己编写程序的需要进行删减,更改参数及返回值的类型。

3) 密码的设置及输入

在不少程序中都有键入密码这一环节,程序中要求输入密码并判断。这时密码必须是在程序中预先指定好,且不能更改,这样显然不能满足实际的需要。一种解决方法是将密码存入专门指定的文件中,每次接收完用户输入的密码后去这个文件中读取原密码进行比较,如果一致还可以修改原密码。

在输入密码时,如果用一般的 cin 流接收,则密码会显示在屏幕上,起不到保密的作用,可用 getch()函数来接收字符,这个函数的特点是只要按下一键就能识别,即输入字符不用输入缓冲区保存,直接进入内存,然后将这个键替换成 * 显示即可。getch()函数在库函数 conio. h 中定义。示范程序如下:

```
#include<iostream.h>
#include <conio.h>
```

```
#define  N  x       //x为任意一个字符(包括空白字符)的ASCII码值
void main(void)
{
 char str[20];
 char ch;
 int i=0;
 cout<<"input password: ";
 cout.flush ();      //清输出缓冲区
 ch=getch();
 while(ch! =x)       //当输入x字符时循环结束
 {
     str[i++]=ch;
     cout<<'*';
     cout.flush();
     ch=getch();
 }
str[i]=0;
}
```

输入的密码在 str 数组中。

4）完善程序提示

(1) 题目要求把抽到大于 10 点的牌的点数设为一半，只需设计随机取下一张牌的成员函数使用 if 语句判定牌的点数是否大于 10，大于 10 的牌对其重新赋值为 0.5 即可。

(2) 题目要求高级玩家的牌永远不会超过 21 点，程序中在询问玩家是否要牌时，如果高级玩家输入的是正确的密码，那么程序就转向一个新编函数，这个函数用玩家对象的引用做参数，在函数中替玩家取下一张牌并决定是否要这张牌。

(3) 题目要求超级玩家在输入密码后可以查看计算机的牌，并可以由玩家指定下一张牌，与(2)一样，在程序中在询问玩家是否要牌时，如果超级玩家输入的是正确的密码，那么程序就转向一个新编函数，这个函数用玩家和计算机对象的引用做参数，在函数中显示计算机的牌点，并要求超级玩家自己输入下一张牌的牌点。

(4) 题目要求每次要牌后可以设定赔率，这时在玩家要下一张牌之前可以加上是否下注的循环，当玩家的赌注累计超过他所拥有的总资本时要求玩家重新下注。

2.3.4　关键源代码注解

```
/*21点的扑克牌游戏——源代码及关键源代码注解如下:*/
#include<iostream.h>
#include<stdlib.h>
#include<conio.h>
#include<time.h>

void replay(char &ans);      //询问是否继续玩牌
void hit(int &total);        //要一张牌
```

```
void deal(int &player,int &cpu,int &playerturns,int &cputurns);    //为计算机和玩家各发两张牌
void BET(int &bet,int &money);    //下注
void print(int wins,int lose,int draw,int money);    //输出最后结果
void rules();    //输出规则
void results(int player,int cpu,int bet,int &money,int &draw,int &win,int &lose);    //判断输赢
int random(long hi,long lo)    //取两个参数之间的随机数
{    int ran;
     srand((unsigned)time(NULL));
     ran=rand()%(hi-(lo-1))+lo;
     return(ran);
}
void wait(int milli)    //暂停 milli 毫秒
{    clock_t start;
     start=clock();
     while( ( clock()-start ) < milli );
}
void pause()    //暂停,任按一键继续
{    cout<<"任按一键继续"<<endl;
     getch();
}
int main()
{    int player=0,cpu=0,win=0,lose=0,draw=0,playerturns=0,cputurns=0,money=0,bet;
     char ans;
     system("cls");    //执行系统命令,清屏
     rules();
     cout<<"\t\t\t 请问是否玩牌:";
     cin>>ans;
     if((ans == 'y') || (ans=='Y'))    //检查输入是否为 Yes
     {    cout<<"\t\t\t 您的赌本为 100 美元"<<endl;    //起始的赌本
          money=100;
          cout<<"\t\t\t";
          pause();    //暂停,任按一键继续
     }
     else
     {    return(0);}
     do
     {    system("cls");
          if(money<0)    //看看有无赌本
          {    cout<<"对不起,您没赌本了"<<endl;    //若赌本输光,结束程序
               return(0);
          }
          BET(bet,money);    //下注的程序
          deal(player,cpu,playerturns,cputurns);    //给玩家和计算机各发两张牌
```

```
	do
	{	cout<<"\t\t\t您是想要牌(H)还是等待(S):";	//询问是否要牌
		cin>>ans;
		if((ans=='h')||(ans=='H'))	//如果玩家要牌
		{	playerturns++;	//玩家手中的牌数增加一张
			if(playerturns>5)	//判断玩家手中的牌数是否超过5张
				cout<<"\t\t\t您手中不能超过5张牌";	//若超过,则不能继续要牌
		}
		if((playerturns<6)&&(ans=='h'))	//判断是否符合玩家要牌的条件
		{	cout<<endl;
			hit(player);	//调用发牌程序
		}
	}while((ans=='h')||(ans=='H'));	//继续询问玩家是否要牌
	for(;(cpu<16)&&(cputurns<6);cputurns++)	//计算机开始要牌的条件
	{	cout<<endl;
		cout<<"\t\t\t计算机要了一张牌"<<endl;
		hit(cpu);	//调用发牌程序
	}
	cout<<endl<<endl;
	cout<<"\t\t\t计算机的牌面为:"<<cpu<<endl;	//输出计算机的牌面的总点数
	cout<<"\t\t\t您的牌面为:"<<player<<endl;	//输出玩家牌面的总点数
	cout<<endl;
	results(player,cpu,bet,money,draw,win,lose);	//判断输赢
	replay(ans);	//询问是否继续玩牌
	}while((ans=='y')||(ans=='Y'));
	print(win,lose,draw,money);	//游戏结束,输出结果
	cout<<endl;
	cout<<"\t\t\t\t";
	return(0);
}
void rules()	//游戏规则
{	cout<<"\t\t WELCOME TO THE GAME"<<endl;
	cout<<"\t\t\t HERE ARE SOME SIMPLE RULES"<<endl;
	cout<<"\t\t\t1:You Can only have a max of 5 cards. "<<endl;
	cout<<"\t\t\t2:If you bust you automatically lose. "<<endl;
	cout<<"\t\t\t3:If you win you win double what you bet. "<<endl;
	cout<<"\t\t\t4:The Dealer stops at or after 16. "<<endl;
	cout<<"\t\t\t\t";
	pause();
}
void BET(int &bet,int &money)	//接收玩家下注
{	system("cls");
	cout<<"\t\t\t您现在有:$"<<money<<endl;
```

```
    cout<<"\t\t\t 您要下的赌注是：";
    cin>>bet;
    if(bet<0)
        bet=bet * -1;
    money=money-bet;
}
void deal(int &player,int &cpu,int &playerturns,int &cputurns)     //为计算机和玩家各发两张牌
{   int playercard1,playercard2,cpucard1,cpucard2;
    playerturns=2;
    cputurns=2;
    playercard1=random(13,1);     //取得 13 与 1 之间的随机数
    cout<<"\n\t\t\tDEALING HAND"<<endl;
    wait(350);     //等待 350ms
    playercard2=random(13,1);
    wait(150);
    cpucard1=random(13,1);
    wait(350);
    cpucard2=random(13,1);
    if(playercard1>=10)     //若牌面的点数大于 10,按 10 来计点数
    {   playercard1=10;    }
    if(playercard2>=10)
    {   playercard2=10;    }
    if(cpucard1>=10)
    {   cpucard1=10;    }
    if(cpucard2>=10)
    {   cpucard2=10;    }
    player=playercard1+playercard2;     //玩家两张牌的总点数
    cpu=cpucard1+cpucard2;     //计算机两张牌的总点数
    cout<<"\t\t\t 现在您的牌面总数是:"<<player<<endl;
    cout<<"["<<playercard1<<"]";
    cout<<"["<<playercard2<<"]";
    cout<<endl;
    cout<<"\t\t\t 计算机有一张"<<cpucard1<<" 显示"<<endl;
    cout<<endl;
    cout<<"[ * ] "<<" ["<<cpucard1<<"]";     //计算机隐藏一张牌面
}
void hit(int &total)     //要一张牌
{   int card;
    card=random(13,1);
    if(card>=10)
    {   card=10;}
    total=total+card;     //牌点总数
    cout<<"\t\t\t 牌面是 :"<<card<<endl;     //输出牌面
```

```
        cout<<"\t\t\t总的牌面是 :"<<total<<endl;      //输出总点数
}
void results(int player,int cpu,int bet,int &money,int &draw,int &win,int &lose)       //判断一局的结果
{       if(cpu==player)      //平局
        {       cout<<"\t\t\t平局"<<endl;
                draw++;
        }
        if(player>21)      //玩家超过21点
        {       cout<<"\t\t\t很遗憾,您输了"<<endl;
                lose++;
        }
        else
        {       if(cpu<player)      //玩家赢了
                {       cout<<"\n\t\t\t恭喜您,您赢了";
                        money=money+(bet*2);      //赌本加上双倍的赌注
                        win++;
                }
        }
        if(cpu>21)      //计算机超过21点
        {       cout<<"\t\t\t计算机输了"<<endl;
                if(player<21)
                {       cout<<"\n\t\t\t恭喜,您赢了";
                        win++;
                        money=money+(bet*2);
                }
        }
        else
        {       if(cpu>player)      //计算机赢了
                {       cout<<"\t\t\t很遗憾,您输了"<<endl;
                        lose++;
                }
        }
}
void replay(char &ans)      //询问是否再玩一局
{       cout<<"\n\t\t\t您是否想再玩一局:";
        cin>>ans;
}
void print(int wins,int lose,int draw,int money)      //输出最后结果
{       cout<<"\t\t\t\t赢的次数:"<<wins<<endl;
        cout<<"\t\t\t\t输的次数:"<<lose<<endl;
        cout<<"\t\t\t\t平局次数:"<<draw<<endl;
        cout<<"\t\t\t\t您的赌本:"<<money<<endl;
}
```

第 4 题　猜单词游戏

2.4.1　程序功能简介

一个猜单词游戏。两人游戏时，由一个玩家给出一个单词，在人与计算机游戏时，由计算机给出一个单词，另一个玩家根据组成单词的字母个数猜出单词，猜的次数可以指定，若猜不中，显示一个上吊的人形。

2.4.2　课程设计要求

(1) 将猜单词的函数与相应的数据封装到类中，并改写主程序，使程序简化。

(2) 根据所猜单词中的字母个数，给出指定几率的提示字母，显示于单词中的正确位置。

(3) 在进入猜单词的过程后，首先显示菜单询问是开始猜单词还是修改设置，默认的修改次数为 4，默认显示字符的几率为 20%，若要修改这个设置，在显示菜单中选择设置选项进行修改。

(4) 在人人对抗时，一个玩家给出单词时，单词不显示在屏幕上，字符用"*"号显示。

(5) 猜单词时，输入一个单词，判断函数改为判断输入单词的字符是否与所猜单词一一对应，将猜中的字符显示出来。

(6) 在人机对抗时，可以选择随机读取单词，也可以选择向单词库输入单词，同时，将单词库中单词的个数显示出来，并根据单词库中单词个数的多少决定随机选取的范围。

评定难易级别：A 级。

2.4.3　程序设计思想

1) 类的封装

画上吊人形的类已经封装起来，这部分程序基本不用改了，主要是对人人对抗和人机对抗操作部分类的封装。因为不论是人人对抗和人机对抗，接收单词输入、显示猜单词的结果及判断是否猜中的函数都是一致的，所以可以将其定义为一个类的两个对象，也可以定义为一个基本类和一个派生类的对象。在这里举出的示范例子是定义为一个类的两个对象，成员函数可根据对象的不同分别调用，数据结构如下：

```
class CGuess
{
private:
    string Word;        //欲猜的单词
    double Proba;       //显示字符的概率 0～1
    int GuessNum;       //总共可猜的次数
    int WrongNum;       //猜错的次数
    string DisplayWord;       //欲显示的单词
    string GuessWord;       //第二个玩家输入猜想的单词
    int nLen;       //输入单词的长度
public:
```

```
    CGuess();    //构造函数
    void InitialSet();        //修改设置值
    void InputWord();     //输入单词并初始化成员参数
    void InputGuess();     //接收用户所猜的单词
    int Judge();       //判断是否猜中,猜中返回 0,猜不中返回 1 或-1(death)
    int ShowDisplay();          //显示单词及上吊人形 ,程序结束返回 1
    int OpenWordFile();      //打开单词库,随机取出一个单词赋给 Word,成功返回 1
    int SaveWordFile();      //向单词库输入新单词,正确返回 1
};
```

2) 程序主体结构的设置

该设计基本上全部修改了原程序的结构,在 main 函数中分别定义人人对抗和人机对抗的对象。在键入对应的菜单选项后,进入操作函数,操作函数的参数即是对应对象的引用。同样,若有下级菜单的函数一样用该对象的引用作参数,这样,可保证对象的惟一性。

程序应最大限度地利用成员函数的返回值来判断操作是否成功,如文件的打开等,在调用后利用返回值可输出相应的信息,使用户界面更加友好。

主菜单:

1. 人人对抗(注释:以人人对抗对象的引用作为参数调用子程序)
2. 人机对抗(注释:以人机对抗对象的引用作为参数调用子程序)
3. 退出

人人对抗菜单

1. 开始猜单词
2. 设置系统(注释:即设置显示字符的概率和允许猜错的次数)
3. 退出

人机对抗菜单

1. 开始猜单词
2. 设置系统(注释:即设置显示字符的概率和允许猜错的次数)
3. 向单词库添加单词
4. 退出

3) 人人对抗时输入欲猜单词的隐藏

课程设计要求在人人对抗时,一个玩家给出单词时,单词不显示在屏幕上,字符用" * "号显示,这个有些类似于密码的输入,具体的设置办法请看"21 点程序"中"程序设计思想"的第三部分"密码的设置及输入"。但本程序在这个基础上还要有些限制条件,就是接收的字符必须是字母,当字母为大写时将其转换为小写。如果输入的不是字母就要提示重新输入,相信只要考虑到这一问题就一定会设计出巧妙的解决方法来!

注意:原程序中 Flush 函数的定义极有参考价值,将它记下来,用到别的程序中,您将拥有一个完美的交互界面。

4) C++用于处理字符串变量的新的数据类型——字符串类型(string 类型)

在原程序中字符串的操作中用了一种新的数据类型——string 类型,string 并不是 C++ 语言本身具有的基本类型(而 char,int,float,double 等是 C++本身提供的基本类型),它是在 C++标准库中声明的一个字符串类,用这种类可以定义对象。每一个字符串变量都是

string 类的一个对象。在使用方法上，它和 char，int 类型一样，可以用来定义字符串变量，即用一个名字代表一个字符序列。C++中为 string 类型重载了大量的运算符，定义了很多成员函数，如赋值、加减、求字符串长度等，使得字符串的操作像基本数据类型的操作一样简便。关于 string 类型的种种运算在不少书籍中都有详尽的介绍。在编写程序时要尽量利用 C++的资源，减少低层烦琐算法的编写，而着重于程序的结构和性能。

2.4.4 关键源代码注解

```
/*猜单词游戏——源代码及关键源代码注解如下：*/
#include <iostream>
#include <string>
#include <cctype>
#include <fstream>
#include <cstdlib>
#include <time.h>
using namespace std;      //用名字空间 std

void instruction(int& choice);      //输出程序主菜单，并接收用户选择
void usergame(int i);               //两个玩家之间猜单词
void compgame(int i);               //计算机出单词玩家猜
void test(string word, char letter, int& numwrong, string& temp, int i);    /*判断输入的字符是否是单词中的字符，如果是替换到正确位置*/
void lchosen(char letter, string& letterchosen, int& check, int& chosencounter, int i);    /*判断输入的字符是否是单词的一部分，若不是则将其放入已输入过的错误的字符集中*/
void rnd(string& word, int i);      //随机从文件中选取一个单词
void drawman(int numguess, int numwrong, int i);     //画上吊的人形
inline istream& Flush(istream& stream);              //清理输入流
// file: draw.h
// Counter class definition
#ifndef DRAW_H      // Check for class redefinition
#define DRAW_H
class draw
{
    public:
        draw();
        void rope();        //输出上吊绳
        void head();        //头
        void neck();        //脖子
        void leftarm();     //左上肢
        void rightarm();    //右上肢
        void waisttop();    //腰部
        void leftleg();     //左腿
        void rightleg();    //右腿
```

```
};
#endif
draw::draw(){}
void draw::rope()      // 绳
{     cout << "   |";   }
void draw::head()      //头
{     cout << "   O";}
void draw::neck()      // 脖子
{     cout << "   |";   }
void draw::leftarm()      //左上肢
{     cout << " /";   }
void draw::rightarm()      //右上肢
{     cout << "\\";   }
void draw::waisttop()      //腰部
{     cout << " { }";   }
void draw::leftleg()      //左腿
{     cout << " /";   }
void draw::rightleg()      //右腿
{     cout << " \\";   }

int main()
{     int i = 0;           //定义循环变量
      int exit = 0;        //主循环结束标识符
      int choice;          //接受用户选择
      do     //当 exit ! = 1 循环
      {    system("cls");          //执行系统命令清屏
           instruction(choice);    //输出程序主菜单,并接收用户选择
           switch(choice)
           {
           case 1:
                usergame(i);     //调用人人对抗函数
                break;
           case 2:
                compgame(i);     //调用人与机器对抗函数
                break;
           case 3:
                cout << "Goodbye" << endl;     //退出游戏
                exit = 1;
                break;
           default:
                cerr << "Invalid choice - try again" << endl;     //输入错误,重新输入
           }
      } while (exit ! = 1);
```

```
    system("pause");     //执行系统命令:暂停
    return 0;
}
void instruction(int& choice)      //输出程序主菜单,并接收用户选择
{   cout << "      -Hangman-" << endl << endl;
    cout << "      Created by Kyle Burmark" << endl << endl;
    cout << "********************************" << endl;
    cout << endl;
    cout << " Enter -1- to play against user" << endl;
    cout << " Enter -2- to play against computer" << endl;
    cout << " Enter -3- to quit" << endl;
    cout << endl;
    cout << "********************************" << endl << endl;
    cout << "Choice: ";
    cin >> choice;     //接受用户选择
    while (! cin)
    {   cerr << "Invalid character" << endl
      << "Enter again - choice: ";
        Flush(cin);
        cin >> choice;
    }
    system("cls");
}
void usergame(int i)
{   int numguess = 0;      //玩家希望猜的次数
    int numwrong = 0;      //猜错的次数
    int check;     //检测输入的单词是否与已输入的字符重复的标识符
    int wordcheck;          //检测是否输入是字符单词的标识符
    int end = 0;     //猜单词的过程中的循环结束标识符
    int chosencounter = 0;     //选对的字符个数
    char letter;     //玩家输入的字符
    string word;     //玩家要猜的单词
    string temp;     //玩家看见的不断更新的输出
    string letterchosen = "          ";     //选择过的字符集
    do {     //当没猜对且猜的次数不够时循环
    cout << "How many chances does the person have (4 - 10): ";
    cin >> numguess;
    } while (numguess < 4 || numguess > 10);
    cout << "Enter word 2nd user: ";
    cin >> word;
    do {     //当玩家输入非字符时循环
        wordcheck = 0;
        for (int i = 0; i < word.length(); i++)
```

```
        {    if (! isalpha(word.at(i)))
             {    wordcheck = 1;    }
        }
        if (wordcheck == 1)
        {    cout << "Invalid - Enter word again:";
             cin >> word;
        }
} while (wordcheck == 1);
temp = word;     //将单词赋值给输出的单词变量
for (i = 0; i < word.length(); i++)
{    temp.replace(i, 1, 1,'*'); }     //输出时用*代替字符
system("cls");
do
{    drawman(numguess, numwrong, i);     //根据猜错的次数画上吊的人形
     if (word == temp)     //单词猜对了
     {    cout << endl << endl;
          cout << "You guessed it [ " << word << " ]" << endl << endl;
          system("pause");
          end = 1;     //结束循环标识符
     }
     if (numwrong == numguess)     //如果猜到设置的判断次数但仍未猜对
     {    cout << endl << endl;
          cout << "You failed" << endl << endl;
          system("pause");
          end = 2;     //结束循环标识符
     }
     //当以上条件不满足,即循环未结束
     if (end == 0)
     {    cout << endl << endl << endl;
          cout << "Letters chosen: " << letterchosen << endl;
          cout << endl << endl << endl;
          cout << "Guesses left: " << numguess - numwrong << endl << endl;
          cout << "     " << temp << endl << endl;
          cout << "Letter:";
          cin >> letter;     //接收键入的字符
          while (! isalpha(letter))     //如果输入的不是字符,重新输入
          {    Flush(cin);
               cout << "Not a letter - enter letter:";
               cin >> letter;
          }
          lchosen(letter, letterchosen, check, chosencounter, i);
          //判断输入的字符是否是以前输入过的字符
          if (check == 0)
```

```
            {     test(word, letter, numwrong, temp, i);     }      /* 如果不是,判断其是否是组成
单词的字符 */
            else{      ;     }
            system("cls");
        }
        system("cls");
    } while(end != 1 && end != 2);
    if (end == 2)
    {     cout << "Correct word was [ " << word << " ]" << endl << endl;
          system("pause");
    }
    if (end == 1)  {     cout << " ";     }
    system("cls");
}
void compgame(int i)      //计算机和人对抗
{     int numguess = 0;
      int numwrong = 0;
      int check;
      int end = 0;
      int chosencounter = 0;
      char letter;
      string word;
      string temp;
      string letterchosen = "                    ";
      do
      {     cout << "How many chances do you want (4 - 10): ";
            cin >> numguess;
      } while (numguess < 4 || numguess > 10);
      rnd(word, i);      //从输入文件中随机选择一个单词
      temp = word;
      for (i = 0; i < word.length(); i++)  {   temp.replace(i, 1, 1, '*');   }
      system("cls");
      do
      {     drawman(numguess, numwrong, i);
            if (word == temp)
            {     cout << endl << endl;
                  cout << "You guessed it [ " << word << " ]" << endl << endl;
                  system("pause");
                  end = 1;
            }
            if (numwrong == numguess)
            {     cout << endl << endl;
                  cout << "You failed" << endl << endl;
```

```
            system("pause");
            end = 2;
        }
        if (end == 0)
        {   cout << endl << endl << endl;
            cout << "Letters chosen: " << letterchosen << endl;
            cout << endl << endl << endl;
            cout << "Guesses left: " << numguess - numwrong << endl << endl;
            cout << "      " << temp << endl << endl;
            cout << "Letter: ";
            cin >> letter;
            while (! isalpha(letter))
            {   Flush(cin);
                cout << "Not a letter - enter letter: ";
                cin >> letter;
            }
            lchosen(letter, letterchosen, check, chosencounter, i);
            if (check == 0)
            {   test(word, letter, numwrong, temp, i);          }
            else {     ;     }
            system("cls");
        }
        system("cls");
    } while(end != 1 && end != 2);
    if (end == 2)
        cout << "Correct word was [ " << word << " ]" << endl << endl;
        system("pause");
    if (end == 1)     cout << endl;
    system("cls");
}
//判断输入的字符是否为以前选取过的字符
void lchosen(char letter, string& letterchosen, int& check, int& chosencounter, int i)
{   check = 0;
    for (i = 0; i < letterchosen.length(); i++)
    {   if (letter == letterchosen.at(i))  {check = 1; }     //如果以前选取过,check 为 1
    }
    if (check == 1)     //如果以前选取过
    {   cout << endl;
        cout << "Letter already chosen" << endl;
        system("pause");
    }
    else     //若未选取
    {   letterchosen.replace(chosencounter, 1, 1, letter);
```

```
            chosencounter++;
        }
}
//判断输入的字符是否为组成单词的字符
void test(string word, char letter, int& numwrong, string& temp, int i)
{       int check2 = 0;      //判断字符是否为正确字符的标识符,正确为1
        for (i = 0; i < word.length(); i++)
        {       if (letter == word.at(i))      //若单词中有这一个字符
                {       temp.replace(i, 1, 1, letter);
                        check2 = 1;
                }
        }
        if (check2 == 0)      //若没有这个字符
        {       cout << endl;
                cout << "Wrong letter" << endl;
                system("pause");
                numwrong++;
        }
}
void rnd(string& word, int i)      //从文件中随机选取一个字符
{       int x;
        ifstream ins;          //定义输入文件对象
        srand(time(NULL));//初始化随机数种子
        x = rand()%100;    //得到随机值
        ins.open("words.txt");     //将文件对象与输入文件联系起来
        if (ins.fail())      //若打开文件失败
        {       cerr << "Words.txt is not in same folder as hangman.exe, " << endl
                        << "put in correct file and run again and make sure it's " << endl
                        << "called words.txt" << endl;
                system("pause");
                main();
        }
        else
        {       for (i = 0; i < (x + 1); i++)
                {       getline(ins, word); }      //取得单词
        }
        ins.close();
}
void drawman(int numguess, int numwrong, int i)      /*根据设定的次数 numguess 及实际猜错的次数
numwrong 画上吊的人*/
{       draw d;    //类的对象
        for (i = 0; i <= numwrong; i++)
        {       if (numguess ==  4)
```

```
{       switch(i)
        {
        case 1: d.rope();     cout << endl;     d.head();
            cout << endl;     d.neck(); break;
        case 2:     cout << endl;     d.leftarm();
            d.rightarm();     break;
        case 3: cout << endl; d.waisttop();     break;
        case 4: cout << endl;     d.leftleg();     d.rightleg();
            cout << endl << endl << "死翘翘了!" << endl;     break;
        }
}
else if (numguess == 5)
{       switch(i)
        {
        case 1:     d.rope(); break;
        case 2:     cout << endl; d.head(); cout << endl; d.neck(); break;
        case 3:     cout << endl; d.leftarm();   d.rightarm(); break;
        case 4:     cout << endl; d.waisttop(); break;
        case 5:     cout << endl; d.leftleg();   d.rightleg();
            cout << endl << endl <<"死翘翘了!" << endl; break;
        }
}
else if (numguess == 6)
{       switch(i)
        {
        case 1:     d.rope(); break;
        case 2:     cout << endl; d.head();     cout << endl; d.neck(); break;
        case 3:     cout << endl; d.leftarm();  d.rightarm();  break;
        case 4:     cout << endl; d.waisttop(); break;
        case 5:     cout << endl; d.leftleg();  break;
        case 6:     d.rightleg(); cout << endl <<"死翘翘了!" <<endl; break;
        }
}
else if (numguess == 7)
{       switch(i)
        {
        case 1:     d.rope();       break;
        case 2:     cout << endl; d.head(); cout << endl; d.neck(); break;
        case 3:     cout << endl; d.leftarm(); break;
        case 4:     d.rightarm();   break;
        case 5:     cout << endl; d.waisttop(); break;
        case 6:     cout << endl; d.leftleg();   break;
        case 7:     d.rightleg();     cout << endl <<"死翘翘了!"  << endl;     break;
```

```
        }
    }
    else if (numguess == 8)
    {       switch(i)
            {
            case 1:     d.rope();        break;
            case 2:     cout << endl; d.head();      break;
            case 3:     cout << endl; d.neck();      break;
            case 4:     cout << endl; d.leftarm();   break;
            case 5:     d.rightarm();    break;
            case 6:     cout << endl; d.waisttop(); break;
            case 7:     cout << endl; d.leftleg();
            case 8:     d.rightleg();    cout << endl << "死翘翘了!"  << endl;  break;
            }
    }
    else if (numguess == 9)
    {       switch(i)
            {
            case 1:     d.rope(); break;
            case 2:     cout << endl; d.head();      break;
            case 3:     cout << endl; d.neck();      break;
            case 4:     cout << endl; d.leftarm();   break;
            case 5:     d.rightarm();   break;
            case 6:     cout << endl; d.waisttop(); break;
            case 7:     break;
            case 8:     cout << endl; d.leftleg();
            case 9:     d.rightleg();   cout << endl << "死翘翘了!"  << endl; break;
            }
    }
    else if (numguess == 10)
    {     switch(i)
          {
          case 1:     d.rope();        break;
          case 2:     cout << endl; d.head();      break;
          case 3:     cout << endl; d.neck();      break;
          case 4:     cout << endl; d.leftarm();   break;
          case 5:     d.rightarm();    break;
          case 6:     cout << endl; d.waisttop(); break;
          case 7:     break;
          case 8:     cout << endl; d.leftleg();   break;
          case 9:     d.rightleg();
              cout << "\t最后一次机会,难道您想躺在坟墓里吗?";     break;
          case 10:     cout << endl <<"死翘翘了!"  << endl;       break;
```

```
            }
        }
    }
}
inline istream& Flush(istream& stream)      //清空输入缓冲区
{       stream.clear();
        int chars_to_skip = stream.rdbuf()->in_avail();
        return stream.ignore(chars_to_skip);
}
```

第5题 福彩游戏

2.5.1 程序功能简介

这是一个类似于福彩的游戏程序。游戏玩家输入自己的名字和吉祥数字，计算机由此初始化随机发生器，然后玩家选定游戏难易程度，由此确定数字范围，玩家输入范围内的6个数字，并判断输入是否有效。若无效，发出错误信息并退出；若有效，则和计算机产生的该范围内的6个数字比较，若全部匹配（不考虑顺序），则玩家赢，否则玩家输。

2.5.2 课程设计要求

(1) 定义一个福彩类，封装计算机开出的大奖号码及开奖过程函数和输出大奖号码的函数。

(2) 定义一个用户类，封装用户输入的数字和用户所具有的彩金。初始化彩金为100元，每下一注2元，可以多次下注，具体赢得大奖或二等、三等奖的奖金由自己设置，累加到用户的彩金中；二等奖或三等奖的规则也由自己设置。其中，用户的输入的数字与福彩号码的比较函数定义为福彩类的友元函数。

(3) 程序只要不选择退出且彩金允许就可以反复下注。

评定难易级别：A级。

2.5.3 程序设计思想

1）类的封装

该程序的数据结构比较简单，主要数据就是彩金和福彩大奖号码，因此，只要将与这两个数字相关的操作封装起来即可。以下类的定义仅供参考：

```
class  CCustomer        //定义用户类
{
private:
    int nMoney;     //用户彩金
    int nRank;      //中奖的等级
    int Welfare[6];     //福彩投注号码
public:
    CCustomer();        //构造函数
    int SetWelfare();       //接收福彩投注，成功返回1
    void Compare(CWelfareLot &);      //比较福彩，赋值中奖等级
    void Show();      //根据中奖等级计算奖金，输出结果
};
class CWelfareLot       //定义福彩类
{
private:
    int LotNum[6];      //大奖号码
```

```
public:
    CWelfareLot();       //构造函数
    void SetLot();       //开奖过程
    void PrintLot();     //输出大奖号码
    friend void CCustomer::Compare (CWelfareLot &);      //判断用户是否中奖
};
```

2）开奖过程的编写

原程序的开奖过程比较简单，只是输出随机数结果，没有一般摇奖的效果，可以将程序加以改进，使随机数不断变换显示，最后停在大奖号码上，这样效果更加逼真。具体程序如下：

```
void CWelfareLot::SetLot ()
{   int nRnd, nNum;
    for(int i=0;i<6;i++)      //要开出 6 个数字
    {   nRnd=rand();      //随机取循环次数，数字变换的时间长度是随机的
        for(int j=0;j<nRnd;j++)
        {   nNum=rand()%21;    //随机取 0~20 之间的数字进行变换
            if(nNum<10)
                cout<<nNum<<'\b';      /*当取的数字小于 10，即一位数，显示后光标左移一位，再继续变换的数字将原数字覆盖，出现摇奖效果*/
            else
                cout<<nNum<<'\b'<<'\b';      //当取的数字是两位数，左移两位
        }
        cout<<nNum<<"  ";
        LotNum[i]=nNum;      //变换到最后的数字即为大奖数字
    }
}
```

读者可根据以上程序的提示编写出更加逼真的摇奖过程程序，使游戏界面更加生动。

3）程序的进一步改进

原程序要求玩家提供计算机随机数的种子，但如果种子固定，那么产生的随机数也固定，大奖的号码每次都相同，达不到原游戏的目的。我们还是用当前时间作为随机数的种子去顺序产生随机值，使得每次大奖号码都是随机的。随机数发生器及选择种子的具体方法详见“21 点游戏”的程序设计思想的第一部分。

如果大奖号码纯粹是随机数，那么玩家获得大奖几乎是不可能的，所有的玩家都希望在游戏中找到乐趣，所以可以将游戏稍稍改进一下，用指定的用户名和密码进入，首先预定好大奖号码，开奖的操作照常进行，只不过停止变换后显示的数字是我们预定的，这样，就可以使您成为虚拟世界的百万富翁！有关密码的操作见“21 点游戏”的程序设计思想的第三部分。

2.5.4 关键源代码注解

```
/*福彩游戏——源代码及关键源代码注解如下：*/
#include <stdlib.h>
#include <time.h>
#include <stdio.h>
```

```
#include <cmath>
#include <iomanip.h>
#include <iostream.h>

int isMatch(int test, int cp_num[] );    //是否数字匹配
int getgamenbr();    //取得一个随机数
int main()
{   char name[20], Reply2;
    int seed, PowerBall, total, play=1;
    int truematch[6];
    int menu();
    cout<<"--------------------------------------\n";
    cout<<" * Welcome to PowerBall! * \n";
    cout<<"--------------------------------------\n";
    cout<<"        -by Chris Grose\n\n";
    cout<<"Please enter your name [1 to 20 characters]: ";
    cin.getline (name,20);    //输入玩家姓名
    cout<<"\n Welcome "<<name<<"! Please enter your lucky number for seed: ";
    cin>>seed;    //输入随机数种子
    srand(seed);
    do
    {   int num [5];    //输入所选的数字
        int cp_num [6];    //CPU 产生的数字
        cout <<"\n"<<name<<", please enter your white ball numbers.\n";
        cout <<"\n";
        int j;
        for (j=0; j<5; j++)    //输入 5 个所选号码
        {   cout<<"Enter Ball # "<<j+1<<": ";
            while (! (cin >> num[j]))    //在输入的同时对输入的类型及大小做限制
            {   cin.clear();
                while (! (cin.get() ! ='\n'))
                continue;
                cout <<"Sorry, that is an invalid entry. Please enter a number between 1 and 48. Thank 
you! \n";
            }
            if ((num[j]<1))
            {   cout << "Sorry, you have entered a number less than 0. Please enter a number between 1 
and 48.\n ";
                j--;
            }
            if ((num[j]>48))
            {   cout <<" Sorry, you have entered a number greater than 48. Please enter a number 
between 1 and 48.\n";
```

```
            j--;
        }
    }
    cout <<"\n";
    cout <<name<<", please enter your PowerBall number: ";
    cin >>PowerBall;     //要求玩家输入最后一个号码,叫作能量球
    cp_num[0]= getgamenbr();     //计算机产生 6 个随机号码
    cp_num[1]= getgamenbr();
    cp_num[2]= getgamenbr();
    cp_num[3]= getgamenbr();
    cp_num[4]= getgamenbr();
    cp_num[5]= getgamenbr();
    truematch[0]= isMatch(num[0],cp_num);     /*判断玩家输入的数字与计算机产生的是否相
等*/
    truematch[1]= isMatch(num[1],cp_num);
    truematch[2]= isMatch(num[2],cp_num);
    truematch[3]= isMatch(num[3],cp_num);
    truematch[4]= isMatch(num[4],cp_num);
    truematch[5]= isMatch(num[5],cp_num);
    //输出最终结果
    cout<<"\n********************************";
    cout <<"\nPlay #"<<play;
    cout<<"\n********************************\n";
    cout <<"\n";
cout <<"The computers picks were: "<<cp_num[0]<<"     "<<cp_num[1]<<"     "<<cp_num
[2]<<"     "<<cp_num[3]<<"     "<<cp_num[4]<<"     "<<"PB"<<"     "<<cp_num[5]
<<"\n";
    cout <<"------------------------------------\n";
    cout <<name<<", your picks were:  "<<num[0]<<"     "<<num[1]<<"     "<<
num[2]<<"     "<<num[3]<<"     "<<num[4]<<"     "<<"PB"<<"     "<<PowerBall<
<"\n";
    cout <<"------------------------------------\n";
  //显示比较结果
  cout <<name<<", your matches were: "<<truematch[0]<<"     "<<truematch[1]<<"     "
<<truematch[2]<<"     "<<truematch[3]<<"     "<<truematch[4]<<"     "<<"PB"<
<"     "<<truematch[5]<<"\n";
    cout <<"------------------------------------\n";
    total=(truematch[0] + truematch[1] + truematch[3] + truematch[4] + truematch[5]);     /*
将对应数字正确的数目相加(有错)*/
    cout <<"\nTotal Matches: "<<total<<"\n\n";     //显示有几个数字相等
    if (total==6)     //如果 6 个数字相等赢得大奖
    {     cout <<"Congratulations "<<name<<"! You won the jackpot!!";     }
    else
```

```
        cout <<"Sorry "<<name<<", you did not win the jackpot!";    //否则未获奖
    cout<<"\n********************************\n";
    cout<<name<<", would you like to play the game again? [y or n]"<<endl;
    cin>> Reply2;    //询问是否玩下一局
    play=play + 1;
  }while (Reply2=='y' || Reply2=='y');
  cout<<"\nThank you for playing PowerBall "<<name<<"! :-)"<<endl;
  exit (1);
  return 0;
}
int getgamenbr()    //获得随机值1~48
{    return (rand() % 48) + 1;}
int isMatch(int test, int cp_num[] )    //比较test是否与cp_num数组中的某个数相等,相等即返回1
{    int match = 0;
    for (int i=0; i<5; i++)
        if (test == cp_num[i])   match = 1;
    cout <<"\n";
    return match;
}
```

第 6 题　对抗游戏

2.6.1　程序功能简介

一个对抗游戏，根据随机产生的数字决定双方的输赢。

2.6.2　课程设计要求

(1) 当双方进行对抗时，游戏者可根据自身的牌点决定是否继续下注，例如拿到 A，把握增大，则在计算机的牌点出来之前加大赌注，但不超过 5 点。

(2) 将双方牌点的比较扩大为两张牌点之和，若出现一组对子，则对子牌点大于任何单牌，若双方均为对子，则比较牌点之和。

评定难易级别：B 级。

2.6.3　程序算法说明

1) 类的封装

该程序的数据结构比较简单，由于玩家和计算机都有两张牌，且这两张牌均为随机产生，输出格式也一致，所以可以封装成一个类的两个对象，相对有特点的是比较函数(Compare)作为算法的主要载体，因为涉及大量的牌面内容的比较，而牌面又是私有成员，为了简化程序，将该函数定义为类的友元函数，这样就可以直接利用对象的私有成员进行比较。另外，在计算下注时要判断总积分是否满足下注的条件，使程序更加完善。以下类的定义仅作参考。

```
class CCard
{
  int nCard1,nCard2;       //两张牌
  static int nLoop;       //出牌次数,游戏结束时给出总的出牌次数
    int nScore;      //总分
    int nWin,nLose;
    static nDraw;      //赢、输、平的次数
    int nBet;      //赌注
public:
    CCard();      //构造函数
    void SetCard();      //出两张牌
    void Show();      //显示牌点
    int AddBet(int );      //增加赌注,失败返回 0
    void friend Compare(CCard&,CCard&);      //友元函数,比较牌点大小,并显示结果
    void friend ShowResult(CCard&,CCard&);      //友元函数,输出输赢结果及最后积分
};
```

2) 用户输入数据时应考虑的问题

参见样例程序的第三部分。

3) 进一步完善程序

(1) 该程序只允许玩家在牌好的情况下加注，添加一些成员函数就可以让计算机根据自

己的牌面来判断是否加注及加多少点，这样的程序更加实用。

(2) 该程序比较牌点时未考虑牌面的花色，将牌面的花色考虑进去并使每一方牌的总数达到5张，就是《赌王》这部电影中描述的牌局，里面可以有同花顺、对对碰等名堂，你也可以自己定义一些规则，甚至首先生成一副牌，所有的张数从这副牌中抽取，做成一个完整的实用程序。

2.6.4 关键源代码注解

```
/*对抗游戏——源代码及关键源代码注解如下：*/
#include <iostream.h>
#include <stdlib.h>
#include <time.h>
#define MAX 13      //牌的最大点为13
class War
{   int plyr, comp;    //plyr代表玩者的牌点，comp代表计算机的牌点
    static int Score;    //玩者的分数，当分数为0或50时游戏结束
    static int Loop;    //出牌次数，游戏结束时给出总出牌次数
public:
    int Player();    //返回玩者的牌点
    int Computer();    //返回计算机的牌点
    void Initialize();    //给出玩者和计算机的牌点
    int CheckScore();    //返回玩者分数
    void GameOver();
    War();    //缺省构造函数，初始化对象
    static int Increase();    //分数增加
    static int Decrease();    //分数减少
    static int Loops();    //出牌次数增加
};
int War::Score = 26;    //初始分数
int War::Loop = 0;    //比赛轮数
int War::Increase()    //增分，每轮赢一分
{   ++Score;
    return Score;
}
int War::Decrease()    //减分，每轮输一分
{   --Score;
    return Score;
}
int War::Loops()    //双方出牌一次，为一轮
{   Loop++;
    return Loop;
}
War::War()    //构造函数，初始双方牌点为0
```

```
{    plyr，comp = 0;}
int War::Player()      //返回玩者的牌点
{    return plyr;}
int War::Computer()      //返回计算机的牌点
{    return comp;}
void War::Initialize()      //随机产生双方的牌点
{    plyr = rand()%MAX+2;      //牌点为2－14,14点为A
     comp = rand()%MAX+2;
}
int War::CheckScore()      //返回玩者的分数
{    return Score;}
void War::GameOver()      //游戏结束时显示的相关信息
{    cout << endl << "游戏结束！ 谢谢参与." << endl;
     cout << "你用了 " << War::Loops() << " 轮." << endl;
}
void main()
{    War Play;
     int x;
     srand ( time (NULL) );
     cout << endl << "准备开始!" << endl << endl;
     Play.Initialize();      //随机产生双方的牌点
     Play.Loops();      //轮次增加
     cout << "你的牌是一张";
     if(Play.Player() == 11)
        cout << "J" << endl;
     else if(Play.Player() == 12)
        cout << "Q" << endl;
     else if (Play.Player() == 13)
        cout << "K" << endl;
     else if (Play.Player() == 14)
        cout << "A" << endl;
     else
        cout << Play.Player() << endl;
     cout << "计算机有一张";
     if(Play.Computer() == 11)
        cout << "J" << endl;
     else if(Play.Computer() == 12)
        cout << "Q" << endl;
     else if (Play.Computer() == 13)
        cout << "K" << endl;
     else if (Play.Computer() == 14)
        cout << "A" << endl;
     else
```

```
    cout << Play.Computer() << endl;
if (Play.Player() > Play.Computer())      //判断双方牌点的大小,决定分数的增减
    Play.Increase();
else if (Play.Player() < Play.Computer())
    Play.Decrease();
else
    cout << "势均力敌!" << endl;
Play.CheckScore();      //返回分数
cout << endl << "你的分数是:" << Play.CheckScore() << endl;
switch (Play.CheckScore())
{    case 0:
     case 52:
            Play.GameOver();   break;     //分数为 0 或 52 则游戏结束
     default:
            cout << endl <<"继续 1[退出 0]" << endl;     //选择游戏是否继续进行
            cin >> x;
            if (x == 1)     main();     //若是递归调用主函数
                break;    //否则退出系统
}
}
```

3 数学问题求解程序

第1题 计算器

3.1.1 程序功能简介

实现计算器的功能。用户根据程序提示,输入数字,选择要进行的运算,可以进行加,减,乘,除、开方、温度单位转换等运算。

3.1.2 课程设计要求

(1) 完善计算器程序,改为可对实数操作。

(2) 完善程序,改为多个操作数基本四则运算,遇到0为止。

(3) 增加函数、完成四则混合运算,注意算法要考虑运算符的优先级,对应增加主菜单选项。

(4) 添加语句,使四则运算具有测试功能,即计算机能够自动出题,并要求用户计算,同时计算机判断用户计算的对错并打分,要求十题为一个单元,加减运算时最高为两位数运算,乘法为两位数乘一位数,除法是两位数或三位数除一位数,且要求没有余数。

评定难易级别:B级。

3.1.3 程序设计思想

1) 类的化简

原程序的类的定义十分啰嗦,其实本程序比较简单,完全可以用更简便的方法实现。将操作数改为类中的成员数据,可以直接用一个成员函数去实现一种运算方式。参考的类的定义如下所示:

```
class oopcalc{
private:
    float number1,number2,answer,val;
public:
    void calcadd();      //加法
    void calcsub();      //减法
    void calcdiv();      //除法
    void calcmult();     //乘法
    void calcmixed();    //混合运算
    void test();     //测试程序
};
```

2) 操作数和运算符的输入问题

程序中涉及大量的操作数的输入,如果用cin流输入而不加以处理,一旦输入出错,比如输入字母,则程序会出现非法循环,不能正确运行。要避免这一情况必须对输入cin流进行处理,使之接收非法输入时,能够自动察觉并提示重新输入。具体处理的方法见样例程序说明的第三部分。同样,也可以在程序中对输入的运算符部分进行判断,当输入的是非法的运算符时给予提示并重新接收。

3）新增混合运算算法

混合运算的算法有很多，其中不带括号的混合运算较为简单，即在输入时遇到加减号先放一放，即存储下来，遇到乘除号时立即将运算符两边的数字计算出来。如此反复，详见参考文献 6 中第 55 页。带括号的混合运算的处理就比较复杂，有转换成字符串和递归等算法，第一种方法参见本章第 8 题“四则运算”部分，第二种方法参见第 8 章“数据结构应用程序”部分第 3 题。

4）测试程序的编写

测试程序是由计算机出题、用户计算，计算机判断对错并给出分数，计算机用随机数发生器给出运算符和两个操作数，加减乘都比较简单，因为除法要求没有余数，所以我们在产生随机数时先使两个随机数做乘法，然后将结果和一个随机数输出作为除法的两个操作数，这样就可以保证除法操作没有余数。

3.1.4 关键源代码注解

```
/*计算器——源代码及关键源代码注解如下：*/
#include <process.h>
#include <iostream.h>
#include <conio.h>
#include <stdlib.h>
#include <math.h>
int number1,number2,answer,val;      //全局变量
class oopcalc {
public:
void calcadd();
void calcsub();
void calcdiv();
void calcmult();
void calcfartocel();
void calcceltofar();
void calcsroot();
void exitprog();
void menu();
void badinput();
private:
int add(int x, int y);
int sub(int x, int y);
int div(int x, int y);
int mult(int x, int y);
int fartocel(int x);
int celtofar(int x);
int sqroot(int x);
};
```

```
void oopcalc::calcadd()
{	cout << "The Add Function\n";
	cout << "First number: ";
	cin >> number1;
	cout << "Second number: ";
	cin >> number2;
	answer = add(number1,number2);
	cout << number1 << " + " << number2 << " = " << answer << endl;
	cout << "Press any key to continue\n";
	getch();
	menu();
}
void oopcalc::calcsub()
{	cout << "The Subtract Function\n";
	cout << "First number: ";
	cin >> number1;
	cout << "Second number: ";
	cin >> number2;
	answer = sub(number1,number2);
	cout << number1 << " - " << number2 << " = " << answer << endl;
	cout << "Press any key to continue\n";
	getch();
	menu();
}
void oopcalc::calcdiv()
{	cout << "The Divide Function\n";
	cout << "First number: ";
	cin >> number1;
	cout << "Second number: ";
	cin >> number2;
	answer = div(number1,number2);
	cout << number1 << " / " << number2 << " = " << answer << endl;
	cout << "Press any key to continue\n";
	getch();
	menu();
}
void oopcalc::calcmult()
{	cout << "The Multiply Function\n";
	cout << "First number: ";
	cin >> number1;
	cout << "Second number: ";
	cin >> number2;
	answer = mult(number1,number2);
```

```
        cout << number1 << " x " << number2 << " = " << answer << endl;
        cout << "Press any key to continue\n";
        getch();
        menu();
}
void oopcalc::calcfartocel()
{       cout << "The Farenheit to Celsius Function\n";
        cout << "Enter a tempature in Farenheit: ";
        cin >> number1;
        answer = fartocel(number1);
        cout << "The tempature in Celsius is " << answer << endl;
        cout << "Press any key to continue\n";
        getch();
        menu();
}
void oopcalc::calcceltofar()
{       cout << "The Celsius to Farenheit Function\n";
        cout << "Enter a tempature in Celsius: ";
        cin >> number1;
        answer = celtofar(number1);
        cout << "The tempature in Farenheit is " << answer << endl;
        cout << "Press any key to continue\n";
        getch();
        menu();
}
void oopcalc::calcsroot()
{       cout << "The Square Root Function\n";
        cout << "First number: ";
        cin >> number1;
        answer = sqroot(number1);
        cout << "The square root of " << number1 << " is " << answer << endl;
        cout << "Press any key to continue\n";
        getch();
        menu();
}
void oopcalc::exitprog(){     exit(-1);}
void oopcalc::menu()
{       char input;
        oopcalc a;
        system("cls");      //执行系统命令:cls—清屏
        cout << "===================MENU=================\n";
        cout << "1: Add two numbers\n";
        cout << "2: Subtract two numbers\n";
```

```
        cout << "3: Divide two numbers\n";
        cout << "4: Multiply two numbers\n";
        cout << "5: Convert Farenheit to Celsius\n";
        cout << "6: Convert Celsius to Farenheit\n";
        cout << "7: Find the square root of a number\n";
        cout << "8: Exit this program\n";
        cout << "Choice: ";
        cin >> input;
        cout << "=====================================\n";
        switch (input)
        {
        case '1':     a.calcadd();
                      break;
        case '2':     a.calcsub();
                      break;
        case '3':     a.calcdiv();
                      break;
        case '4':     a.calcmult();
                      break;
        case '5':     a.calcfartocel();
                      break;
        case '6':     a.calcceltofar();
                      break;
        case '7':     a.calcsroot();
                      break;
        case '8':     a.exitprog();
                      break;
        default:      a.badinput();
        }
}
void oopcalc::badinput()
{       cout << "BAD INPUT! \n";
        cout << "Press any key to continue\n";
        getch();
        menu();
}
int oopcalc::add(int x, int y)
{       val = x + y;
        return val;
}
int oopcalc::sub(int x, int y)
{       val = x - y;
        return val;
```

```
}
int oopcalc::div(int x, int y)
{       val = x / y;
        return val;
}
int oopcalc::mult(int x, int y)
{       val = x * y;
        return val;
}
int oopcalc::fartocel(int x)
{       int cel = ((x - 32) * 5) / 9;
        return cel;
}
int oopcalc::celtofar(int x)
{       int f;
        f = x * 9 / 5 + 32;
        return f;
}
int oopcalc::sqroot(int x)
{       int g = sqrt(x);
        return g;
}
void main()
{       oopcalc s;
        s.menu();
}
```

第 2 题　分数计算器

3.2.1　程序功能简介

分数计算及测试程序，具有对输入的运算进行“＋，－，*，/，^”的功能。

3.2.2　课程设计要求

(1) 完善计算器程序，对 main 函数的结构进行改进，要求有详细的菜单选项界面，用户不选择退出就可以反复运算。

(2) 完善程序，改为多个操作数基本四则运算，遇到 0 为止。

(3) 增加函数、完成四则混合运算，注意算法要考虑运算符的优先级，对应增加主菜单选项。

(4) 添加语句，使四则运算具有测试功能，即计算机能够自动出题，并要求用户计算，同时计算机判断用户计算的对错并打分，要求十题为一个单元，每题一个运算符，参与运算的分子分母均为一位数，运算符包括加、减、乘、除及大于、小于等逻辑运算。

评定难易级别：B 级。

3.2.3　程序设计思想

1) 类的封装

原程序类的封装较为完善，又定义了许多运算符的重载函数，使操作起来十分方便。建议不要修改原类的定义，新增的实现混合四则运算和测试功能的两个函数定义为全局函数，实现时在其中直接定义类的对象，并可充分利用已定义的各种重载运算符。

2) main 函数结构的修改

原程序的 main 函数要进行大的修改，在函数中首先列出各种运算的菜单，每个菜单选项对应一项功能，供用户选择。

3) 设计中的其他问题

本程序设计与“计算器”基本类似，计算器中涉及的是实数的运算，而本程序涉及的是分数的运算，其中的输入问题、混合运算的算法及测试函数随机数的产生请参看本章第 1 题“计算器”中的程序设计思想的第 2)～4)部分。

4) 程序的进一步改进

从“计算器”到“分数计算器”实际上解决的均是数字的计算，可以看到，利用 C＋＋的重载运算符，可以将许多别的高级语言中不能实现的运算直接实现，由此延伸，进一步编写复数运算器、向量运算器等。可以考虑用函数模块来实现。

3.2.4　关键源代码注解

```
/*分数计算器——源代码及关键源代码注解如下：*/
#ifndef _TGR_FRACTIONS_H
#define _TGR_FRACTIONS_H
```

```
#include <iostream.h>
#include <conio.h>
#include <stdlib.h>
#include <math.h>
#include <string.h>
class fraction      //分数类定义
{
    public:
        fraction();     //默认的构造函数
        fraction(int initn, int initd);     //重载构造函数
        int numerator() const;     //取分子,const 成员函数,不能修改数据成员
        int denominator() const;     //取分母
        double decimal() const;     //将分数转换为对应的小数
        fraction absval() const;     //分数的绝对值
        void setnum(int newnum);     //用整数设置分子
        void setden(int newden);     //用整数设置分母
        void simplify();     //约分化简分数
        void recip();     //分子分母转置
        const fraction & operator+= (int rhs);     //重载分数与整数的运算符+=
    private:
        int n;     //分数的分子 numerator
        int d;     //分数的分母 denominator
};
//全局函数
int GCF(int x, int y);     //求 x,y 的最大公因子
fraction operator+ (const fraction &lhs, const fraction &rhs);     //重载分数加法运算符
fraction operator+ (const fraction &lhs, int rhs);     //重载分数与整数加法运算符
fraction operator- (const fraction &lhs, const fraction &rhs);     //重载分数减法运算符
fraction operator- (const fraction &lhs, int rhs);     //重载分数与整数减法运算符
fraction operator* (const fraction &lhs, const fraction &rhs);     //重载分数乘法运算符
fraction operator* (const fraction &lhs, int rhs);     //重载分数与整数乘法运算符
fraction operator/ (const fraction &lhs, const fraction &rhs);     //重载分数除法运算符
fraction operator/ (const fraction &lhs, int rhs);     //重载分数与整数除法运算符
fraction operator^ (const fraction &base, int exp);     //重载^(幂)运算符
//重载两分数比较运算符,返回 1 结果成立,返回 0 结果不成立
bool operator== (const fraction &lhs, const fraction &rhs);
bool operator!= (const fraction &lhs, const fraction &rhs);
bool operator>= (const fraction &lhs, const fraction &rhs);
bool operator<= (const fraction &lhs, const fraction &rhs);
bool operator>  (const fraction &lhs, const fraction &rhs);
bool operator<  (const fraction &lhs, const fraction &rhs);
bool operator== (const fraction &lhs, int rhs);
bool operator!= (const fraction &lhs, int rhs);
```

```
bool operator>= (const fraction &lhs, int rhs);
bool operator<= (const fraction &lhs, int rhs);
bool operator>  (const fraction &lhs, int rhs);
bool operator<  (const fraction &lhs, int rhs);
ostream & operator<< (ostream &os, const fraction &f);    //输出运算符重载
istream & operator>> (istream &is, fraction &f);    //输入运算符重载
void PrintAsMixed(ostream &os, const fraction &f);    //将分数 f 按整数,真分数格式输出到流 os
#endif
fraction::fraction() : n(0), d(1) {}    //缺省构造函数(=0/1)
fraction::fraction(int initn, int initd) : n(initn), d(initd) {}
int fraction::numerator() const    //取分子
{    return n;}
int fraction::denominator() const
{    return d;}
double fraction::decimal() const
{    return double(n) / double(d);}
fraction fraction::absval() const
{   fraction returnValue(abs(n), abs(d));
    return returnValue;
}
void fraction::setnum(int newnum)
{    n = newnum;}
void fraction::setden(int newden)
{   if(newden != 0)
        d = newden;
    else
    {   cout << "Error:  Attemted to set denominator to zero! \n"
          << "Press any key to terminate";
        getch();
        abort();
    }
}
void fraction::simplify()
{   int r = GCF(n, d);
    n /= r;
    d /= r;
}
void fraction::recip()
{   int temp = n;
    n = d;
    d = temp;
}
const fraction & fraction::operator+= (int rhs)
```

```
{    fraction newrhs(rhs, 1);
     return ( * this + newrhs);
}
int GCF(int x, int y)       //辗转相除求 x,y 的最大公约数
{    int r = x%y;
     if(r==0)
          return y;
     else
          return GCF(y, r);
}
fraction operator+ (const fraction &lhs, const fraction &rhs)
{    fraction sum;
     int newnum = (lhs.numerator() * rhs.denominator())
                                 +(rhs.numerator() *    lhs.denominator());
     int newden = (lhs.denominator() * rhs.denominator());
     sum.setnum(newnum);
     sum.setden(newden);
     sum.simplify();
     return sum;
}
fraction operator+ (const fraction &lhs, int rhs)
{    fraction newrhs(rhs, 1);
     return lhs + newrhs;
}
fraction operator- (const fraction &lhs, const fraction &rhs)
{    fraction newrhs = rhs;
     newrhs.setnum(-rhs.numerator());
     return lhs + newrhs;
}
fraction operator- (const fraction &lhs, int rhs)
{    fraction newrhs(rhs, -1);
     return lhs + newrhs;
}
fraction operator* (const fraction &lhs, const fraction &rhs)
{    fraction product;
     int newnum = lhs.numerator() * rhs.numerator();
     int newden = lhs.denominator() * rhs.denominator();
     product.setnum(newnum);
     product.setden(newden);
     product.simplify();
     return product;
}
fraction operator* (const fraction &lhs, int rhs)
```

```
{    fraction prod(lhs.numerator() * rhs, lhs.denominator());
     prod.simplify();
     return prod;
}
fraction operator/ (const fraction &lhs, const fraction &rhs)
{    if(rhs == 0)
     {    cout << "Error:  Division by zero attempted! \n"
                    << "Press any key to terminate";
          getch();
          abort();
     }
     fraction newrhs = rhs;
     newrhs.recip();
     return lhs * newrhs;
}
fraction operator/ (const fraction &lhs, int rhs)
{    if(rhs == 0)
     {    cout << "Error:  Division by zero attempted! \n"
               << "Press any key to terminate";
          getch();
          abort();
     }
     fraction quot(lhs.numerator(), lhs.denominator() * rhs);
     quot.simplify();
     return quot;
}
fraction operator^ (const fraction &base, int exp)
{    fraction returnValue;
     returnValue.setnum(pow(base.numerator(), exp));
     returnValue.setden(pow(base.denominator(), exp));
     return returnValue;
}
bool operator== (const fraction &lhs, const fraction &rhs)
{    return lhs.decimal() == rhs.decimal();}
bool operator!= (const fraction &lhs, const fraction &rhs)
{    return lhs.decimal() != rhs.decimal();}
bool operator>= (const fraction &lhs, const fraction &rhs)
{    return lhs.decimal() >= rhs.decimal();}
bool operator<= (const fraction &lhs, const fraction &rhs)
{    return lhs.decimal() <= rhs.decimal();}
bool operator> (const fraction &lhs, const fraction &rhs)
{    return lhs.decimal() > rhs.decimal();}
bool operator< (const fraction &lhs, const fraction &rhs)
```

```
{    return lhs.decimal() < rhs.decimal();}
bool operator== (const fraction &lhs, int rhs)
{    return lhs.decimal() == rhs;}
bool operator!= (const fraction &lhs, int rhs)
{    return lhs.decimal() != rhs;}
bool operator>= (const fraction &lhs, int rhs)
{    return lhs.decimal() >= rhs;}
bool operator<= (const fraction &lhs, int rhs)
{    return lhs.decimal() <= rhs;}
bool operator> (const fraction &lhs, int rhs)
{    return lhs.decimal() > rhs;}
bool operator< (const fraction &lhs, int rhs)
{    return lhs.decimal() == rhs;}
ostream & operator<< (ostream &os, const fraction &f)
{    fraction temp = f.absval();
     int numer = f.numerator();
     int denom = f.denominator();
     if((! ((numer > 0 && denom > 0)      // This extremely complex and seemingly
         || (numer < 0 && denom < 0)))    // useless if statement tests to see if
              && f != 0)      // fraction f is negative.
     os << '-';
     if(temp.numerator() == 0 || temp.denominator() == 1)
          os << temp.numerator();
     else
          os << temp.numerator() << '/' << temp.denominator();
     return os;
}

istream & operator>> (istream &is, fraction &f)      //is代表输入流,f代表待输入的分数
{    int newnum, newden;
     char slash = ' ';
     do
     {     is >> newnum >> slash >> newden;
     } while(slash != '/');
     f.setnum(newnum);
     f.setden(newden);
     return is;
}
//将分数f按整数,真分数格式输出到流os
void PrintAsMixed(ostream &os, const fraction &f)
{    int wholePart = f.numerator() / f.denominator();
     fraction fracPart = f - wholePart;
     if(wholePart != 0)
```

```
        cout << wholePart << " ";
    if(fracPart ! = 0)
        cout << fracPart;
}
int main()
{   fraction f1;
    fraction f2;    //定义两个分数类的对象 f1,f2
    int i;
    cout << "First fraction:\n";
    cin >> f1;
    cout << "\nSecond fraction:\n";
    cin >> f2;
    cout << "\nEnter an integer\n";
    cin >> i;
    f1.simplify();
    f2.simplify();
    //对两分数进行+,-,*,/运算
    fraction sum  = f1 + f2;
    fraction diff = f1 - f2;
    fraction prod = f1 * f2;
    fraction quot;
    if(f2 ! = 0)
    quot = f1 / f2;
    //输出小数运算结果
    cout << f1 << " in decimal form is "  << f1.decimal() << '\n';
    cout << f2 << " in decimal form is "  << f2.decimal() << "\n\n";
                    //利用<<重载输出运算结果
    cout << f1 << " + " << f2 << " = " << sum  << " (" <<  sum.decimal() << ")\n";
    cout << f1 << " - " << f2 << " = " << diff << " (" << diff.decimal() << ")\n";
    cout << f1 << " * " << f2 << " = " << prod << " (" << prod.decimal() << ")\n";
    cout << f1 << " / " << f2 << " = ";
    if(f2 ! = 0)
        cout << quot << " (" << quot.decimal() << ")\n\n";
    else
        cout << "Undefined! \n\n";
    //进行分数(f1)和整数(i)的四则运算并输出结果
    cout << f1 << " + " << i << " = " << f1 + i << "\n";
    cout << f1 << " - " << i << " = " << f1 - i << "\n";
    cout << f1 << " * " << i << " = " << f1 * i << "\n";
    cout << f1 << " / " << i << " = ";
    if(i ! = 0)
        cout << f1 / i << "\n\n";
    else
```

```
    cout << "Undefined! \n\n";
  cout << "Boolean operator tests (1 = true, 0 = false)\n";
  cout << f1 << " == " << f2 << ": " << (f1 == f2) << '\n';
  cout << f1 << " != " << f2 << ": " << (f1 != f2) << '\n';
  cout << f1 << " >= " << f2 << ": " << (f1 >= f2) << '\n';
  cout << f1 << " <= " << f2 << ": " << (f1 <= f2) << '\n';
  cout << f1 << " >  " << f2 << ": " << (f1 >  f2) << '\n';
  cout << f1 << " <  " << f2 << ": " << (f1 <  f2) << "\n\n";
  double dec1 = f1.decimal();
  double dec2 = f2.decimal();
  if(dec1 > 1 && (int(dec1) != dec1))
  {   cout << f1 << " as a mixed number is ";
    PrintAsMixed(cout, f1);
    cout << '\n';
  }
  if(dec2 > 1 && (int(dec2) != dec2))
  {   cout << f2 << " as a mixed number is ";
    PrintAsMixed(cout, f2);
  }
  getch();
  return 0;
}
```

第3题　复数计算器

3.3.1　程序功能简介

仿照“分数计算器”的程序，编写可以用来进行复数＋，－，*，/，求模运算功能的一个通用计算器。

3.3.2　课程设计要求

（1）一开始运行程序，要有详细的菜单选项界面，用户不选择退出就可以反复运算。

（2）可以进行多个操作数的复数运算，输入 0＋0 * i 时为止。

（3）编写可以对输入的复数求模的成员函数。

（4）编写具有测试功能的函数，即计算机能够自动出题，并要求用户计算，同时计算机判断用户计算的对错并打分，要求十题为一个单元，每题一个运算符，运算符包括＋，－，* 三种，参与加减运算实部虚部可以是两位数，乘法运算的实部虚部为一位数。

（5）重载输入输出运算符，对复数的输入既可采用实部虚部分开提示输入，也可直接输入诸如 a＋i * b 或 a＋ib 这种形式，对复数的输出要考虑实部虚部的正负号，通过判断给出正确的输出结果。

评定难易级别：A 级。

3.3.3　程序设计思想

1）类的封装

该程序仿照“分数计算器”的形式，但又有些不同，将运算符重载为类的成员函数可以直接利用类的私有数据成员，大量简化程序。下面给出参考的类中已定义了一部分运算符的重载，可以根据需要增加运算符重载函数，复数的比较是复数模的比较，在计算器中可以添加逻辑运算的菜单选项，使计算器更加完善。参考的类定义如下：

```
class CComplex{
private:
    double Real,Image;
public:
    CComplex(double real=0, double image=0)      //构造函数
    {     Real=real; Image=image;     }
    friend istream &operator>>(istream &is, CComplex &com);     //重载输入
    friend ostream &operator<<(ostream &os, CComplex &com);     //重载输出
    CComplex operator+(CComplex &com);     //加法重载
    CComplex operator-(CComplex &com);     //减法重载
CComplex operator*(CComplex &com);     //乘法重载
float Module();     //求复数的模
    int operator ==(CComplex &com);
};
```

void Test(void);   //测试函数,随机出十道运算题,可以打分,为全局函数

2) main 函数的结构

在 main 函数中首先列出各种运算的菜单,每个菜单选项对应一项功能,供用户选择。

3) 设计中的其他问题

本程序设计与本章第 1 题"计算器"基本类似,计算器中涉及的是实数的运算,而本程序涉及的是复数的运算,其中的输入问题及测试函数随机数的产生请参看"计算器"中的程序设计思想的第 2)和 4)部分。

3.3.4 关键源代码注解

参见"分数计算器"。

第4题　八皇后问题

3.4.1　程序功能简介

这是个解决八皇后问题的程序。八皇后问题是一个古老而著名的问题，是回溯算法的典型例题。该问题是19世纪著名的数学家高斯1850年提出：在8×8格的国际象棋上摆放8个皇后，使其不能互相攻击，即任意两个皇后都不能处于同一行、同一列或同一斜线上，问有多少种摆法。高斯认为有76种方案。1854年在柏林的《象棋》杂志上不同的作者发表了40种不同的方案，后来有人用图论的方法解出92种方案。

3.4.2　课程设计要求

(1) 增加函数，完成每输入一组解，暂停屏幕，显示"按任意键继续!"。

(2) 完善程序，编程计算八皇后问题共有几种排列方案。

(3) 增加输出，显示在第一个皇后确定后，共有几组排列。

(4) 将每组解的棋盘横向排列输出在屏幕上，将五个棋盘并排排列，即一次8行同时输出5个棋盘，同样完成一组解后屏幕暂停，按任意键继续。

(5) 求出在什么位置固定一个皇后后，解的数量最多，在什么位置固定皇后后，解的数量最少，最多的解是多少，最少的解是多少，并将最多、最少解的皇后位置及所有的解求出，同样5个一组显示。

评定难易等级：B级。

3.4.3　程序设计思想

1) 类的结构

该程序比较简单，原程序已列出了完整的算法，所以算法主体部分不必做大的改动。因为课程设计的要求主要是针对输出部分，所以对Board类要稍加修改，增加一个三维数组存放所有的输出结果，然后5个一组同时显示。参考的类的定义如下：

```
enum States { used, free };
class Board       //一盘棋 8*8
{
 private:
   char board[8][8];
   States Rows[8], DiagsLR[15], DiagsRL[15];      //行,左右斜线
   char PrintBoard[100][8][8];     //输出的棋盘
   int nNum;     //一组解的数目
 public:
   Board();
   ~Board(){}
   bool isAttacked(int, int);      //处理冲突
   void Print();
```

```
    void PlaceQueen(int, int);    //放皇后
    void RemoveQueen(int, int);    //移去皇后
    void SaveBoard(){}    //新增函数,输入完一组解 nNum 后输出
};
```

2) 全部解的算法

程序中的算法可以求出将第一位皇后固定地放在某一位置下的一组解,任意选一列,将第一位皇后依次放在该列的 0~7 行,这样的 8 组解的排列总数即为八皇后问题的全部排列方案数目。考察一下各种排列的情况,并在此基础上存储最多最少解的方案。

3.4.4 关键源代码注解

```
#include <iostream.h>
#define  SSize  8
typedef int SType;
class Stack {
 private:
   SType data[SSize];
   int Top;
 public:
   Stack() { Top = 0; }
   ~Stack() { }
   bool isEmpty() { return ! Top; }
   int Size() { return Top; }
   bool Push(SType);    //处理压栈
   bool Pop(SType &);    //处理出栈
   bool StackTop(SType &);    //处理复制栈顶的数据
};
bool Stack::Push(SType d)    //将整数 d 压栈,栈顶加 1
{  if (Top == SSize)    //栈内数据已满,操作不成功
      return false;
   else
    {   data[Top] = d;    //先压栈,再动栈顶
        Top++;
        return true;
      }
}
bool Stack::Pop(SType &d)    //将整数 d 出栈
{   if (! Top)    //栈中没有数据,操作不成功
        return false;
    else {
      Top--;    //先动栈顶,再出数据
      d = data[Top];
      return true;
```

```
    }
}
bool Stack::StackTop(SType &d)     //复制栈顶的数据到 d
{   if (! Top)
        return false;
    else
    {   d = data[Top-1];
        return true;
    }
}
enum States { used, free };
class Board     //一盘棋 8*8
{ private:
    char board[8][8];
    States Rows[8], DiagsLR[15], DiagsRL[15];     //行,左右斜线
 public:
    Board();
    ~Board(){}
    bool isAttacked(int, int);
    void Print();
    void PlaceQueen(int, int);
    void RemoveQueen(int, int);
};
Board::Board()     //构造函数,初始化为空
{   for(int i=0; i<8; i++)
    {    Rows[i] = free;
         for(int j=0; j<8; j++)   board[i][j] = '.';
    }
    for(int k=0; k<15; k++)   DiagsLR[k] = DiagsRL[k] = free;
}
void Board::Print()     //显示一组排列结果
{   cout << endl;
    for(int i=0; i<8; i++)
    {   for(int j=0; j<8; j++)
        cout << board[i][j] <<' ';
        cout << endl;
    }
}
bool Board::isAttacked(int row, int col)     //判断是否冲突,是返回 TRUE,否则返回 FALSE
{   int diagLR = col-row+7;     //该皇后的右倾斜线的所有位置
    int diagRL = row+col;     //该皇后的左倾斜线的所有位置
    if (Rows[row] == used || DiagsLR[diagLR] == used || DiagsRL[diagRL] == used)
        return true;
```

```
        return false;
}
void Board::PlaceQueen(int row, int col)      //放皇后
{   int diagLR = col-row+7;     //右倾斜线
    int diagRL = row+col;     //左倾斜线
    board[row][col] = 'Q';
    Rows[row] = used;     //该行不能再放置
    DiagsLR[diagLR] = used;     //左斜线上不能再放置
    DiagsRL[diagRL] = used;     //右斜线上不能再放置
}
void Board::RemoveQueen(int row, int col)      //移去皇后
{   int diagLR = col-row+7;
    int diagRL = row+col;
    board[row][col] = '.';
    Rows[row] = free;
    DiagsLR[diagLR] = free;
    DiagsRL[diagRL] = free;
}
int main(void)
{   Stack rowStack;
    int qRow, qCol, col, row, attacked, exitLoop;
    Board myBoard;
    cout << "Enter the position of the first queen\nRow: " << flush;
    cin >> qRow;
    cout << "Column: " <<  flush;
    cin >> qCol;     //第一个皇后位置
    myBoard.PlaceQueen(qRow,qCol);
    if (qCol == 0)
        col = 1;
    else
        col = 0;
    row = 0;
    //从头开始
    do
    {    while(row < 8)     //超界
         {    exitLoop = 0;
              if (! (attacked = myBoard.isAttacked(row,col)))      //若无皇后,条件成立
              {    myBoard.PlaceQueen(row,col);     //放皇后
                   rowStack.Push(row);     //皇后所在行入栈
                   row = 0;     //从 0 行开始找放置点
                   col++;     //列号加 1
                   if (col == qCol)
                       col++;     //继续下一列
```

```
            exitLoop = 1;
        }
        if (exitLoop)
            break;      //找到退出本层循环
        else  row++;     //置一个皇后不成功,继续行循环
        }
        if (col == 8)
        {   myBoard.Print();     //找到 8 个输出
            row = 8;     //以便下面回溯
        }
        if (row == 8)
        {   rowStack.Pop(row);     //前一列皇后所在行号出栈
            col--;     //到前一列
            if (col == qCol)
            col--;
            myBoard.RemoveQueen(row,col);      //移去皇后
            row++;     //找下一个位置
        }
    } while(col>=0);
    return 1;
}
```

★★★★★

第 5 题 求解方程

3.5.1 程序功能简介

用因式分解的方法求解方程 ax^n＋b^x(n－1)＋…＋cx＋k 的根。方法是根据方程的第一项与最后一项(常数项),求解方程的一个根。具体做法是:a 是一个能整除第一项系数的整数,k 是一个能整除常数项的数,将所有的(k/a)代入方程,检验是否为方程的根,如果是,则把方程除以(x－ k/a)得到新方程,即降阶。对新方程重复以上步骤,直到首项为 x^2,再利用二次方程的算法求解出方程的实根或虚根。

在降阶时,得到的新方程系数将被强制转化成整数,导致方程的精度下降及方程解的局限性,方程有可能无解。在调试时,最好用有整数解的高次方程验证程序,且三次方程至少要有一个有理数解,四次至少两个,五次至少三个,依此类推。

3.5.2 课程设计要求

(1) 定义一个方程类,将与方程有关的数据和操作封装到类中,并改写主程序结构,使程序可以反复运行。

(2) 扩充其功能,使该程序能求解幂 n＝6 或更高次幂,也可求解线性方程。

(3) 增加功能,使程序既可以从键盘中读入方程,也可以由文件中读取方程。

评定难易等级:A 级。

3.5.3 程序设计思想

1) 类的结构

该程序设计的关键是将算法推广,原程序只适用于求 x^5 阶数的方程,现要求可以求出任意阶数的方程。因此,原程序中用于放置 x 的项数和方程解的固定数组 terms[6][20], roots[5][20]应改成动态数组,即根据输入方程项数的最高阶来决定具体的数组维数,这就需要在输入方程后首先进行判断。参考的类的定义如下所示。

```
class  Equ
{
    char ( * term)[20];      //每一项数的指针
    char equ[200];       //方程
    int nNum;      //方程的阶次
public:
    Equ(char  * equation);      //新增函数,直接输入方程的构造
    Equ();      //新增函数,默认的构造
    void InputEqu();      //新增函数,从键盘输入方程
    int InputEquFromFile();      //新增函数,从输入文件输入方程
void QuadraticEquation(int a,int b,int c);      //求解一元二次方程 ax^2＋bx＋c＝0
void GetTerm(char * src,char * dest,int &loc);      /* 从字符串 scr 的第 loc 个字符起复制一个完整
的项到 dest 字符串 */
```

```
void GetFactorsOf(int * factor_list,int &num,int val);   /*将 val 项的整数因子放入数组 factor_list 中,共有 num 个*/
void ReduceEqubyFactor(char * base,char * newequ,float factor);   /*降阶,base 原方程,newequ 新方程*/
void GetTermForPower(char * equ,char * dest,int power);   //将阶数为 power 的项数复制到 dest
int GetCoeff(char * term);   //返回一项的系数
int GetDegreeOfTerm(char * term);   //返回 term 这项的 x 的阶数
int RemainderTheorem(char * equ,float root);   //判断 root 是否为方程解,不是返回 1
int Exp(int val,int e);   //求解 val 的 e 次幂
float ForAllFactors(int * a,int * k,int n_a,int n_k,char * equ);   /*将所有(常数项分解的因子/最高阶系数分解的因子)作为方程的解进行验证*/
float Exp(float,int);   //求解 val 的 e 次幂
float CalcEquval(char * equ,float val);   //得出 val 代入 x 后该项的数值
float GetCoeff_f(char * term);   //取得一项的系数
    void Process();   //新增函数,主要操作过程
};
```

2) 主程序的结构

在类的定义中,新增了用字符串初始化的构造函数 Equ(char * equation)。这样在调试时先将类的对象用固定的方程初始化,避免了每次运行时都要从外部输入方程,简化了运行过程,当程序调试正确后,再将从键盘及函数输入方程的成员函数加进去。建议主程序用菜单形式,不选择退出就反复运行。

3) 主要操作过程的成员函数 Process()

Process 的主要算法是在原程序的 main 函数中,可以看到,原程序中当 n=5,4,3 时,所用的语句完全一样。所以,该程序是完全可以推广的,首先判断 x 的阶数,将原程序的这一部分用循环来实现,通过输入方程的阶数来确定循环次数,另外增加一种 x 为线性方程的算法,如求解 5x-14,这十分容易,加在二次方程的后面即可。

3.5.4 关键源代码注解

```
#include "iostream.h"
#include "string.h"
#include "stdlib.h"   //定义函数 atoi()  itoa()
#include "ctype.h"   //定义函数 isdigit()  isalpha()
#include "math.h"
void quadraticequation(int a,int b,int c);   //,char *,char *);   //求解一元二次方程 ax^2+bx+c=0
void getterm(char * src,char * dest,int &loc);   /*从字符串 scr 的第 loc 个字符起复制一个完整的项到 dest 字符串*/
void getfactorsof(int * factor_list,int &num,int val);   /*将 val 项的整数因子放入数组 factor_list 中,共有 num 个*/
void reduceequbyfactor(char * base,char * newequ,float factor);   //降阶,base 原方程,newequ 新方程
void gettermforpower(char * equ,char * dest,int power);   //将阶数为 power 的项数复制到 dest
int getcoeff(char * term);   //返回一项的系数
int getdegreeofterm(char * term);   //返回 term 这项的 x 的阶数
```

```
int remaindertheorem(char * equ,float root);    //判断 root 是否为方程解,不是返回 1
int exp(int val,int e);    //求解 val 的 e 次幂
float forallfactors(int * a,int * k,int n_a,int n_k,char * equ);    /* 将所有(常数项分解的因子/最高阶系数分解的因子)作为方程的解进行验证 */
float exp(float,int);    //求解 val 的 e 次幂
float calcequval(char * equ,float val);    //得出 val 代入 x 后该项的数值
float getcoeff_f(char * term);    //取得一项的系数
char terms[6][40];    //全局,放置每一项数,如-3x^5

void main()
{   char * equ, * equ2;
    int loc=0,a=0,b=0,c=0,numterms;
    int deg,f_a[1000],f_k[1000],num_a,num_k;
    float result;
    equ=(char*)malloc(5000);
    equ2=(char*)malloc(5000);

cout<<"Quadratic, cubic, most quartic & some quintic solver\nBy Albert Chaulk\n\nDos & Don't's\n\tUse ^n for exponents\n\tDon't do x ^ n, put it like x^n\n\tDo not use x^1 or x^0. These really screw up the searches \n\tDon't use decimal or fractional coefficients\n\tCubics must have at least 1 rational root. Quartics, 2, and quintics, 3\n\tTerms must be listed in decending order (highest power to lowest)\n\tTerms may be skipped by not including them or using a coefficient of 0\n\n";
    cout<<"Equation: ";
    cin.getline (equ,5000);    //用字符串的形式接收方程到 equ
    if(strlen(equ)==0)    //没有接收到字符
    {   cout<<"No equation! \n";
        return;
    }
    for(int i=0;i<6&&equ[loc]!='='&&equ[loc]!='\0'&&equ[loc]!='\n';i++)
        getterm(equ,terms[i],loc);
    numterms=i;    //得到具体的 x 的方程的阶数
    if((deg=getdegreeofterm(terms[0]))>5 || deg<2)    /* 最高阶数的项数 term[0]中的具体阶数在deg 中 */
    {   //当这个阶数大于 5 或小于 2 时,方程不能求解
        cout<<"Invalid term "<<terms[0]<<" Exponent is outside range (2 to 5)\n";
        return;
    }
    switch(deg)
    {
    case 5:
        getfactorsof(f_a,num_a,getcoeff(terms[0]));    //最高阶的系数分解后放在 f_a 数组中
        c=0;
        for(i=1;i<numterms;i++)
```

```
    {   if(getdegreeofterm(terms[i])==0)
        {   c=getcoeff(terms[i]);     //将常数项的系数放到 c 中
        }
    }
    getfactorsof(f_k,num_k,c);     //将常数项的整数倍数分解放入 f_k 中,有 num_k 项
    result=forallfactors(f_a,f_k,num_a,num_k,equ);     //依次验证 k/a 是否为方程解
    if(result<0.0&&result>-0.05)     //没有求出解,结束
    {   cout<<"Error! Couldn't divide any factors\n";
        return;
    }
    reduceequbyfactor(equ,equ2,result);     //降阶,降阶后的方程为 equ2
    strcpy(equ,equ2);     //equ2 赋值到 equ
    loc=0;
    for(i=0;i<6&&equ[loc]!='='&&equ[loc]!='\0'&&equ[loc]!='\n';i++)
        getterm(equ,terms[i],loc);     //重新取项数
    numterms=i;     //最高项赋值
case 4:     //同 case 5
    getfactorsof(f_a,num_a,getcoeff(terms[0]));
    c=0;
    for(i=1;i<numterms;i++){
        if(getdegreeofterm(terms[i])==0){
            c=getcoeff(terms[i]);
        }
    }
    getfactorsof(f_k,num_k,c);
    result=forallfactors(f_a,f_k,num_a,num_k,equ);
    if(result<0.0&&result>-0.05){
        cout<<"Error! Couldn't divide any factors\n";
        return;
    }
    reduceequbyfactor(equ,equ2,result);
    strcpy(equ,equ2);
    loc=0;
    for(i=0;i<6&&equ[loc]!='='&&equ[loc]!='\0'&&equ[loc]!='\n';i++)
        getterm(equ,terms[i],loc);
    numterms=i;
case 3://同 case 5
    getfactorsof(f_a,num_a,getcoeff(terms[0]));
    c=0;
    for(i=1;i<numterms;i++){
        if(getdegreeofterm(terms[i])==0){
            c=getcoeff(terms[i]);
        }
```

```
        }
        getfactorsof(f_k,num_k,c);
        result=forallfactors(f_a,f_k,num_a,num_k,equ);
        if(result<0.0&&result>-0.05){
            cout<<"Error! Couldn't divide any factors\n";
            return;
        }
        reducequbyfactor(equ,equ2,result);
        strcpy(equ,equ2);
        loc=0;
        for(i=0;i<6&&equ[loc]!='='&&equ[loc]!='\0'&&equ[loc]!='\n';i++)
            getterm(equ,terms[i],loc);
        numterms=i;
    case 2:     //一元二次方程解
        b=c=0;
        for(i=1;i<numterms;i++)
            if(getdegreeofterm(terms[i])==1)
                b=getcoeff(terms[i]);
        for(i=1;i<numterms;i++)
            if(getdegreeofterm(terms[i])==0)
                c=getcoeff(terms[i]);
         quadraticequation(getcoeff(terms[0]),b,c);
        break;
    }
}
void quadraticequation(int a,int b,int c)     //求解一元二次方程
{
    //(-b +- sqrt( b*b - 4*a*c )) / 2*a
    if(b*b-4*a*c<0){
        cout<<(b*-1)/(2*a)<<"+i*"<<sqrt(4*a*c-b*b)/(2*a)<<"  ";
        cout<<(b*-1)/(2*a)<<"-i*"<<sqrt(4*a*c-b*b)/(2*a);
    }
    else{
        if((b*b-4*a*c)==0){
            cout<<(-b/(2.0*a))<<"  ";
            cout<<(-b/(2.0*a));
        }
        else{
            cout<<((-b+sqrt(b*b-4*a*c))/(2*a))<<"  ";
            cout<<((-b-sqrt(b*b-4*a*c))/(2*a))<<"  ";
        }
    }
}
```

```
void getterm(char * src,char * dest,int &loc)       /* 从字符串 scr 的第 loc 个字符起复制一个完整的项到
dest 字符串 */
{    int loc2=0;
     if(src[loc]=='-')      //如果系数前有负号
     {    dest[loc2]='-';      //目的字符串前有负号
          loc2++;
     }
     for(;src[loc+loc2]!='+'&&src[loc+loc2]!='-'&&src[loc+loc2]!='\n'&&src[loc+loc2]!='\
0'&&src[loc+loc2]!='=';loc2++)
          dest[loc2]=src[loc+loc2];      //将一个完整的项如-3x^5 赋值到目的字符串
     dest[loc2]='\0';      //字符串以 0 结尾
     loc+=loc2;      //起始字符的位置跳过赋值过的项
     if(src[loc]!='-'&&src[loc]!='\0')
          loc++;      //若该项后面是正号,则跳过下一项不加识别
}
//将 val 项的整数因子放入数组 factor_list 中,共有 num 个
void getfactorsof(int * factor_list,int &num,int val)
{    int fcount=0;
     num=0;
     val=abs(val);
     for(int i=1;i<=val;i++)
          if((float)((float)((float)val/(float)i)-(int)((float)val/(float)i))==0.0)
               num++;
     for(i=1;i<=val;i++)
          if((float)((float)((float)val/(float)i)-(int)((float)val/(float)i))==0.0){
               factor_list[fcount]=i;
               fcount++;
          }
}
int getcoeff(char * term)      //返回一项的系数
{    char * temp;
     int mult=1;
     temp=(char *)malloc(strlen(term));
     for(int i=0;term[i]==' ';i++);      //删除字符串前的空格
     if(term[i]=='-')      //如果第一个字符为'-',表示该项系数为负
     {    mult=-1;
          i++;
     }
     for(;!isdigit(term[i])&&!isalpha(term[i]);i++);      //略去其前不是字母与数字的无意义的字符
     if(isalpha(term[i]))      //如果碰到字母,返回(1 或-1)
          return mult;
     for(int j=0;isdigit(term[i+j]);j++)      //如果是数字字符,将连续的数字放入字符串 temp 中
          temp[j]=term[i+j];
```

```
    return atoi(temp) * mult;     //返回其所代表的数值与符号的乘积
}
float getcoeff_f(char * term)     //取得一项的系数
{   char * temp;
    int mult=1;
    if(term[0]=='\0')
        return 0.0;
    temp=(char *)malloc(strlen(term));
    for(int i=0;term[i]==' ';i++);     //跳过空格
    if(term[i]=='-'){
        mult=-1;
        i++;
    }
    for(;! isdigit(term[i])&&! isalpha(term[i]);i++);
    if(isalpha(term[i]))
        return (float)mult;
    for(int j=0;isdigit(term[i+j]);j++)
        temp[j]=term[i+j];
    return (float)atof(temp) * (float)mult;
}
int getdegreeofterm(char * term)     //返回 term 这项的 x 的阶数
{   if(strchr(term,'x')! =NULL)     //从字符串 term 中寻找字符'x',返回该字符的首地址
    {   if(strchr(term,'^')! =NULL)     //从字符串中寻找^,看看该项是否是 x 的高阶项
        {   for(int i=0;term[i]! ='^';i++);     //指针移到^后面,看看该项是 x 的多少阶
            i++;
            switch(term[i])
            {
            casc '2':     rcturn 2;     //x^后为 2,则阶数返回 2,依次类推
            case '3':     return 3;
            case '4':     return 4;
            case '5':     return 5;
            }
        }
        else
            return 1;     //若有 x 而无^,返回 1
    }
    else
        return 0;     //若无 x 返回 0
    return -1;     //出错,返回-1
}
int remaindertheorem(char * equ,float root)     //判断 root 是否为方程解,不是返回 1
{   //P(x) = ax^n + bx^(n-1) + ... + cx + k. If q is a root, P(q) = 0
    char terms[6][40];
```

```
    float val[6],totalval=0.0f;
    int loc=0;
    for(int i=0;i<6&&equ[loc]!='='&&equ[loc]!='\0'&&equ[loc]!='\n';i++)
        getterm(equ,terms[i],loc);      //将 x 的各阶项取到 term[i]中
    int numterms=i;      //numterm 为 x 的最高阶数
    for(i=0;i<numterms;i++)
    {   val[i]=calcequval(terms[i],root);      //求出 root 为解时这一项的数值
        totalval+=val[i];      //将各项值相加
    }
    if(totalval*1.0>-0.002&&totalval*1.0<0.002)
        return 0;      //当该值在-0.002 到 0.002 之间,近似为 0,认为 root 即为方程的解
    else  return 1;      //不是方程解,返回 1
}
int exp(int val,int e)      //求解 val 的 e 次幂
{   int v2=val;
    if(e==0)      return 1;
    for(int i=1;i<e;i++)      v2*=val;
    return v2;
}
float exp(float val,int e)
{   float v2=val;
    if(e==0)      return 1.0f;
    for(int i=1;i<e;i++)      v2*=val;
    return v2;
}
float calcequval(char *equ,float val)      //得出 val 代入 x 后该项的数值
{   int coeff=getcoeff(equ);      //取得某一项的系数
    int power=getdegreeofterm(equ);      //取得该项的阶数
    return coeff*exp(val,power);      //返回 val 为解时该项的值
}
void reduceequbyfactor(char *base,char *newequ,float factor)      //降阶,base 原方程,newequ 新方程
{   float synthterms[6]={0.0,0.0,0.0,0.0,0.0,0.0};
    int newterms[5]={0,0,0,0,0};
    int j=0,olddegree;
    char temp[50]="",exp[10]="",tempterms[6][40];
    if(remaindertheorem(base,factor))      //如果 factor 不是方程的根,返回
        return;
    olddegree=getdegreeofterm(terms[0]);      //旧的阶数
    for(int i=0;i<=olddegree;i++)
    {   gettermforpower(base,temp,i);      //将各阶项数复制到 temp 中
        synthterms[i]=getcoeff_f(temp);      //将各项系数赋值到 synthterms 中
    }
    newterms[4]=(int)synthterms[5];      //最高项系数降阶
```

```
for(i=4;i>=1;i--)       //后面项数依次降阶后的系数
    newterms[i-1]=(int)((float)(newterms[i] * factor+synthterms[i]));
for(i=4;newterms[i]==0;i--);
    strcpy(newequ,"");     //准备赋新的项数
for(;i>=0;i--)
{   if(newterms[i]! =0)
    {
    switch(i){
    case 0:
        strcpy(exp,"");
        break;
    case 1:
        strcpy(exp,"x");
        break;
    case 2:
        strcpy(exp,"x^2");
        break;
    case 3:
        strcpy(exp,"x^3");
        break;
    case 4:
        strcpy(exp,"x^4");
        break;
    }
    char s[200];
    if(newterms[i]! =1)     //将转换后的新的系数与阶数赋值到字符串 tempterms 中
    {   if(newterms[i]<0)
        {   strcpy(tempterms[i],itoa(newterms[i],s,10));
            strcat(tempterms[i],exp);
        }
        else{
            if(i<olddegree-1)
            {   strcpy(tempterms[i],"+");
                strcat(tempterms[i],itoa(newterms[i],s,10));
                strcat(tempterms[i],exp);
            }
            else
            {   strcpy(tempterms[i],itoa(newterms[i],s,10));
                strcat(tempterms[i],exp);
            }
        }
    }
    else{
```

```
            if(newterms[i]<0)
                strcpy(tempterms[i],exp);
            else{
                if(i<olddegree-1){
                    strcpy(tempterms[i],"+");
                    strcat(tempterms[i],exp);
                }
                else
                    strcpy(tempterms[i],exp);
            }
        }
        if(newterms[i]==1&&exp[0]=='\0'){
            if(newterms[i]>0){
                strcpy(tempterms[i],"+");
            strcat(tempterms[i],itoa(newterms[i],s,10));
            }
            else
                strcpy(tempterms[i],itoa(newterms[i],s,10));
        }
        strcat(newequ,tempterms[i]);     //把新的项数依次输入到 newequ 字符串中
        }
    }
}
void gettermforpower(char *equ,char *dest,int power)      //将阶数为 power 的项数复制到 dest
{   for(int i=0;i<6;i++)
        if(getdegreeofterm(terms[i])==power)
        {   strcpy(dest,terms[i]);
            return;
        }
    strcpy(dest,"0");
}
float forallfactors(int *a,int *k,int n_a,int n_k,char *equ)      /*将所有(常数项分解的因子/最高阶系数分解的因子)作为方程的解进行验证*/
{   for(int i=0;i<n_a;i++)      /*将所有(常数项分解的因子/最高阶系数分解的因子)作为方程的解进行验证*/
        for(int j=0;j<n_k;j++)
        {   if(remaindertheorem(equ,(float)((float)k[j]/(float)a[i]))==0)
            {   int r=k[j]/a[i];      //如果是方程的解,输出
                cout<<r<<"  ";
                return (float)r;      //返回这个解
            }
            if(remaindertheorem(equ,(float)((float)k[j]/(float)a[i])*-1.0)==0)
            {   int r=-k[j]/a[i];
```

```
            cout<<r<<"    ";
            return (float)r;
        }
    }
    if(remaindertheorem(equ,0.0)==0)      //判断 0 是否是方程的解
    {     cout<<"0"<<endl;
        return 0.0f;
    }
    return -0.0001;     //没有求出解,返回-0.0001
}
```

第 6 题　迭代法求解线性方程

3.6.1　程序功能简介

迭代法是线性方程的一种常用解法，首先选取适当的初值，然后用同样的计算步骤重复计算，在满足精度的情况下，停止迭代，求得近似解。

赛德尔迭代法的算法如下：

设有线性方程：

$$a_{11}x_1+a_{12}x_2+\Lambda+a_{1n}x_n=b_1$$
$$a_{21}x_1+a_{22}x_2+\Lambda+a_{2n}x_n=b_2$$
……
$$a_{n1}x_1+a_{n2}x_2+\Lambda+a_{nn}x_n=b_n$$

首先将矩阵变换成：$x=Mx+f$ 的形式

即：$x_i=-\sum\limits_{\substack{j=1\\ j\neq i}}\dfrac{a_{ij}}{a_{ii}}x_j+\dfrac{b^i}{a_{ii}}$

其中：$M=\begin{bmatrix} 0 & -\dfrac{a_{12}}{a_{11}} & -\dfrac{a_{13}}{a_{11}} & \Lambda & -\dfrac{a_{1n}}{a_{11}} \\ -\dfrac{a_{21}}{a_{22}} & 0 & -\dfrac{a_{23}}{a_{22}} & \Lambda & -\dfrac{a_{2n}}{a_{22}} \\ \Lambda & \Lambda & \Lambda & \Lambda & \Lambda \\ -\dfrac{a_{n1}}{a_{nn}} & -\dfrac{a_{n2}}{a_{nn}} & -\dfrac{a_{n3}}{a_{nn}} & \Lambda & 0 \end{bmatrix}$　　$f=\begin{bmatrix} -\dfrac{b_1}{a_{11}} \\ -\dfrac{b_2}{a_{22}} \\ M \\ -\dfrac{b_n}{a_{nn}} \end{bmatrix}$

这就是原程序所求的变换矩阵。

赛德尔迭代法的不同之处在于：每算出一个分量的近似值，立即用到下一个分量的计算中去，即用迭代公式：

$$x_1^{(k+1)}=m_{11}x_1^{(k)}+m_{12}x_2^{(k)}+m_{13}x_3^{(k)}+\Lambda+m_{1n}x_n^{(k)}+f_1$$
$$x_2^{(k+1)}=m_{21}x_1^{(k+1)}+m_{22}x_2^{(k)}+m_{23}x_3^{(k)}+\Lambda+m_{2n}x_n^{(k)}+f_2$$
$$x_3^{(k+1)}=m_{31}x_1^{(k+1)}+m_{32}x_2^{(k+1)}+m_{33}x_3^{(k)}+\Lambda+m_{3n}x_n^{(k)}+f_3$$
……
$$x_n^{(k+1)}=m_{n1}x_1^{(k+1)}+m_{n2}x_2^{(k+1)}+m_{n3}x_3^{(k+1)}+\Lambda+m_{nn}x_n^{(k)}+f_n$$

即：$x_i^{(k+1)}=\sum\limits_{j=1}^{i-1}m_{ij}x_j^{(k+1)}+\sum\limits_{j=i}^{n}m_{ij}x_j^{k}+f_i\quad(i=1,2,\Lambda,n)$

选用松弛因子 ω 代入上述线性方程得到松弛的赛德尔公式：

$$x_1^{(k+1)}=x_1^k+\omega(-x_1^k+m_{12}x_2^{(k)}+m_{13}x_3^{(k)}+\Lambda+m_{1n}x_n^{(k)}+f_1)$$
$$x_2^{(k+1)}=-x_2^k+\omega(-x_2^k+m_{21}x_1^{(k+1)}+m_{23}x_3^{(k)}+\Lambda+m_{2n}x_n^{(k)}+f_2)$$
$$x_3^{(k+1)}=x_3^k+\omega(-x_3^k+m_{31}x_1^{(k+1)}+m_{32}x_2^{(k+1)}+\Lambda+m_{3n}x_n^{(k)}+f_3)$$
……
$$x_n^{(k+1)}=x_n^k+\omega(-x_n^k+m_{n1}x_1^{(k+1)}+m_{n2}x_2^{(k+1)}+m_{n3}x_3^{(k+1)}+\Lambda+f_n)$$

ω 通常在(0,2)内选取,当 $\omega>1$ 时,成为超松弛,当 $\omega<1$ 时,成为亚松弛。

松弛因子如果选得恰当,可大大提高收敛速度,在实际计算中,往往要靠经验找到最优松弛因子。

3.6.2 课程设计要求

(1) 重载类的构造函数,可以在定义类的对象时利用函数参数输入方程的各项参数,便于程序调试。

(2) 增加类的成员函数,可以将一个线性方程用文本文件的编辑器(如记事本)写入一个文件中,然后由新增的成员函数从这个文件中读取,运行结束后将结果写回文件中。

(3) 原程序是用赛德尔算法解线性方程,线性方程的一般求解方法如下:

$$x_1^{(k+1)}=m_{11}x_1^{(k)}+m_{12}x_2^{(k)}+m_{13}x_3^{(k)}+\Lambda+m_{1n}x_n^{(k)}+f_1$$

$$x_2^{(k+1)}=m_{21}x_1^{(k)}+m_{22}x_2^{(k)}+m_{23}x_3^{(k)}+\Lambda+m_{2n}x_n^{(k)}+f_2$$

$$x_3^{(k+1)}=m_{31}x_1^{(k)}+m_{32}x_2^{(k)}+m_{33}x_3^{(k)}+\Lambda+m_{3n}x_n^{(k)}+f_3$$

……

$$x_n^{(k+1)}=m_{n1}x_1^{(k)}+m_{n2}x_2^{(k)}+m_{n3}x_3^{(k)}+\Lambda+m_{nn}x_n^{(k)}+f_n$$

这种方法称为简单迭代法,试仿照原程序编写简单迭代法求解线性方程的程序,要求同上,并利用相同的方程组与赛德尔算法进行验证比较,分别求出它们的收敛次数。

评定难易级别:A 级。

3.6.3 程序设计思想

1) 类的结构

该程序比较简单,在原程序的矩阵类中新增一个构造函数和一个成员函数,分别满足设计要求,新设计的类的结构参考如下:

```
#define MAX 10      //新增,定义线性方程的最大未知数目
class matrix     //高斯—赛德尔矩阵算法类
{
    friend void operator<<(ostream &,matrix &);      //重载输出运算符
    friend void operator>>(istream &,matrix &);      //重载输入运算符
protected:
    int row,column;      //矩阵行列数
    double * * mat;      //矩阵
    int varnum;      //方程解的个数
    double * variable;      //存放方程解
    int itercount;      //迭代次数
    double relax;      //新增成员,松弛因子
    void iteration();      //迭代算法
    bool epsilon(double * ,double * ,int,double);      //误差函数
public:
    matrix(int nRow,int nColumn,double rex,double Mat[MAX][MAX+1]);      //新增,构造函数
    maxtrix();      //新增,缺省的构造函数
```

```
    matrix(int,int);    //构造函数
    void ReadFromFile();    //新增,从文件中读入参数
    void WriteToFile();    //新增,将运算结果输入到文件中
    static void initialize(int&,int&);    //要求用户输入行列数
    void rearrange();    //变换矩阵
    void solve();    //主要算法部分
    void show_answer();    //输出最后结果
};
```

因为要从文件中或程序中直接接收全部参数,所以将与算法密切联系的松弛因子定义为成员数据,可以直接赋值。

修改的主要难点是从文件中读取方程,因为在文件中出现的是线性方程的原始形式:$a_{11}x_1+a_{12}x_2+\Lambda+a_{1n}x_n=b_1$,所以要将其以字符串的形式读入程序中,然后将所有方程中的系数识别出来,送入类中的相应的矩阵中去,才可以进行运算。

仿照上述类的结构再定义一个简单迭代法的类 CSimple,完善其中的各种成员数据和成员函数,在此就不再赘述。

2) main 函数结构修改

建议 main 函数采用菜单形式,让用户选择输入方程组的方式,同一个方程组用两种方法进行计算求解,即定义两个对象(赛德尔迭代法和简单迭代法),分别进行求解,然后将求解的结果参数列出进行比较。如果希望做进一步的研究,还可以选择不同的松弛因子进行算法上的比较,得出一个比较完善的结论。

3.6.4 关键源代码注解

```
/*高斯—赛德尔迭代法——源代码及关键源代码注解如下:*/
/*******************************
*          Class Matrix          *
*******************************/
#include <iostream.h>
#include <math.h>
#include <conio.h>
#include <iomanip.h>

class matrix    //高斯—赛德尔矩阵算法类
{
    friend void operator<<(ostream &,matrix &);    //重载输出运算符
    friend void operator>>(istream &,matrix &);    //重载输入运算符
protected:
    int row,column;    //矩阵行列数
    double **mat;    //矩阵
    int varnum;    //方程解的个数
    double *variable;    //存放方程解
    int itercount;    //迭代次数
```

```
    void iteration(double);      //迭代算法,参数是松弛因子
    bool epsilon(double *,double *,int,double);      //误差函数
public:
    matrix(int,int);      //构造函数
    static void initialize(int&,int&);      //要求用户输入行列数
    void rearrange();      //变换矩阵
    void solve(double);      //主要算法部分,参数是松弛因子
    void show_answer();      //输出最后结果
};
matrix::matrix(int r=1, int c=1):row(r),column(c)
{    mat=new double*[row];      //动态生成
    for(int i=0;i<row;i++)
    {      mat[i]=new double[column];      }
}

void matrix::initialize(int &i,int &j)      /*初始化,输入行列(ROWS:线性方程数,COLUMNS:系数)及常数的个数 */
{    cout<<"How many ROWS? >";
    cin>>i;
    cout<<"How many COLUMNS? >";
    cin>>j;
}
void matrix::rearrange()      //高斯—赛德尔矩阵变换函数,在进行迭代之前需将原矩阵做变换
{    varnum=column-1;      //方程解的个数
    variable=new double[varnum];      //存放方程解
    for(int i=0;i<row;i++)
    {    double coefficient=mat[i][i];      //对角线上的系数
        for(int j=0;j<column;j++)
                mat[i][j]/=coefficient;      //实对角线上的系数为1
    }
    for( i=0;i<row;i++)
    {    for(int j=0;j<column-1;j++)
            mat[i][j] *=-1;      //变换
        mat[i][i]=0;      //对角线上系数为0
    }
}
void matrix::iteration(double lambda)      //进行一轮迭代,参数为松弛因子
{    double last;      //为最新求出的迭代解
    for(int i=0;i<varnum;i++)
    {    last=variable[i];
        variable[i]=0;      //最新的方程解,i为行次,求xi
          for(int j=0;j<varnum;j++)
            variable[i]+=mat[i][j] * variable[j];      /*根据已解出的x0,x1,x2,...,x(i-1)的最新值
```

```
求 xi * /
        variable[i]+=mat[i][column-1];      //加上常数项系数
        variable[i]=last+lambda * (variable[i]-last);      //利用松弛因子调整收敛速度
    }
}
void matrix::solve(double lambda)      //求解方程
{   for (int i=0;i<varnum;i++)
    {    variable[i]=0;      }
    itercount=0;
    double criterion=0.0001;      //迭代误差
    double * newest=new double[varnum];
    double * last=new double[varnum];
    for( i=0;i<varnum;i++)
    {   newest[i]=variable[i];      }
    do
    {   for(int i=0;i<varnum;i++)
                last[i]=newest[i];      //保存前一轮的解,计算误差用
        iteration(lambda);      //一轮迭代
        for( i=0;i<varnum;i++)
            newest[i]=variable[i];      //保存新一轮的解
        itercount++;      //整个迭代次数加 1
    }
    while(epsilon(newest,last,varnum,criterion));      //计算误差
}
//计算迭代误差,看是否满足解的精度,返回 0 停止迭代,给出最后结果
bool matrix::epsilon(double * newest,double * last,int size,double criterion)
{   for(int i=0;i<size;i++)
    {   if((fabs(newest[i]-last[i])/newest[i])>criterion)      //如果不满足精度
            return 1;      //继续迭代
    }
    return 0;
}
void matrix::show_answer()      //输出求解结果函数
{   for(int i=0;i<varnum;i++)
    {   cout<<"X"<<(i+1)<<"="<<variable[i]<<endl;      }
    cout<<endl<<endl<<"Number of Iterations="<<itercount<<endl;
}
void operator<<(ostream& out,matrix& m)      //矩阵输入、输出流重载函数
{   for (int i=0;i<m.row;i++)
    {   for (int j=0;j<m.column;j++)
        {   out<<m.mat[i][j]<<setw(10);   }
        out<<endl<<endl;
    }
```

```
}
void operator>>(istream& in,matrix& m)
{   for(int i=0;i<m.row;i++)
    {   for(int j=0;j<m.column;j++)
        {   cout<<"value of indice ["<<(i+1)<<"]["<<(j+1)<<"]";
            in>>m.mat[i][j];
        }
    }
}
void main()
{   cout<<"This Program solves linear systems by the Gauss-Seigel Method"<<endl
        <<"Try to input the matrix so that there is Diagonal Dominance"
        <<endl<<endl;
    int i,j;
    matrix::initialize(i,j);
    matrix one(i,j);
    cin>>one;
    char X;
    cout<<"Do you want to see the matrix?:(y/n)>";
    cin>>X;
    if(X=='y')
    {   cout<<one;   }
    one.rearrange();
    double relax_coef;
    for(char x='y';x=='y' && x!='n';)
    {   cout<<endl<<"Relaxation Coefficient(1=no relaxation):>";
        cin>>relax_coef;
        one.solve(relax_coef);
        one.show_answer();
        cout<<endl<<"try another Relaxation Coefficient? :(y/n)>";
        cin>>x;
    }
    cin.ignore(128,'\n');
    cin.ignore(128,'\n');
}
```

第7题　字符串操作

3.7.1　程序功能简介

通过多种成员函数的定义和运算符的重载，实现字符串的各种直接操作，如：去掉串首、串尾与子串相同的字符，子串在主串中的定位，用新子串更换主串中的指定子串，比较字符串的大小，字符串连接等，所有功能已经经过验证。

3.7.2　课程设计要求

(1) 将主函数 main()中的输出语句 printf()改为 VC++中的输出语句。

(2) 程序中对字符串的处理函数均使用了字符数组 sAns，它占用了大量存储空间，试使用动态分配存储空间的方法改写所有的函数，使之避免使用预先定义的长度很大的数组；并增加类的析构函数，删除动态分配的存储空间。

(3) 新增运算符重载函数，重载－，－＝运算符，实现字符串的删除操作，并根据返回值判断操作是否成功。

(4) 新增成员函数 void DelRepeat()，实现在原字符串中删除相邻的重复字符的功能。

(5) 新增成员函数 int AddStart(FString str, int start)，实现将字串 str 插入到原字符串中从第 start 字符开始位置上，操作正确返回 1。

(6) 改写 main 函数的结构，界面为菜单的形式，根据菜单选项来验证类中所定义的各种成员函数及操作符重载函数的正确性。

评定难易等级：A 级。

3.7.3　程序设计思想

1) 类的数据结构

原程序定义了大量的成员函数和运算符重载函数，但这些函数都是在固定空间的字符数组的前提下实现的，课程设计要求所有的函数要利用动态分配存储空间的方法存储字符串对象，所以基本上类中所有函数都要重新编写，类中的数据成员增加一项字符串的长度 int nLength，这样，动态分配存储空间的操作就可以简便一些 char ＊p＝new char[nLength＋1]；

参考的类的结构如下：

```
class FString {       //字符串类定义
private:
char      * sString;      //定义字符串的指针变量
int nLength;      //新增成员数据，是字符串对象的长度
public:
FString();      //缺省构造
FString(char * str);      //新增构造函数，用字符串常量初始化字符串对象
FString(FString &);      //新增拷贝的构造函数，用类的对象初始化
~FString();      //新增析构函数，释放字符串对象所占用的空间
void DelRepeat();      //新增成员函数，删除原字符串中相邻的重复字符
```

```
    int AddStart(FString str, int start);    /*新增成员函数,将字串 str 插入到原字符串中从第 start 字符
开始位置上,操作正确返回 1 */
    inline FString operator-(const char * sAppend);    //新增函数,重载减法运算符
    inline FString operator-(const FString sAppend);    //新增函数,重载减法运算符
    inline FString operator-=(char* val);    //新增函数,重载减法运算符
    inline FString operator-=(FString val);    //新增    函数,重载减法运算符
    ……//原程序的成员函数,不再一一列举
    };
```

注:原程序中的 operater + 的处理有问题,功能与+= 重合,要改正。

2) main 函数结构

main 函数采用菜单选项的形式来实现类中的各个功能,显示菜单如下:

1 字符串加法

2 字符串减法

3 字符串比较大小

4 对字符串的具体操作

  1) 删除字符串首部相同字符

  2) 删除字符串尾部相同字符

  3) 删除字符串的所有重复字符

  4) 字符串的插入操作

  5) 字符串的替换操作

  6) 字符串的倒置替换操作(首先寻找倒置的子串,再用一个新的字符串替换该子串)

  7) 退出

5 退出

要求程序可循环运行。

3.7.4 关键源代码注解

```
/*字符串操作——源代码及关键源代码注解如下:*/
#include <stdio.h>
#include <iostream.h>
#include <string.h>
#include <windows.h>
#include <stdarg.h>    //定义参数个数可变的函数时用到
#define MAX_FSTRING_LENGTH 25000    //用作数组长度

class FString {    //字符串类定义
private:
    char    * sString;    //定义字符串的指针变量
public:
    FString();    //缺省构造
    FString Mid(const int nStart, const int nLength);    /*从字串对象中第 nStart 个字符开始取出
nLength 个字符*/
```

```
    FString Left(const int nLength);     //从字串对象左边取出 nLength 个字符
    FString Right(const int nLength);     //从字串对象右边取出 nLength 个字符
    int InStr(const int nStart, const char * sSearch,const bool bCaseSensitive=true);     /*从 nStart 个字
符处开始,在字串对象中寻找子串 sSearch,参数 bCaseSensitive 为 0 表示忽略大小写*/
    int InStrRev(const int nStart, const char * sSearch,const bool bCaseSensitive=true);     /*寻找子串
的倒置串在主串中的位置*/
    FString RTrim(const char sChar='');     //串尾整理,即去掉串尾与 sChar 相同的字符
    FString LTrim(const char sChar='');     //串首整理,即去掉串首与 sChar 相同的字符
    FString Trim(const char sChar='');     //串首串尾整理
    FString Replace(const char * sSearch, const char * sReplace);     /*用子串*sReplace 去替换主串中
的所有子串*sSearch*/
    FString Format(const char * sFormat, ...);     //按指定格式输出字符串
    int Length();
    inline operator char*();     //转换函数
    inline FString operator+(const char * sAppend);     //重载加法运算符
    inline FString operator+(const FString sAppend);     //重载加法运算符
    inline char operator[](const int nIndex);     //重载[]运算符
    inline FString operator+=(char* val);     //重载加法运算符
    inline FString operator+=(FString val);     //重载加法运算符
    inline int operator<(const char * val);     //重载关系<运算符
    inline int operator<=(const char * val);     //重载关系<=运算符
    inline int operator>(const char * val);     //重载关系>运算符
    inline int operator>=(const char * val);     //重载关系>=运算符
    inline int operator!=(const char * val);     //重载关系!=运算符
    inline int operator==(const char * val);     //重载关系==运算符
    inline int operator<(const FString val);     //重载关系<运算符
    inline int operator<=(const FString val);     //重载关系<=运算符
    inline int operator>(const FString val);     //重载关系>运算符
    inline int operator>=(const FString val);     //重载关系>=运算符
    inline int operator!=(const FString val);     //重载关系!=运算符
    inline int operator==(const FString val);     //重载关系==运算符
    FString operator=(const char * val);     //重载赋值运算符=
    FString operator=(const FString val);     //重载对象赋值运算符=
};
FString::FString() { sString=""; }
int FString::operator<(const char * val) { return(strcmp(sString,val) < 0); }
int FString::operator<=(const char * val) { return(strcmp(sString,val) <= 0); }
int FString::operator>(const char * val) { return(strcmp(sString,val) > 0); }
int FString::operator>=(const char * val) { return(strcmp(sString,val) >= 0); }
int FString::operator!=(const char * val) { return(strcmp(sString,val) != 0); }
int FString::operator==(const char * val) { return(strcmp(sString,val) == 0); }
int FString::operator<(const FString val) { return(strcmp(sString,val.sString) < 0); }
int FString::operator<=(const FString val) { return(strcmp(sString,val.sString) <= 0); }
```

```
int FString::operator>(const FString val) { return(strcmp(sString,val.sString) > 0); }
int FString::operator>=(const FString val) { return(strcmp(sString,val.sString) >= 0); }
int FString::operator!=(const FString val) { return(strcmp(sString,val.sString) != 0); }
int FString::operator==(const FString val) { return(strcmp(sString,val.sString) == 0); }
FString FString::operator+=(char * val)
{   char sAns[MAX_FSTRING_LENGTH]="";
    strcpy(sAns,sString);
    strcat(sAns,val);
    sString = _strdup(sAns);    /*_strdup:首先开辟空间,然后将 sAns 拷贝到新开辟的空间中去,返回
首地址*/
    return(*this);
}
FString FString::operator+=(FString val) {
    char sAns[MAX_FSTRING_LENGTH]="";
    strcpy(sAns,sString);
    strcat(sAns,val.sString);
    sString = _strdup(sAns);
    return(*this);
}
char FString::operator[](const int nIndex)    //数组下标运算符重载
{   if (nIndex <= 0) return(0);
    if (nIndex > (int)strlen(sString)) return(0);    //判断下标是否越界
    return(sString[nIndex-1]);
}
FString::operator char *()    //类型转换
{   return(_strdup(sString)); }
FString FString::operator+(const char * sAppend) {
    char sAns[MAX_FSTRING_LENGTH]="";
    strcpy(sAns,sString);
    strcat(sAns,sAppend);
    sString = _strdup(sAns);
    return(*this);
}
FString FString::operator+(const FString sAppend) {
    char sAns[MAX_FSTRING_LENGTH]="";
    strcpy(sAns,sString);
    strcat(sAns,sAppend.sString);
    sString = _strdup(sAns);
    return(*this);
}
FString FString::operator=(const char * val) {
    sString = _strdup(val); return(*this);
}
```

```
FString FString::operator=(FString val) {
    sString = _strdup(val.sString); return( *this);
}
FString FString::Trim(char sChar)     //串首串尾整理
{   return(this->RTrim(sChar).LTrim());}     //注意此处的用法
FString FString::RTrim(char sChar)     //串尾整理,即去掉串尾与 sChar 相同的字符
{   char    sAns[MAX_FSTRING_LENGTH]="";
    long nLen = strlen(sString);
    FString sAns2;
    int cnt=nLen-1;
    sAns2 = sString;
    if (nLen == 0) return(sAns2);
    while (sString[cnt] == sChar && cnt>=0) cnt--;
    if (cnt >= (nLen-1)) return sAns2;
    strncpy(sAns,sString,cnt+1);
    sAns2 = sAns;
    return(sAns2);
}
FString FString::LTrim(char sChar)     //串首整理,即去掉串首与 sChar 相同的字符
{   char    sAns[MAX_FSTRING_LENGTH]="";
    long nLen = strlen(sString);
    FString sAns2;
    int cnt=0;
    sAns2 = sString;
    if (nLen == 0) return(sAns2);
    while (sString[cnt] == sChar) cnt++;
    if (cnt == 0) return sAns2;
    strncpy(sAns,sString+cnt,nLen-cnt);
    sAns2 = sAns;
    return(sAns2);
}
FString FString::Mid(int nStart,int nLength)     //从字串 sString 中第 nStart 个字符开始取出 nLength 个字符
{   char    sAns[MAX_FSTRING_LENGTH]="";
    FString sAns2;
    long nLen = strlen(sString);
    sAns2 = "";
    if (nLen == 0) return(sAns2);
    if (nLength <= 0) return(sAns2);
    if (nLength > nLen) nLength = nLen;
    strncpy(sAns,sString+(nStart-1),nLength);
    sAns2 = sAns;
    return(sAns2);
}
```

```
FString FString::Left(int nLength)      //从字串 sString 左边取出 nLength 个字符
{   char     sAns[MAX_FSTRING_LENGTH]="";
    FString sAns2;
    long nLen = strlen(sString);
    sAns2 = "";
    if (nLen == 0) return(sAns2);
    if (nLength <= 0) return(sAns2);
    if (nLength > nLen) nLength = nLen;
    strncpy(sAns,sString,nLength);
    sAns2 = sAns;
    return(sAns2);
}
FString FString::Right(int nLength)      //从字串 sString 右边取出 nLength 个字符
{   char     sAns[MAX_FSTRING_LENGTH]="";
    FString sAns2;
    long nLen = strlen(sString);
    sAns2 = "";
    if (nLen == 0) return(sAns2);
    if (nLength <= 0) return(sAns2);
    if (nLength > nLen) nLength = nLen;
    strncpy(sAns,sString+(nLen-nLength),nLength);
    sAns2 = sAns;
    return(sAns2);
}
/*从 nStart 个字符处开始,在 sString 中寻找子串 sSearch 的起始位置,参数 bCaseSensitive 为 0 表示忽略大
小写*/
int FString::InStr(const int nStart, const char *sSearch, const bool bCaseSensitive)
{   int nLen1 = strlen(sSearch);
    int nLen2 = strlen(sString);
    int cnt=nStart-1;     //设置找寻的起始位置
    int cnt2=0;
    bool bFound;
    int nMax = (nLen2-nLen1+1);
    bool bTest;
    if (cnt < 0) cnt = 0;
    if (cnt > (nLen2-nLen1+1)) return(0);
    for (cnt=cnt;cnt<nMax;cnt++) {
        bTest = ((bCaseSensitive) ? (sString[cnt] == sSearch[0]) : (tolower(sString[cnt]) ==
tolower(sSearch[0])));
        if (bTest)    //经过大小写过滤后已找到的第一个字符
 {  bFound = true;    //默认已找到
            for (cnt2=0; cnt2<nLen1;cnt2++)    //接着找后面 nLen1 个字符
            {   if (bCaseSensitive) {
```

课程设计 Visual C++

```
                    if (! (sString[cnt2+cnt] == sSearch[cnt2])) bFound = false;
                } else {
                if (! (tolower(sString[cnt2+cnt]) == tolower(sSearch[cnt2]))) bFound = false;
                }
            }
            if (bFound) return(cnt+1);     //找到,返回第一个字符的位置
        }
    }
    return 0;     //没有找到
}
//寻找子串的倒置串在主串中的位置
int FString::InStrRev(const int nStart, const char * sSearch, const bool bCaseSensitive) {
    int nLen1 = strlen(sSearch);
    int nLen2 = strlen(sString);
    int cnt=nStart-nLen1;
    int cnt2=0;
    bool bFound;
    bool bTest;
    if (cnt < 0) return(0);
    if (cnt > (nLen2-nLen1+1)) cnt = (nLen2-nLen1+1);
    for (cnt=cnt;cnt>=0;cnt--)     //反过来搜索母串
    {     bTest = ((bCaseSensitive) ? (sString[cnt] == sSearch[0]) : (tolower(sString[cnt]) ==
tolower(sSearch[0])));
        if (bTest) {    //找到第一个字符
            bFound = true;
            for (cnt2=0; cnt2<nLen1;cnt2++)     //接下去查找
            {   if (bCaseSensitive) {
                    if (! (sString[cnt2+cnt] == sSearch[cnt2])) bFound = false;
                } else {
                if (! (tolower(sString[cnt2+cnt]) == tolower(sSearch[cnt2]))) bFound = false;
                }
            }
            if (bFound) return(cnt+1);     //找到
        }
    }
    return 0;     //未找到
}
FString FString::Format(const char * sFormat, ...)     //按指定格式输出参数可变的函数
{   char buffer[20000]="";
    FString sAns;
    sAns = "";
    if ((! sFormat)) return(sAns);     //格式非法,返回空字串
    va_list arglist;     //参数可变格式要求的类型
```

```
    va_start(arglist,sFormat);
    vsprintf(buffer,sFormat,arglist);
    va_end(arglist);
    sAns = buffer;
    return(sAns);
}
//用子串 * sReplace 去替换主串中的所有子串 * sSearch
FString FString::Replace(const char * sSearch, const char * sReplace)
{   int nSearchLen=strlen(sSearch);
    int nPos=0;
    int nDiffLen=strlen(sReplace)-strlen(sSearch);
    FString sTemp;
    FString sLeft, sRight;
    sTemp = sString;
    nPos = sTemp.InStr(nPos+1,sSearch);
    while (nPos != 0) {
        sLeft = sTemp.Left(nPos-1);
        sRight = sTemp.Right((strlen(sTemp.sString)-nPos+1)-nSearchLen);
        sTemp = sLeft + sReplace + sRight;
        nPos = sTemp.InStr(nPos + nDiffLen + 1,sSearch);
    }
    return sTemp;
}
int FString::Length() {    return(strlen(sString)); }    //返回字符串长度
void main() {
    FString s,s2;
    s = "    abc abc";
    s += " test      ";
    cout<<"Trim : "<<s.Trim()<<endl;
    s = s.Trim();
    cout<<"[3] : "<<s[3]<<endl;    //输出字符 s[3]
    cout<<"Replace : "<<s.Replace("c","cdef")<<endl;    //输出 s.Replace("c","cdef")的值
    cout<<"Format : "<<s.Format("1:%s; 2:%d","One",123)<<endl;
    s = "book";    //输出 s.Format("1:%s; 2:%d","One",123)的值
    s2 = "cat";
    cout<<"'book' < 'cat': "<<((s < s2) ? "True" : "False")<<endl;
    s = s2;
    cout<<"Copy 'cat' to s: "<<s<<endl;
}
```

第 8 题　四则运算

3.8.1　程序功能简介

该程序用字符串形式接收一个带括号的四则运算表达式，然后按照四则运算优先级的算法先括号，后乘方、乘除、加减这样的顺序将这个算式解出。

该程序的设计比较巧妙，是在主程序中反复查找最后一对括号，将其中的结果计算出来，去掉括号，这样的过程持续下去，最终导致所有的括号都去除，解出算式。

3.8.2　课程设计要求

(1) 用类的形式改写程序，将数据和函数封装到类中。

(2) 修改主程序结构，使程序可以反复运算，直到选择退出为止。

(3) 扩充程序功能，使程序适合浮点数运算。

(4) 增加程序的判断功能，当有非法的输入时(如字母等)，给出提示信息并退出运算，当输入带有空格时，能将空格滤除。

评定难易等级：A 级。

3.8.3　程序设计思想

1) 类的封装

实际上该字符串类基本类似于 C++ 中的 string 类，比 string 类多定义了浮点数与字符串的相互转换的函数，输入输出友元函数，可以从 string 类派生出 CStr 类，这样，类的定义就更加简单，且可利用很多现成的成员函数，有兴趣不妨试试。参考的数据结构如下：

```
class CStr      //定义一个字符串类
{
private:
    int nLen;     //字符串的长度
    char * pStr;     //字符串首地址
public:
    CStr(){nLen=0; pStr=NULL;}     //构造函数
    CStr(CStr &str);     //拷贝的构造函数
    ~CStr(){if(pStr) delete []pStr;}     //析构函数
    int GetLen(){return nLen;}     //返回字符串的长度
    CStr & Midstr(CStr &str,int nStart,int nLength);     /* 返回指定字符串类中从 nStart 序号开始 nLength 长度的字符串 */
    CStr & Left(CStr &str,int nlength);     //返回指定字符串类中从左边开始 nLength 个字符
    CStr & Right(CStr &str,int nLength);     //返回指定字符串类中从右边开始 nLength 个字符
    CStr & Calculate();     //计算该字符串所代表的四则运算的值(内无括号)
    int CharInStr(char chChar);     //判断字符 chChar 是否在字符串中
    double Val();     //求字符串代表的数字字符的数值
```

```
    char GetChar(int i){ return *(pStr+i);}      //返回字符串中第 i 个字符
    CStr & Str(double val);    //将数值表示成字符串的形式
    CStr & operator=(CStr &);    //重载赋值运算符
    friend CStr operator+(CStr &, CStr &);    //友元,实现字符串类的加法
    operator char *(){return (char *)pStr;}    //将字符串类转换成字符数组
    friend istream &operator>>(istream &,CStr &);    //重载输入运算符
    int Judge();    //判断输入是否合法,滤除空格
};
```

2) 主程序结构算法的设置

主程序的算法是整个程序的关键,原程序的算法基本适用,在编写时注意尽量用对象的成员函数实现算法,这样要简便许多。在字符串合并时,要注意滤去已计算过的前后括号。

3.8.4 关键源代码注解

```
#include "iostream.h"
//从第一个参数指向的地址左边取 length 个字符赋给第二个参数
char *left(char *source, char *destination, int length)
{   *(destination+--length+1)=0;    //目的字符串以 0 结尾
    while (length>=0)    //赋值 length 个字符
    {*(destination+length)=*(source+length--);}
    return destination;}
//第一个参数指向的地址处从 start 位置开始取 length 个字符赋给第二个参数
char *midstr(char *source, char *destination, int start, int length)
{   source+=start-1;    //开始赋值处的地址
    *(destination+--length+1)=0;    //目的字符串以 0 结尾
    while (length>=0)    //赋值 length 个字符
    {*(destination+length)=*(source+length--);}
    return destination;}
//从第一个参数指向的字符串尾字符的右边取 length 个字符赋给第二个参数
char *right(char *source, char *destination, int length)
{   while (*source != 0){source++;}    //移至第一个字符串尾部
    source-=length;    //跳至欲赋值的首地址
    *(destination+--length+1)=0;    //目的字符串以 0 结尾
    while (length>=0)    //赋值 length 个字符
    {*(destination+length)=*(source+length--);}
    return destination;}
//判断字符 char_to_find 是否在字符串 source 中,若在,返回其所在位置,若不在,返回 0
int charinstr(char *source, char char_to_find)
{   int pos=0;
    while(*(source+pos)!=0)    //循环查找
    {if (char_to_find == *(source+pos++)){return pos;}}    //找到,返回其位置
    return 0;}
int len(char *source)    //返回字符串的长度
```

```
{   int retval=0;
    while ( * (source+retval++)! =0){}
    return --retval;}
int pwr(int a, int b)    //计算 a^b,即 a 的 b 次方
{   int result=1;
    for (int c=1;c<=b;c++){result * =a;}
    return result;}
char * str(int value, char * destination)    //将 value 的值转换为字符串的形式返回
{   char * tempdest=destination;
    int a=0;
    int multiplier=1000000000;
    for ( multiplier=1000000000;multiplier! =0;multiplier/=10)
    {   * tempdest='0'+(value/multiplier);
        value-=(value/multiplier) * multiplier;
        if(( * tempdest! ='0') || (a))
        {a++;tempdest++;}}
    * tempdest=0;    //NULL
    return destination;}
char * addstrings(char * destination, char * source1, char * source2)    /* 两个字符串合并,结果在第一个参数中 */
{   char * tempdest=destination;
    while( * source1! =0){ * (tempdest++)= * (source1++);}
    while( * source2! =0){ * (tempdest++)= * (source2++);}
    * tempdest=0;
    return destination;}
int val(char * source)    //将数字形式的字符串 source 转换成整数
{   int result=0;
    int multiplier=pwr(10,len(source)-1);
    while ( * source! =0)
    {result+=( * (source++)-'0') * multiplier;multiplier/=10;}
    return result;}
char * assignstr(char * source, char * destination)    //字符串赋值(拷贝)
{   char * tempdest=destination;
    while ( * source! =0)
    { * (tempdest++)= * (source++);}
    * tempdest=0;
    return destination;}
/* 计算数字算式形式的字符串,将其转换为数字形式并计算出来,然后再将结果转换为字符串的形式,该算式没有括号,遵循的原则是先乘除后加减 */
char * calculate(char * string)
{   cout << "\n  Calculation start, parameter is " << string << ".";
    char buf1[50], buf2[50], buf3[50], buf4[50], buf5[50];    // buffers for string handlers
    char opstr[6]="^ * /+-";
```

```
    int leftnr;
    int rightnr;
    int oppos;
    int z;
    int result;
    for (int pos_in_opstr=0;pos_in_opstr<=4;pos_in_opstr++)     /*先找优先级高的运算符,直至将式中所有的运算符都找出来*/
    {    while (charinstr(string,opstr[pos_in_opstr]))
        {    oppos=charinstr(string,opstr[pos_in_opstr]);     /*找到后,将运算符左边的数字取出转换为数字*/
            for (z=oppos-2;z>=0;z--)
            {    if ( (*(string+z)=='+') || (*(string+z)=='/') ||
                        (*(string+z)=='-') || (*(string+z)=='*') ||
                        (*(string+z)=='^') )
                {leftnr=val(midstr(string,&buf1[0],z+2,oppos-z-2));z=-1;}
                else if (z==0)
                {leftnr=val(left(string,&buf1[0],oppos-1));}
            }
            for (z=oppos;z<len(string);z++)     //再将运算符右边的数字取出转换为数字
            {    if ( (*(string+z)=='+') || (*(string+z)=='/') ||
                        (*(string+z)=='-') || (*(string+z)=='*') ||
                        (*(string+z)=='^') )
                {rightnr=val(midstr(string,&buf2[0],oppos+1,z-oppos));z=len(string);}
                else if (z==len(string)-1)
                {rightnr=val(right(string,&buf2[0],len(string)-oppos));}
            }
    //对这两个数字进行计算,结果在 result 中
            if     (opstr[pos_in_opstr]=='+') {result=leftnr+rightnr;}
            else if (opstr[pos_in_opstr]=='-') {result=leftnr-rightnr;}
            else if (opstr[pos_in_opstr]=='/') {result=leftnr/rightnr;}
            else if (opstr[pos_in_opstr]=='*') {result=leftnr*rightnr;}
            else if (opstr[pos_in_opstr]=='^') {result=pwr(leftnr,rightnr);}
    //计算后,将结果转换为字符串,然后将左右未运算过的字符串与其连接起来
            addstrings(&buf3[0],
                    left(string,&buf4[0],oppos-len(&buf1[0])-1),
                        str(result,&buf5[0]));
            addstrings(string,  &buf3[0],
right(string,&buf5[0],len(string)-oppos-len(&buf2[0])));
            //输出这个字符串
            cout << "\n  While scanning for " << opstr[pos_in_opstr] << "'s, I found "
                << leftnr << " " << opstr[pos_in_opstr] << " " << rightnr
                << " , new string is " << string << ".";
        }
```

```
    }
    cout << "\n  Calculation end, returning " << string;
    return string;
}
int main()
{   char strn[50],buf1[50],buf2[50],buf3[50],buf4[50],buf5[50];
    char oristr[50];
    int z, lastopen;
    cout << "\nLittle Mathematical Proggy by Sneechy, 4-5-2000"
         << "\n\nNote: this program is NOT foolproof. "
         << "\n\nPlease enter a string: ";
    cin   >> oristr;
    assignstr(&oristr[0],&strn[0]);     //将输入的字符串赋值
    cout << "\nStarting bracket removal loop";
    while(charinstr(&strn[0],'('))     //判断左括号
    {   for (z=0;z<=len(&strn[0]);z++)
        {   if (strn[z]=='('){lastopen=z;}       //找最后一个左括号的位置
            if (strn[z]==')')     //找到第一个右括号,将左右括号中的字符串取出计算
            {   cout << "\nI found "
                     << midstr(&strn[0],&buf1[0],lastopen+2,z-lastopen-1)
                     << " in " << strn << ", calling calculation unit. ";
        //然后将计算后的结果与原先左右括号两边的字符串合并,相当于去掉一对括号
  addstrings(&strn[0],addstrings(&buf1[0],
        left(&strn[0],&buf3[0],lastopen),
                    calculate(midstr(&strn[0],&buf4[0],lastopen+2,z-lastopen-1))),
                        right(&strn[0],&buf2[0],len(&strn[0])-z-1));
            cout << "\nNew string : " << strn;
            z=len(&strn[0])+1;
            }
        }
    }
    cout << "\nBrackets removed, final strings is " << strn << ", calculating...";
    calculate(&strn[0]);     //去掉括号后,最后剩余的算式
    if (strn[0] == 0){strn[0]='0';strn[1]=0;}
    cout << "\nDone\n\n" << oristr << " = " << strn << "\n";
    return 0;
}
```

4 矩阵及向量处理程序

第1题 矩阵旋转反射

4.1.1 程序功能简介

实现矩阵的旋转反射程序。

4.1.2 课程设计要求

(1) 设计一个矩阵类,将相应的函数和数据封装在类中,简化程序。

(2) 修改程序结构,使程序可以反复执行,直至按键选择退出为止。

(3) 本程序用数组表示 5*5 矩阵,将其改为根据输入矩阵的大小动态分配空间[n][n]来放置数据,其中 n 为用户可输入的任意整数。

(4) 增加类的构造函数和成员函数,使得矩阵数据既可以用在对象初始化时赋值,也可以通过键盘赋值,还可以通过读数据文件输入。

(5) 用模板的形式改写矩阵数据类型,使得矩阵中的数据既可以是整型数据,也可以是浮点型数据,执行程序时,分别定义一个整型矩阵和一个浮点型矩阵进行验证。

(6) 增加程序功能,除实现 n*n 矩阵的旋转反射外,还增加

a) 求矩阵的模;

b) 可以通过键入的行号与列号,任意修改矩阵中的元素值;

c) 可以给定矩阵中的某一元素值,查询其所在的行号与列号,并修改其值。

评定难易等级:B 级。

4.1.3 程序设计思想

1) 类的结构

原程序十分简单,根据课程设计的要求要做大的修改。首先定义一个矩阵类,将相关的数据和操作封装起来,该矩阵类使用模板的形式,类中的数据类型用模板定义,在定义对象时再用具体的数据类型代替模板类型。另外,由于给定的矩阵大小未知,所以类中的矩阵用指针变量代替,定义类的对象时根据 nNum 的大小再动态分配空间,参考的类的结构如下:

```
template <class T>
class CMatrix
{
    T * * Mat;    //矩阵的头指针
    int nNum;    //矩阵的行数或列数
    T * * MatR;    //变换后的矩阵
    T * * MatRefl;    //旋转后的矩阵
public:
    CMatrix();    //缺省的构造函数
    CMatrix(T * * mat,int n);    //构造函数
    CMatrix(int n);    //构造函数
    ~CMatrix();    //析构函数
```

```
    void Show(int k=0);    //输出,k=0为原矩阵,k=1为旋转后的矩阵,k=2为反射的矩阵
    void R90();    //旋转90°
    void R180();    //旋转180°
    void R270();    //旋转270°
    void ReflectX(int k=0);    //X轴反射,k=0为对旋转过的矩阵反射,否则为对原矩阵反射
    void ReflectY(int k=0);    //Y轴反射,k=0为对旋转过的矩阵反射,否则为对原矩阵反射
    int  LookForData();    //查找数据
    int  ModifyData();    //修改数据,先查找,再修改
    int ModefyData(int row,int column);    //修改(row,column)处的数据
    double Range();    //求行列式的值
    void InputFromFile();    //从文件中输入矩阵
};
```

以构造函数 CMatrix(int n)举例说明模板及指针的应用:

```
template <class T>    //由于使用模板,在成员函数前必须如此说明
CMatrix<T>::CMatrix(int n)
{
    int i,j;
    nNum=n;    //矩阵大小赋值
    Mat=new T*[nNum];    //分配矩阵每一行的空间
    MatR=new T*[nNum];
    MatRefl=new T*[nNum];
    for(i=0;i<nNum;i++)
    {    Mat[i]=new T;    //分配矩阵每一行中数据的空间
        MatR[i]=new T;
        MatRefl[i]=new T;
    }
    cout<<"请输入数据:\n";
    for(i=0;i<nNum;i++)
        for(j=0;j<nNum;j++)
        {    cout<<"第["<<i+1<<"]["<<j+1<<"]个数据:";
            cin>>Mat[i][j];    //依次输入数据
        }
}
……
void main()
{    CMatrix<int> M(3);    //用int型数据代替模板类型,同样可用浮点型数代替
……
}
```

2) main 函数结构

main 函数采用菜单形式,让用户选择输入矩阵的方式,输入矩阵后同样让用户选择对矩阵的具体操作,操作可循环执行,直到用户选择退出为止。

主菜单:

1. 从文件中输入矩阵
2. 从键盘输入矩阵
3. 使用默认的矩阵形式
4. 退出

输入矩阵后菜单：

1. 旋转　1）90° 2）180° 3）270° 4）退出
2. 反射　1）X 轴　2）Y 轴　3）对角线 4）退出
3. 其他操作　1）查找　2）替换　3）模　4）退出

3）行列式求模的算法

行列式的模用高斯消去法计算，其算法为消去行列式对角线上方或下方的数据，这样对角线上数据的乘积即为行列式的模，算法如下：

```
for( k=0;k<n;k++)
    for(i=k+1;i<n;i++)
    {    t=mat[i][k]/mat[k][k];
        for(j=k+1;j<n;j++)
            mat[i][j]+=-t*mat[k][j];
    }
t=1;
for(i=0;i<n;i++)
    t=t*mat[i][i];
```

t 即为行列式 mat[n][n]的模。

4.1.4 关键源代码注解

```
/*矩阵旋转反射——源代码及关键源代码注解如下：*/
#include <iostream.h>
#include <conio.h>
void main()
{    int r,c,a[5][5],b[5][5],d[5][5];
    for (r=0;r<5;r++)
        for(c=0;c<5;c++)
            a[r][c]=r*5+c+1;        //矩阵赋值
    cout<<endl<<" Array a\n\n";
    for(r=0;r<5;r++)        //输出矩阵，当数值小于 10 时输出空格使数字对齐
    {    for (c=0;c<5;c++)
        {    if(a[r][c]<10)
                cout<< " " << a[r][c] <<" ";
            else
                cout<<a[r][c]<<" ";
        }
        cout<<endl;
    }
```

```
int choice;
cout<< "\nPick an angle of rotation \n";
cout<< "1 - 90 degrees\n";
cout<< "2 - 180 degrees\n";
cout<< "3 - 270 degrees\n";
cin>>choice;
if (choice==1)      //90°旋转
{    for (r=0;r<5;r++)
          for (c=0;c<5;c++)
               b[4-c][r]=a[r][c];
}
if (choice==2)      //180°旋转
{    for (r=0;r<5;r++)
          for (c=0;c<5;c++)
               b[4-r][4-c]=a[r][c];
}
if (choice==3)      //270°旋转
{    for (r=0;r<5;r++)
          for (c=0;c<5;c++)
             b[c][4-r]=a[r][c];
}
cout<<endl<<" Array b\n\n";
for (r=0;r<5;r++)      //输出变换矩阵
{    for (c=0;c<5;c++)
       {    if(b[r][c]<10)
                 cout<< " " << b[r][c] <<" ";
            else
                cout<<b[r][c]<< " ";
       }
     cout<<endl;
}
//对旋转过的矩阵反射
cout<< "\nPick an angle of reflection and point\n";
cout<< "1 - x-axis\n";
cout<< "2 - y-axis\n";
cout<< "3 - Point\n";
cin>>choice;
if (choice==1)      //x 轴反射
{    for (r=0;r<5;r++)
          for (c=0;c<5;c++)
               d[r][c]=b[4-r][c];
}
if (choice==2)      //y 轴反射
```

```
{    for (r=0;r<5;r++)
         for (c=0;c<5;c++)
              d[r][c]=b[r][4-c];
}
if (choice==3)     //对角线反射
{    for (r=0;r<5;r++)
          for (c=0;c<5;c++)
           d[r][c]=b[4-r][4-c];
}
cout<<endl<<" Array d\n\n";
for (r=0;r<5;r++)      //输出反射矩阵
{    for (c=0;c<5;c++)
       {   if(d[r][c]<10)
             cout<< " " << d[r][c] <<" ";
         else
               cout<<d[r][c]<< " ";
       }
      cout<<endl;
  }
}
```

★★★★★

第2题 矩阵乘法计算

4.2.1 程序功能简介

仿照前一程序编写实现矩阵乘法运算的程序。

4.2.2 课程设计要求

(1) 设计一个矩阵类,将相应的函数和数据封装在类中,简化程序。

(2) 修改程序结构,使程序可以反复执行,直至按键选择退出为止。

(3) 本程序用数组表示5*5矩阵,将其改为根据输入矩阵的大小动态分配空间[m][n]来放置数据,其中m,n为用户可输入的任意整数。

(4) 增加类的构造函数和成员函数,使得矩阵数据既可以用在对象初始化时赋值,也可以通过键盘赋值,还可以通过读数据文件输入。

(5) 用模板的形式改写矩阵数据类型,使得矩阵中的数据既可以是整型数据,也可以是浮点型数据,执行程序时,分别定义两个整型矩阵和两个浮点型矩阵进行乘法验证。

(6) 完成矩阵的乘法运算,在运算之前判断这两个矩阵能否满足乘法运算的条件,若不满足,则给出提示信息。

评定难易等级:A级。

4.2.3 程序设计思想

1) 类的结构

该矩阵类的定义与上题相同,实现乘法运算需要有两个矩阵类对象参与,结果存放在另外一个矩阵类的对象中,建议重载乘法运算符*,并把这个重载函数定义为类的友元函数。参考的类的结构如下:

```
template <class T>
class CMatrix
{
    T * * Mat;      //矩阵的头指针
    int nRow;      //矩阵的行数
    int nCol;      //矩阵的列数
public:
    CMatrix<T>();      //缺省的构造函数
    CMatrix(T * * mat,int row,int col);      //构造函数
    CMatrix(int row,int col);      //构造函数
    Cmatrix(int row,int col,int k);      //构造函数,从键盘输入矩阵
    void Show();      //输出
    void InputFromFile();      //从文件中输入矩阵
    friend CMatrix<T> operator *(CMatrix<T> &mat1, CMatrix<T> &mat2);      //重载乘法
};
```

具体模板的应用参见前面一题。

2）main 函数结构

main 函数采用菜单形式，让用户选择输入矩阵的方式，输入矩阵后进行乘法，乘法运算可以反复进行，直到用户选择退出为止。

3）矩阵乘法的算法

```
设：C[2][4]=A[2][3]*B[3][4]
for(int i=0;i<2;i++)
{
    for(int j=0;j<4;j++)
    {
        C[i][j]=0;
        for(int k=0;k<3;k++)
            C[i][j]+=A[i][k]*B[k][j];
    }
}
```

4.2.4 关键源代码注解

参见本章第1题“矩阵旋转反射”。

★★★★★

第 3 题　矩阵数乘

4.3.2　程序功能简介

该程序定义了一个向量类，里面的元素是模板形式，定义了有关向量类的各种属性、方法及运算符重载函数。根据向量处理的程序实现矩阵数乘。

4.3.2　课程设计要求

(1) 利用已知的向量类对象定义一个矩阵类，矩阵类的数据是向量子对象，同样定义矩阵类的各种属性、方法及运算符重载函数。

(2) 完善成员函数，使矩阵可以由文件输入，具体的输入格式自己规定。

(3) 完成矩阵的数乘、加减、赋值等运算，要求用整型矩阵和浮点型矩阵分别演算。

(4) 更改 main 函数结构，可由用户选择输入矩阵数据的方法，程序可以连续运行，直到选择退出为止。

评定难易等级：B 级。

4.3.3　程序设法思想

1) 类的结构

原程序详细定义了向量类 Vector 的各种属性、方法，仿照程序定义矩阵类 CMatrix 的各种属性、方法，要注意的是矩阵对象的行数及列数都是任意的，这就需要利用动态分配空间的语句 new 来根据需要分配向量空间，矩阵的行数是动态分配，每一行可用现成的向量赋值，充分利用已定义过的 Vector 类的各种方法。参考的类结构如下：

```
template <class T>
class CMatrix
{
    Vector<T> * Vp;     //组成矩阵的向量指针
    Subscript  m_;     //矩阵的行数
public:
    CMatrix();     //默认的构造
    CMatrix(int m,int n);     //构造函数
    CMatrix(int m,Vector<T> * vec);     //构造函数
    CMatrix(CMatrix<T> &mat);     //拷贝的构造函数
    ~CMatrix();     //析构函数
void Initial(int m,int n, T * * p);     //利用数组数据初始化
    CMatrix<T>& operator=(const CMatrix<T> &mat);     //重载赋值运算符
    Subscript row() ;const     //返回行数
    Subscript col(); const     //返回列数
    void ReadFromFile();     //从文件中读入矩阵
friend std::ostream& operator<<(std::ostream &s, const CMatrix<T> &mat);     //重载输出函数
```

```
friend std::istream& operator>>(std::istream &s, const CMatrix<T> &mat);      //重载输入函数
friend CMatrix<T> operator+(const CMatrix<T> &mat1, const CMatrix<T> &mat2);
friend CMatrix<T> operator-(const CMatrix<T> &mat1, const CMatrix<T> &mat2);
friend CMatrix<T> operator*(const CMatrix<T> &mat1, T   val);      //数乘
};
```

举例说明：

初始化 m×n 的矩阵的构造函数如下所示：

```
template <class T>
CMatrix::CMatrix(int m,int n)
    {   m_=m;
        Vp=new Vector<T>[m];      //分配有 m 个元素的 Vector 空间
        for(int i=0;i<m;i++)
            Vp[i].initialize(n);
    }
```

2）main 函数的结构

main 函数采用菜单形式，让用户选择输入矩阵的方式，输入矩阵后进行再选择需要进行的运算，各种运算可以反复进行，直到用户选择退出为止。

4.3.4 关键源代码注解

```
#include <cstdlib>
#include <cassert>
#include <iostream>
#include <strstream>
using namespace std;     //使用标准名字空间
typedef int Subscript;     //凡用到 Subscript 的地方都定义为 int

#undef TNT_BOUNDS_CHECK       //检查边界是否合法

template <class T>
class Vector      //定义向量类
{
  public:
    typedef Subscript    size_type;
    typedef           T    value_type;
    typedef           T    element_type;
    typedef           T*    pointer;
    typedef           T*    iterator;
    typedef           T&    reference;
    typedef const    T*    const_iterator;
    typedef const    T&    const_reference;
    Subscript lbound() const { return 1;}
  protected:
```

```
  T * v_;     //向量首地址
  T * vm1_;     //向量首地址前的一个地址,以此为标准元素坐标从 1 开始
  Subscript n_;     //向量维数
  void initialize(Subscript N)     //初始化向量
  {   assert(v_ == NULL);     //检查是否为空向量
      v_ = new T[N];     //动态分配 N 个空间
      assert(v_ != NULL);     //是否分配成功
      vm1_ = v_-1;     //分配的空间首地址减 1,即向前挪一个元素,引用时元素坐标从 1 开始
      n_ = N;     //维数赋值
  }
  void copy(const T *  v)     //向量空间拷贝
  {   Subscript N = n_;     //向量维数赋值
      Subscript i;
      for (i=0; i< N; i++)
          v_[i] = v[i];     //数组地址赋给向量地址,一一赋值
  }
  void set(const T& val)     //向量内容赋相同的值
  {   Subscript N = n_;
      Subscript i;
      for (i=0; i< N; i++)
          v_[i] = val;
  }
  void destroy()     //删除分配的空间
  {   if (v_ == NULL) return ;     //如未占用空间,返回
          delete [] (v_);     //占用空间,删除
      v_ = NULL;
      vm1_ = NULL;
  }
public:     //公有数据函数
  iterator begin() { return v_;}     //iterator 是 T * 类型,返回向量的首地址
  iterator end()   { return v_ + n_; }     //返回向量的尾地址
  const iterator begin() const { return v_;}
  const iterator end() const   { return v_ + n_; }
  ~Vector()     //析构函数
  {   destroy();   }
  Vector() : v_(0), vm1_(0), n_(0)  {};     //构造函数,三个变量清零
  Vector(const Vector<T> &A) : v_(0), vm1_(0), n_(0)     //拷贝的构造函数
  {   initialize(A.n_);
      copy(A.v_);
  }
  Vector(Subscript N, const T& value = T(0)) :  v_(0), vm1_(0), n_(0)     //赋值的构造函数
  {   initialize(N);
      set(value);     //赋相同的值
```

```
    }
    Vector(Subscript N, const T * v) :  v_(0), vm1_(0), n_(0)     //赋数组的构造函数
    {   initialize(N);
        copy(v);
    }
    Vector(Subscript N, char * s) :  v_(0), vm1_(0), n_(0)
    {   initialize(N);
        std::istrstream  ins(s);     //将字符串中的数字输入向量
        Subscript i;
        for (i=0; i<N; i++)
                ins >> v_[i];
    }
    Vector<T>& newsize(Subscript N)      //更改向量维数
    {   if (n_ == N) return * this;
        destroy();
        initialize(N);
        return * this;
    }
    Vector<T>& operator=(const Vector<T> &A)       //重载赋值运算符
    {   if (v_ == A.v_)
            return * this;
        if (n_ == A.n_)      //维数相等,直接赋值
            copy(A.v_);
      else
      {   destroy();
          initialize(A.n_);
          copy(A.v_);
      }
        return * this;
    }
    Vector<T>& operator=(const T& scalar)     //重载赋数值的运算符
    {   set(scalar);
        return * this;
    }
   Subscript dim() const       //返回维数
   {    return   n_;  }
   Subscript size() const      //返回维数
   {    return   n_;  }
   inline reference operator()(Subscript i)      //返回其中一个向量的值,计数从 1 开始
   {
#ifdef TNT_BOUNDS_CHECK       //检查 i 是否越界
        assert(1<=i);
        assert(i <= n_) ;
```

```
#endif
        return vm1_[i];
    }
    inline const_reference operator() (Subscript i) const
    {
#ifdef TNT_BOUNDS_CHECK
        assert(1<=i);
        assert(i <= n_) ;
#endif
        return vm1_[i];
    }
inline reference operator[](Subscript i)      //重载[],与上相同
    {
#ifdef TNT_BOUNDS_CHECK
        assert(0<=i);
        assert(i < n_) ;
#endif
        return v_[i];
    }
inline const_reference operator[](Subscript i) const
    {
#ifdef TNT_BOUNDS_CHECK
        assert(0<=i);
        assert(i < n_) ;
#endif
        return v_[i];
    }
    friend std::istream & operator>>(std::istream &s, Vector<T> &A);
};
template <class T>
std::ostream& operator<<(std::ostream &s, const Vector<T> &A)      //重载输出函数
{   Subscript N=A.dim();      //返回向量维数
    s <<  N << endl;      //输出维数
    for (Subscript i=0; i<N; i++)
    s    << A[i] << " " << endl;      //输出向量值
    s << endl;
    return s;
}
template <class T>
std::istream & operator>>(std::istream &s, Vector<T> &A)
{   Subscript N;
    s >> N;     //输入维数
    if ( ! (N == A.n_) )      //与原向量维数不一致,重新初始化原向量
```

```
    {   A.destroy();
        A.initialize(N);
    }
    for (Subscript i=0; i<N; i++)
            s >>  A[i];     //输入数值
    return s;
}
template <class T>
Vector<T> operator+(const Vector<T> &A,   const Vector<T> &B)
{   Subscript N = A.dim();
    assert(N==B.dim());
    Vector<T> tmp(N);
    Subscript i;
    for (i=0; i<N; i++)
            tmp[i] = A[i] + B[i];
    return tmp;
}
template <class T>
Vector<T> operator-(const Vector<T> &A,   const Vector<T> &B)
{   Subscript N = A.dim();
    assert(N==B.dim());
    Vector<T> tmp(N);
    Subscript i;
    for (i=0; i<N; i++)
            tmp[i] = A[i] - B[i];
    return tmp;
}
template <class T>
Vector<T> operator*(const Vector<T> &A, const Vector<T> &B)
{   Subscript N = A.dim();
    assert(N==B.dim());
    Vector<T> tmp(N);
    Subscript i;
    for (i=0; i<N; i++)
            tmp[i] = A[i] * B[i];
    return tmp;
}
template <class T>
T dot_prod(const Vector<T> &A, const Vector<T> &B)     //向量点乘
{   Subscript N = A.dim();
    assert(N == B.dim());
    Subscript i;
    T sum = 0;
```

```
    for (i=0; i<N; i++)
        sum += A[i] * B[i];
    return sum;
}
void main()
{   Vector<double> A;                                  /* 1 */
    Vector<double> B(4);                               /* 2 */
    Vector<double> C(4, 1.1);                          /* 3 */
    double t[4] = {1.1, 2.2, 3.3, 4.4};                /* 4 */
    Vector<double> D(4, &t[0]);
    Vector<double> E(D);                               /* 5 */
    Vector<double> F(4, "1.3  2.7  6.3  1.4");         /* 6 */
    cout << A << endl;
    cout << B << endl;
    cout << C << endl;
    cout << D << endl;
    cout << E << endl;
    cout << F << endl;
}
```

第 4 题　矩阵转置与乘法计算

4.4.1　程序功能简介

该程序定义了一个向量类，里面的元素是模板形式，定义了有关向量类的各种属性、方法及运算符重载函数。

4.4.2　课程设计要求

(1) 利用已知的向量类对象定义一个矩阵类，矩阵类的数据是向量子对象，同样定义矩阵类的各种属性、方法及运算符重载函数。

(2) 完善成员函数，使矩阵可以由文件输入，具体的输入格式自己规定。

(3) 完成矩阵的赋值、转置、乘法等运算，要求用整型矩阵和浮点型矩阵分别演算。

(4) 更改 main 函数结构，可由用户选择输入矩阵数据的方法，程序可以连续运行，直到选择退出为止。

评定难易等级：A 级。

4.4.3　程序设计思想

1) 类的结构

该题是在上题的基础上增加了矩阵的转置和乘法运算，具体类的定义如前所示，增加了具有转置功能的成员函数，重载了两个矩阵相乘的乘法运算符，增加的函数参考如下：

```
template <class T>
class CMatrix
{
    Vector<T> * Vp;      //组成矩阵的向量指针
    Subscript  m_;     //矩阵的行数
public:
    ……//与上题相同
void Inver();     //将原矩阵转置，进行乘法用
friend CMatrix<T> operator * (const CMatrix<T> &mat1, const CMatrix<T> * mat2);     /* 矩阵乘法 */
};
```

两个矩阵相乘，可将乘数矩阵转置，然后将利用向量类定义的向量点乘运算函数，将被乘数矩阵的每个向量与乘数矩阵的每个向量分别两两点乘，结果放置到乘积的矩阵的相应位置上即可。所以在乘法运算之前要将乘数矩阵进行转置。

2) main 函数的结构

与本章第 2 题“矩阵乘法计算”相同。

3) 矩阵乘法的算法

与本章第 2 题“矩阵乘法计算”相同。

4.4.4　关键源代码注解

与本章第 2 题“矩阵乘法计算”相同。

5 小型管理程序

第1题　工资管理

5.1.1　程序功能简介

这是一个员工工资管理程序。工资管理的数据文件中存储有员工姓名和工资，该程序可以录入、显示、修改、删除、查找员工姓名和工资。

5.1.2　课程设计要求

(1) 用类的形式改写程序，将程序中工资数据用链表的形式存放，定义一个链表类，封装主要的操作函数。

(2) 显示、修改、删除数据项时大小写通用。

(3) 工资数据按工资值的大小进行排序存放。

(4) 修改、删除数据前增加提示信息，用户确认后才能进一步操作，否则操作取消。

(5) 增加程序的文件输入输出功能，在执行程序中首先将工资数据从文件中读出再进行管理，在程序结束时能将工资数据保存在原文件中。

评定难易等级：A级。

5.1.3　程序设计思想

1) 类的结构

数据管理类程序的数据一般采用链表的形式存储，在样例程序示范中已详细介绍了链表的各种操作，虽然各个程序有不同的具体要求，但链表的操作大同小异，所不同的只是结点部分的数据类型不同。所以根据这一特点，可以将链表定义成一个类，将结点视为类中的数据成员，也即将结点视为一个整体，涉及结点的插入、输出、删除等操作。因此在这个链表类中所定义的方法(函数)基本上是通用的。同样，结点也定义成一个类，涉及结点数据的输入、输出、复制等。在结点中，涉及较多的是具体数据的形式，所以将具体的数据形式定义成数据类型的指针，所有针对数据的操作都转换为对指针的操作，在数据类中再具体实现。这样，结点的操作也可以像链表的操作一样通用。最后，再将数据具体形式定义成一个类，涉及数据具体的输入格式、输出形式、比较内容的大小等。那么，针对不同的数据管理，只要改动这部分就可以了。这样，就实现程序的结构化。具体操作的实现见参考书目6的第281页。

以下是参考的类的结构：

数据类：

```
 class CSalary
{
private:
    char szName[20];      //姓名
    double dlSalary;      //工资
public:
    CSalary() {  strcpy(szName,"\0");dlSalary=0.0;}
    CSalary(char * ,double);
```

```
    void SetSalary(char *,double);    //置工资与姓名
    double GetSal(){return dlSalary;}    //返回工资
    int Compare(CSalary &);    //比较姓名,供查找用,比较结果为 1,0
    void Show();    //显示工资
};
```

结点类:

```
class CNode    //定义结点类
{
private:
    CSalary *pData;    //用于指向数据类的指针,这是每个数据的不同部分
    CNode *pNext;    //指向链表的指针
public:
    CNode(){ pData=0;pNext=0;}    //结点构造函数
    CNode(CNode &node)    //用于拷贝的构造函数
    {   pData=node.pData;
        pNext=node.pNext;
    }
    void InputData(CSalary *pSal){ pData=pSal; }    //输入数据
    void ShowNode(){pData->Show();}
    CSalary *GetData(){return pData;}
    friend class CList;    //定义链表类为友元类
};
```

链表类

```
class CList    //定义链表类
{
protected:
    CNode *pHead;    //链表头结点指针
public:
    CList(){ pHead=0;}
    ~CList(){ DeleteList();}
    void AddNode(CNode *pnode);    //在首部添加结点
    CNode *DeleteNode(CNode *);    //删除一个指定的结点,返回该结点的指针
    CNode *LookUp(CSalary &);    /*查找一个指定的数据,返回该数据所在结点在链表中的指针,若
未找到返回0*/
    void ShowList();    //打印整个链表
    void DeleteList();    //删除整个链表
    CNode *GetListHead(){ return pHead;}    //返回链表首结点
    CNode *GetListNextNode(CNode *);    //返回链表指定结点的下一个结点
    void Insert(CNode *);    //按工资的顺序插入一个结点
};
```

举例说明数据的插入操作:

```
void AddRecord(CList &SalaryList)    //将记录添加到链表中,链表是惟一的
```

```
{   CNode * pNode;
    CSalary * pSal;
    char szName[20];
    double dlPlaceSalary;
    cout<<"输入姓名(输入 0 结束):  ";
    cin.getline (szName,20);
    while(strcmp(szName,"0"))
    {     cout<<"请输入工资:  ";
        cin>>dlPlaceSalary;
        cin.ignore ();
        pSal=new CSalary;     //生成新的数据类对象
        pSal->SetSalary (szName,dlPlaceSalary);     //数据类对象赋值
        pNode=new CNode;     //生成新的结点
        pNode->InputData (pSal);     //结点赋值
        SalaryList.Insert (pNode);     //结点加入链表
        cout<<"输入姓名(输入 0 结束):  ";
        cin.getline (szName,20);
    }
    cout<<endl<<endl;
}
```

可以看到,每生成一个数据,都要生成一个数据类对象,一个结点类对象。这是因为结点类中的数据部分是指针,所以必须存在数据类的"实体"才可以运算。而在链表中是针对结点地址的运算,同样需要结点的"实体"存在。

2) main 函数结构

将工资数据存放在文本文件中,在程序开始运行时将数据读入链表中,在程序运行期间使用单向链表来添加、删除、管理数据,在程序结束前再将数据写回文本文件。

main 函数是采用菜单方式进行各项操作,在界面的设计上充分考虑对用户误操作的提示和纠正,这些在样例程序中都有详细的说明,在这里就不再赘述。

主菜单:

1. 添加工资记录
2. 显示工资记录
3. 根据姓名查询工资数据
4. 根据姓名删除工资数据
5. 根据姓名修改工资数据
0. 退出系统

5.1.4 关键源代码注解

```
/*工资管理——源代码及关键源代码注解如下:*/
#include <conio.h>
#include <string.h>
#include<iostream.h>
```

```
#include<fstream.h>
struct EMP {
char name[25];      //姓名
float salary;      //工资
int deleted;      //删除标记
};
void main()
{    EMP e;
     strcpy(e.name,"NULL");      //初始化结构体变量
     e.salary = 0;
     e.deleted = 0;
     while(1)
     {    char c;
          cout<<"\nDB >";      //命令提示符
          cin.get(c);      //接收用户命令
          if(c == 'n') {      //新建人员的命令,输入的数据未存入文件
               cout<<"\nName:";
               cin>>e.name;      //输入姓名
               cout<<"Salary:";
               cin>>e.salary;      //输入工资
               e.deleted = 0;
          }else if(c == 's') {      //将赋值的变量存入文件的命令
               if((strcmp(e.name,"NULL")) == 0)      //如果变量未被赋值,提示并退出
               {    cout<<"\nEnter employee data before trying to save";
                    continue;
               }
               ofstream file;      //以添加方式打开工资文件
               file.open("EMP.DAT",ios::app|ios::binary);
               if(! file)
               {    cout<<"\nFailed to save data";
                    continue;
               }
               file.write((char *)&e,sizeof(e));      //将变量输入进文件
               file.close();
               cout<<"\nFile saved";
          }else if(c == 'l') {      //查看命令
               ifstream   infile;      //以读的方式打开工资文件
               infile.open("EMP.DAT",ios::binary);
               if(! infile)
               {    cout<<"\nFailed to read file";
                    continue;
               }
               long curpos, length;      //记录文件长度的变量
```

```
        curpos = infile.tellg();     //文件指针当前位置(文件头)
        infile.seekg( 0L, ios::end);     //将文件指针移到文件尾
        length = infile.tellg();     //文件指针当前位置(文件尾),length 为文件长度
        infile.seekg(0L,ios::beg);     //文件指针移到文件头
        long num_recs = length / sizeof(e);     //数据个数
        for(long l = 0;l<num_recs;l++)
        {     //依次循环读取文件显示工资数据
            infile.read((char *)&e,sizeof(e));
            cout<<"\nName: "<<e.name;
            cout<<"\nSalary: "<<e.salary;
        }
        infile.close();
        cout<<"\n\n\tRecords: "<<num_recs;
    }else if(c == 'h') {     //帮助命令
            cout<<"\nn - New\ns - Save\nl - List\nq - Quit";
    }else if(c == 'q') {     //退出命令
        break;
    }else if(c == 'f') {     //查找命令
        ifstream infile1;
        infile1.open("EMP.DAT",ios::binary);
        if(! infile1) {     //以读的方式打开文件
            cout<<"Failed to open file";
            continue;
        }
        cout<<"Enter employee name: ";
        char f[25];
        cin>>f;     //输入要查找的姓名
        long curpos, length;     //记录文件长度的变量
        curpos = infile1.tellg();     //文件指针当前位置(文件头)
        infile1.seekg( 0L, ios::end);     //将文件指针移到文件尾
        length = infile1.tellg();     //文件指针当前位置(文件尾),length 为文件长度
        infile1.seekg(0L,ios::beg);     //文件指针移到文件头
        long num_recs = length / sizeof(e);     //数据个数
        int found = 0;     //找到标记
        for(long l = 0;l<num_recs;l++)     //循环查找,找到后 found 为 1
        {   infile1.read((char *)&e,sizeof(e));
            if((strcmp(e.name,f))==0) {     //找到
            cout<<"\nName: "<<e.name<<"  ";
            cout<<"Salary: "<<e.salary;
            found = 1;
            }
        }
        if(found == 0)     //循环完未找到
```

```
        cout<<"Record not found.";
    infile1.close();
}else if(c == 'd') {      //删除命令
    ifstream   infile2;
    ofstream   temp_file;      //临时文件,将不用删除的数据保存
    infile2.open("EMP.DAT",ios::binary);
    if(! infile2){
        cout<<"Failed to load data";
        continue;
    }
    temp_file.open("EMP_TEMP.DAT",ios::binary);
    if(! temp_file) {
        cout<<"Failed to create temp file";
        continue;
    }
    cout<<"Enter employee name:";
    char f[25];
    cin>>f;     //输入欲删除的姓名
    long curpos, length;      //记录文件长度的变量
    curpos = infile2.tellg();      //文件指针当前位置(文件头)
    infile2.seekg( 0L, ios::end);      //将文件指针移到文件尾
    length = infile2.tellg();      //文件指针当前位置(文件尾),length 为文件长度
    infile2.seekg(0L,ios::beg);      //文件指针移到文件头
    long num_recs = length / sizeof(e);      //数据个数
    int found = 0;
    for(long l = 0;l<num_recs;l++) {      //循环查找有没有欲删除的数据
        infile2.read((char *)&e,sizeof(e));
        if((strcmp(e.name,f))==0) {
        e.deleted = 1;      //如果数据找到,置删除标记
        found = 1;
        }
        temp_file.write((char *)&e,sizeof(e));      //将所有数据写入临时文件
    }
    infile2.close();
    temp_file.close();
    if(found == 0) {      //未置标记,表示没有找到
        cout<<"Record not found.";
    continue;
    }
    ofstream outfile("EMP.DAT",ios::binary);      /* 以写的方式打开数据文件(原内容不再存
在) */
    ifstream infile3("EMP_TEMP.DAT",ios::binary);      //以读的方式打开临时文件
    curpos = infile3.tellg();      //文件指针当前位置(文件头)
```

```
        infile3.seekg( 0L, ios::end);      //将文件指针移到文件尾
        length = infile3.tellg();      //文件指针当前位置(文件尾),length 为文件长度
        infile3.seekg(0L,ios::beg);      //文件指针移到文件头
        num_recs = length / sizeof(e);      //数据个数
        for(l = 0;l<num_recs;l++)      //将临时文件的未标记删除的数据循环写入原文件
        {    infile3.read((char * )&e,sizeof(e));
        if(e.deleted == 0) {
        outfile.write((char * )&e,sizeof(e));
        }
    }
    infile3.close();
    outfile.close();
    cout<<"Record deleted";
    }else if(c == 'e') {      //编辑数据
        ifstream infile4;
        infile4.open("EMP.DAT",ios::binary);
        if(! infile4){
            cout<<"Failed to open file";
            continue;
        }
        cout<<"Enter employee name:";
        char f[25];
        cin>>f;      //要修改数据的人名
        long curpos, length;
        curpos = infile4.tellg();      //文件指针当前位置(文件头)
        infile4.seekg( 0L, ios::end);      //将文件指针移到文件尾
        length = infile4.tellg();      //文件指针当前位置(文件尾),length 为文件长度
        infile4.seekg(0L,ios::beg);      //文件指针移到文件头
        long num_recs = length / sizeof(e);      //数据个数
        int found = 0;
        char new_name[25];
        float new_sal;
        EMP new_emp;
        long write_at;
        for(long l = 0;l<num_recs;l++)
        {    infile4.read((char * )&e,sizeof(e));
            if((strcmp(e.name,f))==0) {      //文件中有该人
                cout<<"Enter new name:";
                cin>>new_name;      //输入新名字
                cout<<"Enter new salary:";
                cin>>new_sal;      //输入新工资
                strcpy(new_emp.name,new_name);
                new_emp.salary = new_sal;
```

```
                new_emp.deleted = 0;
                found = 1;
                write_at = l;      //记住数据所在的位置
                break;
                }
            }
        infile4.close();
        if(found == 1) {      //如果修改过
            write_at = write_at * sizeof(new_emp);      //得到数据在文件中的位置
            fstream file("EMP.DAT",ios::binary|ios::in|ios::out);
            if(! file) {
                cout<<"Editing failed";
                continue;
            }
            file.seekg (write_at * sizeof(e));      //文件指针定位在该位置
            file.write((char *)&new_emp,sizeof(new_emp));      //将新数据写入
            file.close();
            cout<<"Record edited";
        }else {
            cout<<"Record not found";
        }
    }else {
        cout<<"Type 'h' for valid commands ";
    }
  }
}
```

第 2 题　物品库存管理

5.2.1　程序功能简介

用文件系统实现的物品库存管理程序。一种商品的品种里面包括三个品牌，以品种为单位，可以实现商品品种的添加、删除、查找、显示等功能。

5.2.2　课程设计要求

（1）组成商品品种的品牌不限数量，设置一个最大值（比如 10），增加一个成员变量指示品牌的具体数量。商品品种的数量是每个品牌的数量之和。

（2）设计输出每日进货与出货的统计表，要求进货与出货分别为两个文本文件，清单上列有进出货物的时间、品种描述，具体品牌的进出货数量，如果是出货清单，在每笔出货的清单后还要有该次提取货物的总价格。

（3）商品品种以品种代码的顺序存放。

评定难易等级：A 级。

5.2.3　程序设计思想

该设计比较复杂，要对原程序做较大的修改，首先是数据的存放形式，因为要求数据按代码的顺序存放，并且进出货时对数据的各个组成成员都要做较大的修改。如果要用文件的形式存放，那么文件的读写就非常频繁，而且要使用大量的临时文件，因此建议使用链表的形式存放数据，在程序开始运行时读取固定文件中的数据，程序运行时全部数据都在内存进行操作。在程序运行结束前再将链表中的数据存放在原来的文件中，供下次运行程序时读取。建议首先将文件读取这部分程序调试好，这样在调试程序时就不用每次都从键盘输入数据了，可以节省大量的时间。同时，对链表中结点的操作有很多典型的程序可以参考（见参考书目 6 的第 281 页），不同的结点只是数据部分类型不同，所以只要在上面稍加修改就可以使用。

1）类的结构

程序设计中比较复杂的是商品品种数据类型，针对具体的数据类型有很多不同的操作，在类中封装起来，参考的类的结构如下所示：

```
#define MAXNUM    10
class Brand        //品牌类
{
private:
    char    brnd_name[20];    //品牌名称
    int     Brand_code;    //品牌代号
    int     quantity;    //数量
    float   brnd_price;    //价格
public:
    Brand(){quantity=0;strcpy(brnd_name,"0");}
    friend class CItem;
```

```
};
class CItem      //品种类
{
private:
    char Item_name[10];     //品种名称
    int Item_code;     //品种代号
    char colour[10];     //颜色
    int quantity;     //数量
    Brand brnd[MAXNUM];     //最多 MAXNUM 个品牌
    int nBrnd;     //品牌的数量(<MAXNUM)
public:
    CItem() {   strcpy(Item_name,"\0"); quantity=0;nBrnd=0;}
    CItem(char * name){ strcpy(Item_name,name);}     //用品种名称构造
    CItem(int code){Item_code=code;}     //用品种代码构造
    int SetItem(int n=0);     //置品种数据,正确返回 1,当 n 为 1 时,是新进货物,输出至出货清单文件
    char * GetItemName(){return Item_name;}
    int GetItemCode(){return Item_code;}
    int Compare(CItem &);     //比较品种名称,供查找用,比较结果为 1,0
    int CompareCode(CItem & );     //比较品种代码,比较结果 1,0
    void Show();     //显示品种数据
    void OutModify();     //出货,实际上是修改结点中的数据部分
    void InModify();     //已有商品,再次进货,实际上是修改结点中的数据部分
};
class CNode//定义结点类
{
private:
    CItem * pData;     //用于指向数据类的指针
    CNode * pNext;     //指向链表下一结点的指针
public:
    CNode(){ pData=0;pNext=0;}     //结点构造函数
    CNode(CNode &node)     //用于拷贝的构造函数
    {     pData=node.pData;
        pNext=node.pNext;
    }
    void InputData(CItem * pSal){ pData=pSal; }     //输入数据
    void ShowNode(){pData->Show();}
    CItem * GetData(){return pData;}
    friend class CList;     //定义链表类为友元类
};
class CList     //定义链表类
{
protected:
    CNode * pHead;     //链表头结点指针
```

```
public:
    CList(){ pHead=0;}
    ~CList(){ DeleteList();}
    void AddNode(CNode * pnode);      //在首部添加结点
    CNode * DeleteNode(CNode *);      //删除一个指定的结点,返回该结点的指针
    CNode * LookUp(CItem &);      /*查找一个指定的数据,返回该数据所在结点在链表中的指针,若未找到返回0*/
    void ShowList();      //打印整个链表
    void DeleteList();      //删除整个链表
    CNode * GetListHead(){ return pHead;}      //返回链表首结点
    CNode * GetListNextNode(CNode *);      //返回链表指定结点的下一个结点
    void Insert(CNode *);      //按代码的顺序插入一个结点
};
```

在这里,进出货涉及 CItem 类的 3 个成员函数。

(1) int SetItem(int n=0)　这个函数有两个功能:第一个是在添加商品时从键盘输入商品的各种数据,调用这个功能时利用 n 的缺省值,在调用时不给 n 赋值;第二个是在进货时如果进的是新的品种,那么也要从键盘输入这个品种的各种数据,这部分与第一个功能相同,但是进货要输出进货清单,所以进入进货功能调用该函数时 n 设置为 1,函数在运行时增加一个判断语句,若 n 为 1 时,将所键入的数据输出至进货清单。

(2) void InModify()　这个函数也是与进货功能有关。因为所进的品种可能是已有的品种,只是增加其中的数量而已。所以,在输入进货品种或品种代码时要判断是否是库中已有的品种,若是就调用这个函数,只从键盘输入具体的品牌数量或新增品牌数据即可,而不用再键入品种的各种数据,同时,新键入的各种数据也输出到进货清单。实际上该函数是对链表中所存在的结点的数据部分的修改。

(3) void InModify()　这个函数与出货功能有关,与上面的函数类似。因为是库中的商品出货,所以商品品种必须存在,若不存在,则输出提示信息,出货失败。还有一种可能是商品品种曾经存在,但已经全部出完了,这时,该品种的各种数据还存在,只是数量为零。所以,在函数开始执行时要判断库存量是否为 0,若为 0,则输出提示信息,出货失败。在出货成功结束时同样要将本品种的各种品牌的出货数据输出到出货清单中。同样,该函数也是对链表中所存在的结点的数据部分的修改。

2) 程序各级菜单功能的设置

主菜单:

1. 添加商品品种
2. 显示商品品种
3. 查询商品
4. 删除商品
5. 商品出库
6. 商品进库
0. 退出系统

在主菜单 3,4,5,6 的功能中,各有一个子菜单,分别询问是按商品的品种名称操作还是按

商品的品种代码进行操作，即程序可以对这两种数据分别进行查询比较，比如功能 5，子菜单为：

1. 按商品品种名称查询商品出库

2. 按商品品种代码查询商品出库

0. 退出

其余的功能子菜单与此类似。

3）进出货清单中时间的设置

这个问题比较简单，在进出货的每笔交易前输出系统的当前时间即可，取得系统当前时间的语句为：

```
#include<time.h>
time_t timer;      //定义时间类型对象
timer=time(NULL);     //取得当前时间
outfile<<ctime(&timer);     //将当前时间以字符串的形式输出至文本文件中
```

5.2.4 关键源代码注解

```
/*物品库存管理——源代码及关键源代码注解如下：*/
// file operations
#include<iostream.h>
#include<conio.h>
#include<stdio.h>
#include<process.h>
#include<fstream.h>
#include<string.h>
#include<dos.h>
class Brand      //品牌
{
private:
    char     brnd_name[20];      //品牌名称
    int      Brand_code;      //品牌代号
    int      quantity;      //数量
    float     brnd_price;      //价格
public:
    void getdata();      //输入数据
    void showdata();      //删除数据
};
class Item      //品种
{
private:
    char Item_name[10];      //品种名称
```

```
    int Item_code;      //品种代号
    char colour[10];      //颜色
    int quantity;      //数量
    Brand brnd[3];      //三个品牌
    void getdata();      //输入数据
    void showdata();      //输出数据
public:
    void add();      //添加品种
    void remove();      //删除品种
    void   search();      //搜寻品种
    void showab();      //显示品种
};
void Brand::getdata()      //从键盘输入品牌数据
{     cout<<"\n\nEnter Brand Name ";
    gets(brnd_name);
    cout<<"\nEnter Brand Code ";
    cin>>Brand_code;
    cout<<"\nEnter Quantity ";
    cin>>quantity;
    cout<<"\nEnter Price";
    cin>>brnd_price;
}
void Brand::showdata()      //向屏幕输出品牌数据
{    cout<<"\n\nName                :   "; puts(brnd_name);
    cout<<"\n\nCode                :   "; cout<<Brand_code;
    cout<<"\n\nQuantity            :   "; cout<<quantity;
    cout<<"\nPrice                 :   ";cout<<brnd_price;
}

void Item::getdata()      //从键盘输入品种数据
{    cout<<"\nEnter Item Name ";
    gets(Item_name);
    cout<<"\nEnter Item Code    ";
    cin>>Item_code;
    cout<<"\nEnter Colour ";
    gets(colour);
    cout<<"\nEnter Quantity ";
    cin>>quantity;
    cout<<"\n\nEnter Brand 1 ";
    brnd[0].getdata();      //调用品牌成员函数输入品牌信息
    cout<<"\n\nEnter Brand 2 ";
    brnd[1].getdata();
    cout<<"\n\nEnter Brand 3 ";
```

```
    brnd[2].getdata();
}
void Item::showdata()      //向屏幕输出品种数据
{    cout<<"\n\n\t\tItem Data";
     cout<<"\n\nItem Name       :  ";
     puts(Item_name);
     cout<<"\n\nItem Code       :  ";
     cout<<Item_code;
     cout<<"\n\nColour          :  ";
     puts(colour);
     cout<<"\n\nQuantity        :  ";
     cout<<quantity<<endl;
     getch();
     cout<<"\n\nBrand 1"<<endl; brnd[0].showdata();
     getch();
     cout<<"\n\nBrand 2"<<endl; brnd[1].showdata();
     getch();
     cout<<"\n\nBrand 3"<<endl; brnd[2].showdata();
}
void Item::add()     //增加品种
{    ofstream file( "TIS.txt", ios::out |ios::ate );      //以添加方式打开库存文件
     if(! file)
     {    cout<<"Error Could Not Open File";
          getch();
          exit(1);
     }
     Item p1;
     p1.getdata();     //从键盘输入品种
     //将该品种的数据输入到文件中
     file.write(reinterpret_cast <const char * > (&p1),sizeof(Item) );     /* reinterpret_cast 将其他类型
的数据转换为字符指针 */
}
void Item::showab()
{    ifstream file( "TIS.txt" ,ios::in);      //以输入方式打开文件
     if(! file)
     {    cout<<"Error Could Not Open File";getch();
          exit(1);
     }
     Item p1;
     file.read(reinterpret_cast<char *>(&p1),sizeof(Item));      //读取文件内容
     while( ! file.eof() )     //读入正确,显示,接着读取
     {    p1.showdata() ;
          getch();
```

```
        file.read(reinterpret_cast<char *> (&p1),sizeof(Item));
    }
}
void Item::search()     //寻找数据
{   char name1[10];
    int code;
    int option;
    cout<<"\n(1)Search By Name\n(2)Search By Code";
    cin>>option;
    if(option==1)    //根据品种名称查找
    {   cout<<"\nEnter Item name   ";
        gets(name1);
        code=0;
    }
    else//根据品种代码查找
    {   cout<<"\nEnter Code of Item To Search   ";
        cin>>code;
        strcpy(name1,"null");
    }
    fstream file( "TIS.txt" ,ios::in);     //以输入方式打开文件
    if(! file)
    {   cout<<"Error Could Not Open File";
        getch();
        exit(1);
    }
    char flag='a';     //找到数据的标记
    Item p1;
    file.read(reinterpret_cast<char *>(&p1),sizeof(Item));     //依次读取文件内容
    while( ! file.eof() )
    {   if((strcmp(p1.Item_name,name1)==0) || (p1.Item_code==code))      //名称或代码满足要求
        {   p1.showdata();
            getch();
            flag='z';     //设立标记
            break;     //中止读入循环
        }
        file.read(reinterpret_cast<char *> (&p1),  sizeof(Item));
    }
    if(flag ! ='z')    //如果未找到
    {   cout<<("Item Not Found");
        getch();
    }
}
void Item::remove()     //删除品种
```

```
{   char name1[10];
    int code;
    int option;
    cout<<"\n(1)Delete By Name\n(2)Delete By Code";
    cin>>option;
    if(option==1)     //根据名称删除品种
    {   cout<<"\nEnter Item name   ";
        gets(name1);
        code=0;
    }
    else     //根据代码删除品种
    {   cout<<"\nEnter Code of Item To Search   ";
        cin>>code;
        strcpy(name1,"null");
    }
    ifstream file( "TIS.txt" ,ios::in );
    ofstream temp( "delete.txt", ios::trunc);     //打开文件,若文件存在,则删除原文件
    if( ! file || ! temp)
    {   cout<<"Could Not Open File";
        getch();
        exit(1);
    }
    file.seekg(0);
    temp.seekp(0);
    Item p1;
    file.read(reinterpret_cast<char *> (&p1),sizeof(Item));     //依次读取文件内容
    while( ! file.eof() )
    {   if( (strcmp(name1,p1.Item_name)==0)  || (code==p1.Item_code))
            file.read(reinterpret_cast<char *> (&p1),sizeof(Item));
        else
        {   temp.write(reinterpret_cast<char *>(&p1),sizeof(Item));     /*将未删除的文件写入
temp中*/
            file.read(reinterpret_cast<char *> (&p1),   sizeof(Item));
        }
    }
    file.close();
    temp.close();
    ifstream temp1("delete.txt",ios::in);
    ofstream file1("TIS.txt", ios::trunc);
    temp1.seekg(0);
    file1.seekp(0);
    temp1.read( reinterpret_cast<char *> (&p1),sizeof(Item) );
    while( ! temp1.eof() )     //将temp文件中的内容写回file1
```

```
    {   file1.write( reinterpret_cast<char *> (&p1),sizeof(Item) );
        temp1.read( reinterpret_cast<char *> (&p1),sizeof(Item) );
    }
    temp1.close();
    file1.close();
}
void main()
{   Item m;
    int choice;
    while(1)
    {   cout<<"\n\tThe Inventory  System (TIS)";
        cout<<"\n\n(1)Add Item\n\n(2)Show All Data"
                <<"\n\n(3)Search Item\n\n(4)Remove Item\n\n(5)Exit TIS";
                cout<<"\n\nEnter Choice ";
        cin>>choice;
        switch(choice)
        {
        case 1:
            m.add();        break;
        case 2:
            m.showab();     break;
        case 3:
            m.search();     break;
        case 4:
            m.remove();     break;
        case 5:
            exit(1);
        }
    }
}
```

第3题　股票交易系统

5.3.1　程序功能简介

股票交易系统的管理程序，可以最多管理5只股票，输入这些股票的名称、代号、总股数、可交易的股数。用户先注册再登录，然后可以买卖股票，股票交易市场的可交易股数随用户买卖股数的情况而变化。

5.3.2　课程设计要求

1）题目1（市场部分）

（1）修改数据结构，增加现金成员，每只股票增加牌价。每个用户的数据库中同样也增加现金数目的成员。

（2）增加股票交易系统的接口程序，新增设计：

a. AddNewStock()——增加新股票；

b. DeleteOldStock()——删除旧股票；

c. HangUpStock()——挂起股票，停止交易；

d. ModifyStock()——修改股票的名称、代码。

以上的修改均须输入密码，如输入密码正确后才能进入数据库进行修改。结果均存入Stock_File.dat中。

（3）将股票数据的处理由数组改为链表，可以处理多只股票的交易，链表以交易代码的序号进行排序。

评定难易等级：A级

2）题目2（用户部分）

（1）修改数据结构，增加现金成员，每只股票增加牌价。每个用户的数据库中同样也增加现金数目的成员。

（2）增加用户数据系统的接口程序，新增设计：

a. 修改用户名、用户密码等基本成员；

b. 股票交易时，增加现金的增减功能，须合乎用户的现金要求，即不能透支金额；

c. 新用户注册时，要先看看用户数据库中是否有此人，不能有一个人同时拥有两个账户。

（3）将用户股票交易的数据处理由数组改为链表，可以处理多只股票的交易，链表以交易代码的序号进行排序。

评定难易等级：A级。

5.3.3　程序设计思想

1）类的封装

该程序比较复杂，原程序中股票与用户的数据都是由文件保存的，共有三种文件：用户名与密码文件"customer.dat"，存储用户注册的用户名及密码，但登录时只核对密码，所以如果不同的用户取同样的密码有可能会出错；用户买卖股票数据文件用具体的用户名来命名，即以用户名作为文件名，存放用户买卖股票的名称、代码、数量；股票市场资料文件"STOCK.DAT"，存放市场上管理的5只股票的目前交易情况。这三种文件都是二进制文件，只能用程序读写，起到保密的作用。

根据课程设计题目的要求，将程序中数据的结构改成链表的形式，设计两个链表类：股票类及用户类，用这两个类的对象分别存放股票市场的数据和具体用户买卖股票的数据。每一种类的对象都各成一个体系，彼此用全局函数联系。这两个链表类有很多的函数结构是重复的，可以考虑用一个类的两个对象的形式来代替两个类两个对象这种结构。但前一种设计方法在涉及修改结点内部数据的时候非常麻烦，所以为了正确区分不同类型的数据，还是选用后一种结构上烦琐、概念上清晰的方法来设计该程序。

在程序一开始，先将股票市场上的数据装入链表显示出来，具体增加、修改、删除股票时需要输入密码，在下级菜单上运行。但这些链表的基本功能事先都已在链表类中设计完成，分配在具体的选项中调用即可。

用户的注册与登录涉及文件"customer.dat"。当用户成功登录后，将存储在以"用户名"命名的文件中的该用户资料装入用户类的链表对象中，在下级(用户)菜单上可以显示、增加、修改链表结点中的数据(即买卖股票)，设计中要求的现金作为用户密码资料的一部分保存在文件"customer.dat"中，在程序中定义一个结构体对象保存用户名、密码、现金，在用户菜单的各种操作函数中以引用的形式调用，这样，可以很方便地修改金额、更改密码和用户名。当退出用户界面时，将"用户名"文件和"customer.dat"文件再一次更新保存即可。参考的结构体和结点类型定义如下：

```
struct CustTable      //用户资料列表文件格式
{
    char Name[20];      //用户名
    char Password[10];      //密码
    double dlMoney;      //现金,在注册时输入,随用户买卖股票而变化
};
class CStock//股票数据类
{
private:
    char stock_name[20];      //股票名称
    char stock_code[6];      //股票代码
    long int stock_volume;      //股票总股数
    long int volume_available;      //可交易的股数
    int  nHangup;      //是否挂起,n为1挂起
    double dlPrice;      //股票的价格
public:
    CStock();      //构造函数
    CStock(char * code);      //用股票代码初始化数据
    CStock(char * name,char * code,int volume,double price);      //初始化数据
    void SetStock(char * name,char * code,int volume,double price);      //数据赋值
    int Compare(CStock &);      //根据代码比较大小
    int ComparePrice(CStock &);      //根据价格比较大小
```

```
    void Show();     //显示股票信息
    char * GetName(){return stock_name;}     //返回股票名称
    double GetPrice(){return dlPrice;}     //返回股票价格,买卖之前判断现金是否够
    int GetHangup(){return nHangup;}     //为 1 挂起,买卖之前判断是否能进行交易
    int GetVolume(){return volume_available;}     //返回可交易总数,购买前判断输入的数据是否合理
    void SubStockModify(int nNum);     //购买股票,市场该股可交易总数减少
    void AddStockModify(int nNum);     //卖出股票,市场该股可交易总数增加
    void Modify();     //修改结点数据,股票名称、股数、是否挂起、价格
};
class StockNode     //定义股票结点类
{
private:
    CStock * pData;     //用于指向数据类的指针
    StockNode * pNext;     //指向链表的下一个结点的指针
public:
    StockNode(){ pData=0;pNext=0;}     //结点构造函数
    StockNode(StockNode &node)     //用于拷贝的构造函数
    {   pData=node. pData;
        pNext=node. pNext;
    }
    void InputData(CStock * pdata){ pData=pdata; }     //输入数据
    void ShowNode(){pData->Show();}
    CStock * GetData(){return pData;}     /* 返回股票数据类指针,可以调用股票数据类的公有成员函
数 */
    friend class StockList;     //定义链表类为友元类
};
class StockList//定义股票链表类
{
protected:
    StockNode * pHead;     //链表头结点指针
public:
    StockList(){ pHead=0;}
    ~StockList(){ DeleteList();}
    void AddNode(StockNode * pnode);     //在首部添加结点
    StockNode * DeleteNode(StockNode * );     //删除一个指定的结点,返回该结点的指针
    StockNode * LookUp(CStock &);     /* 查找一个指定的数据,返回该数据所在结点在链表中的指针,
若未找到返回 0 */
    void ShowList();     //打印整个链表
    void DeleteList();     //删除整个链表
    StockNode * GetListHead(){ return pHead;}     //返回链表首结点
    StockNode * GetListNextNode(StockNode * );     //返回链表指定结点的下一个结点
    void Insert(StockNode * pnode);     //以代码的顺序排序
};
```

```
class CCust     //用户数据类——存储用户拥有的股票信息
{
private:
    char stock_name[20];   //股票名
    char stock_code[10];    //代码
    int volume;    //持有的股票数
public:
    CCust();    //构造函数
    CCust(char * code);
    CCust(char * name,char * code,int nNum);
    void SetCust(char * name,char * code,int nNum);     //对象赋值
    int Compare(CCust&);     //比较股票代码,排序用
    void Show();     //显示用户购买股票的资料
    void AddCustModify(int nNum);     //用户购买股票,持有的股票数增加
    void SubCustModify(int nNum);     //用户卖出股票,持有的股票数减少
    int GetVolume(){return volume;}     //用户当前拥有的股票,卖出时首先判断输入的数目是否合理
};
class CustNode     //定义用户结点类
{
private:
    CCust * pData;     //用于指向数据类的指针
    CustNode * pNext;     //指向链表的后向指针
public:
    CustNode(){ pData=0;pNext=0;}     //结点构造函数
    CustNode(CustNode &node)     //用于拷贝的构造函数
    {     pData=node.pData;
        pNext=node.pNext;
    }
    void InputData(CCust * pdata){ pData=pdata; }     //输入数据
    void ShowNode(){pData->Show();}
    CCust * GetData(){return pData;}
    friend class CustList;     //定义链表类为友元类
};
class CustList     //定义用户链表类
{
protected:
    CustNode * pHead;     //链表头结点指针
public:
    CustList(){ pHead=0;}
    ~CustList(){ DeleteList();}
    void AddNode(CustNode * pnode);     //在首部添加结点
    CustNode * DeleteNode(CustNode *);     //删除一个指定的结点,返回该结点的指针
    CustNode * LookUp(CCust &);     /*查找一个指定的数据,返回该数据所在结点在链表中的指针,
```

```
若未找到返回 0 * /
    void ShowList();        //打印整个链表
    void DeleteList();       //删除整个链表
    CustNode * GetListHead(){ return pHead;}      //返回链表首结点
    CustNode * GetListNextNode(CustNode * );      //返回链表指定结点的下一个结点
    void Insert(CustNode * pnode);      //以代码的顺序排列链表
};
```

2) 程序结构

主菜单：

1. 显示股票记录
2. 用户注册
3. 用户登录；
4. 进入管理系统
0. 退出系统

用户登录后进入用户界面(下级菜单)：

1. 购买股票
2. 卖出股票
3. 显示用户股票记录
4. 显示股票市场状况
5. 更改用户名及密码
0. 退出系统

主菜单选择 4 进入管理系统后密码正确时的管理界面(下级菜单)：

1. 添加股票记录
2. 显示股票记录
3. 根据代码查询股票数据
4. 根据代码删除股票数据
5. 修改股票数据(修改名称、流通股数、价格、是否挂起等)
0. 退出

若要修改股票代码则应先删除原结点，再重新添加结点。

3) 课程设计中注意的问题

(1) 程序中设计的文件操作比较烦繁，打开文件存取后一定要将文件关上。在同一个函数中，如果先取后存文件时要用不同的文件对象以不同的方式打开，一个文件对象关闭后再用另一个文件对象打开。

(2) 程序中涉及密码的操作最好用隐含的方式，即屏幕上显示" * * * "的形式，这样更专业，具体的方法见“21 点程序”中程序设计思想的第三部分。

(3) 为使用户界面更加友好，避免输入数据类型错误导致程序无效循环，在输入数据时进行判断，对非法输入予以提示，具体参见本书“样例程序”第三部分。

(4) 当用户名更改后，所有与原用户名相关的数据都应删除，相关数据应用新的用户名文件存储。当判断用户名更改后，以写的方式将原用户名文件打开，将其中的数据删除。在退出用户界面时更新"customer.dat",并将用户类链表数据存储在新用户名文件中。

5.3.4 关键源代码注解

```
/*股票交易系统——源代码及关键源代码注解如下:*/
#include <iostream.h>
#include <stdlib.h>
#include <string.h>
#include <conio.h>
#include <fstream.h>
#include <iomanip.h>
#define MAX 5        //最大股票数
class Stock
{    friend class Customer;
    private:
            char stock_name[20];      //股票名称
            char stock_code[6];      //股票代码
            char code_for_analysis[6];      //股票分析代码
            char choice;      //选择
            int num_of_stock;      //股票序号
            long int stock_volume;      //股票总股数
            long int volume_available;      //可交易的股数
    public:
            Stock();      //构造函数
            void Interface();      //股票界面
            void Stock_Exchange_Market();      //输出当前股票信息
            void Switch_choice();      //识别选项操作
            void Input_For_New_Stock();      //建立股票市场
            void Market_Analysis();      //股票分析
};
class Customer      //用户类
{     private:
            char customer_name[30];      //用户姓名
            char password[10];      //用户密码
            char share_holding_name[30];      //用户具有的股票名字
            char share_holding_code[5];      //用户具有的股票代码
            long int share_holding_value;      //用户所拥有的股票数
    public:
            Customer();      //用户类构造函数
            void Log_in(char * ,Customer) const;      //用户登录
            void Register(Customer *);      //用户注册
            void Stock_Portfolio(Customer) const;      //用户交易操作
};
```

```
Customer::Customer()      //用户类构造函数,成员变量全部清零
{    strcpy(Customer::customer_name," ");
     strcpy(Customer::share_holding_name," ");
     strcpy(Customer::share_holding_code," ");
     share_holding_value=0;
}
void Customer::Log_in(char * password,Customer cust) const      //用户登录
{    ifstream read_customer("customer.dat");      //读取用户名册文件
     while(! read_customer.eof())
     {     read_customer.read((char *)(&cust),sizeof(cust));
          if(read_customer.fail())
          {    cout<<"No record at all!";
               break;
          }
          if(strcmp(password,cust.password)==0)      //比较用户密码
               Stock_Portfolio(cust);      //密码正确,进入交易操作
     }
     read_customer.close();
}
void Customer::Register(Customer * cust)      //用户注册
{    system("cls");      //执行系统命令:清屏=cls
     cin.get();
     cout<<"Welcome to ************** Stock Exchange System"<<endl;
     cout<<"~~~~~~~~~~~~~~~~~~~~~~~~~~~~~~~~~~~~~~~~~"<<endl;
     cout<<"Enter user name: ";
     cin.getline(customer_name,30);      //用户姓名
     cout<<"Enter your own password(less than 8 words): ";
     cin>>password;      //用户密码
     cin.get();
     system("cls");
     cout<<endl<<endl;
     cout<<"Your account have been registered..."<<endl;
     cout<<"Press any key to proceed..."<<endl;
     getch();      //注册成功,返回
}
void Customer::Stock_Portfolio(Customer cust) const      //用户交易操作
{    Stock share[MAX],temp;      //股票类对象,存储股票信息
     Customer s[MAX];
     int i;
     char ch,share_code[6];
     long int volume;
start:
     system("cls");
```

```
cout<<endl<<endl;
cout<<"\t\t\t      Welcome Back!!!!!"<<endl;
cout<<"\t\t ****************** Stock Exchange System"<<endl;
cout<<"\t\t~~~~~~~~~~~~~~~~~~~~~~~~~~~~~~~~~~~~~~~~~~"<<endl;
cout<<"\t\t User: "<<cust.customer_name<<endl<<endl;
cout<<"\t\t Buy Shares.........................[b]"<<endl;
cout<<"\t\t Sell Shares........................[s]"<<endl;
cout<<"\t\t View PortFolio.....................[p]"<<endl;
cout<<"\t\t Log Out............................[l]"<<endl;
cout<<endl<<"\t\t Enter your choice: ";
cin>>ch;
if((ch!='p')&&(ch!='b')&&(ch!='s')&&(ch!='l'))
    goto start;    //键入错误,返回原界面
else
{
switch(ch)
{
case 'b':    //买股票
    {   system("cls");
        cout<<"\n\n\t\t************** Stock Exchange System"<<endl;
        cout<<"\t\t~~~~~~~~~~~~~~~~~~~~~~~~~~~~~~~~~~~~~~~~"<<endl;
        cout<<"  Company\t\tCode\tIssued Volume\tVolume Available"<<endl;
        cout<<"  ~~~~~~~~\t\t~~~~\t~~~~~~~\t~~~~~~~\t"<<endl;
        ifstream dataFile("Stock_File.dat");    //打开股票资料文件
        dataFile.read((char*)(&share),sizeof(share));    //将 5 只股票的信息读入 share 数组
        ifstream dataFile_for_share(cust.customer_name);    //打开用户数据文件
        dataFile_for_share.read((char*)(&s),sizeof(s));    //把用户以前购买股票的情况读入 s
        for(i=0;i<MAX;++i)
            share[i].Stock_Exchange_Market();
        cin.get();
        cout<<endl<<"Enter the Company's code you want to purchase: ";
        cin.getline(share_code,6);    //询问用户欲买的股票代码
        cout<<"Enter the volume to purchase: ";
        cin>>volume;    //询问用户欲买的股数
        cin.get();
        i=0;
        while((strcmp(share[i].stock_code,share_code)==0) || (i<MAX))
        {   if(strcmp(share[i].stock_code,share_code)==0)    //输入代码正确
            {   if(share[i].volume_available>volume)    /*这只股票可交易的股数大于用户购买
的股数*/
                {   s[i].share_holding_value=s[i].share_holding_value+volume;    /*用户所持
有的股数增加*/
                    strncpy(s[i].share_holding_name,share[i].stock_name,30);    /*如果股票名
```

```
称和交易市场的不一致,以交易市场为准*/
                    strcpy(s[i].share_holding_code,share[i].stock_code);    /*代码也以交易市
场为准*/
                    share[i].volume_available=share[i].volume_available-volume;    /*交易市
场的可交易股数下降*/
                    ofstream dataFile    (cust.customer_name,ios::binary);    /*以二进制输出
方式打开用户资料文件*/
                    for(i=0;i<5;++i)
                        dataFile.write((char *)(&s[i]),sizeof(s[i]));    /*将目前交易的结果
存储*/
                    ofstream file("Stock_File.dat");    //以输出方式打开股票资料文件
                    for(i=0;i<5;++i)
                        file.write((char *)(&share[i]),sizeof(share[i]));    /*存储交易后的结
果*/
                    break;
                }
                else    //如果用户购买的股数大于股票可交易的数目
                {   cout<<"Volume available for "<<share[i].stock_name
                    <<" is less than the volume you want to purchase. "<<endl;
                    cout<<"Transaction cancel... ";    //输出提示信息,交易不成功
                    getch();
                    break;
                }
            }
            else    //代码不匹配,依次循环查找匹配
            {   i++;
                while(i==MAX)    //当循环结束仍不匹配
                {   cout<<"The code you type may be wrong... "<<endl;
                    cout<<"Transaction cancel... ";
                    getch();    //输出信息,交易没有进行
                    break;
                }
            }
        }
        break;
    }
    case 's'://卖股票
    {   system("cls");
        ifstream dataFile_for_share(cust.customer_name);    //打开用户资料文件
        dataFile_for_share.read((char *)(&s),sizeof(s));    //读取用户以前购买的股票资料到s[x]
        ifstream dataFile("Stock_File.dat");    //打开股票资料文件
        dataFile.read((char *)(&share),sizeof(share));    //读取股票资料到share
        cout<<"\t\t****************Stock Exchange System"<<endl;
```

```
cout<<"\t\t~~~~~~~~~~~~~~~~~~~~~~~~~~~~~~~~~"<<endl;
cout<<"  Company\t\tCode\tVolume Holding"<<endl;
cout<<"  ~~~~~~\t\t~~~~\t~~~~~~~~~~\t"<<endl;
for(int i=0;i<MAX;i++)
{   cout<<"  "<<s[i].share_holding_name<<"\t\t"<<s[i].share_holding_code
    <<"\t"<<s[i].share_holding_value<<endl;   //显示股票市场的资料
}
cin.get();
cout<<endl<<"Enter share code to sell: ";
cin.getline(share_code,6);   //输入用户欲卖股票的代码
cout<<"Enter the volume to sell: ";
cin>>volume;   //输入用户欲卖的股数
cin.get();
i=0;
while((strcmp(share[i].stock_code,share_code)==0) || (i<MAX))
{   if(strcmp(share[i].stock_code,share_code)==0)   //如果输入的代码正确
    {   if(s[i].share_holding_value>volume)   //用户拥有的股数大于欲卖的股数
        {   s[i].share_holding_value=s[i].share_holding_value-volume;   /*用户拥有
的股数下降*/
            share[i].volume_available=share[i].volume_available+volume;   /*股票市
场的该股股数增加*/
            ofstream data(cust.customer_name,ios::binary);   /*以二进制输出方式打
开用户资料文件*/
                data.write((char*)(&s[i]),sizeof(s[i]));   //存储交易后的用户资料
            ofstream file("Stock_File.dat");   //打开股票资料文件
            for(i=0;i<5;++i)
                file.write((char*)(&share[i]),sizeof(share[i]));   /*存储交易后的股
票情况*/
        }
        else   //如果用户拥有的股数小于欲卖出的股数
        {   cout<<"You don have so much volume to sell, ";
            cout<<"or you did not buy this share before. "<<endl;
            cout<<"Transaction cancel... "<<endl;
            break;   //输出提示信息,交易不成功
        }
    }
    else   //循环查找匹配的代码
    {   i++;
        while(i==MAX)   //没有找到,输出提示信息,交易不成功
        {   cout<<"You did not buy this share or you have type in wrong share code. "<<
endl;
            cout<<"Transcation cancel... ";
            break;
```

```
            }
        }
    }
    getch();
    break;
}
case 'p':    //查看用户目前所拥有的股票情况
{   system("cls");
    ifstream dataFile_for_share(cust.customer_name);     //打开用户资料文件
    dataFile_for_share.read((char *)(&s),sizeof(s));    //将数据放至 s[x]
    cout<<"\t\t* * * * * * * * * * * * * * * * * * * * Stock Exchange System"<<endl;
    cout<<"\t\t~~~~~~~~~~~~~~~~~~~~~~~~~~~~~~~~~~~~~~~~"<<endl;
    cout<<"  Company\t\tCode\tVolume Holding"<<endl;
    cout<<"  ~~~~~~\t\t~~~~\t~~~~~~~~~~~~\t"<<endl;
    for(int i=0;i<MAX;i++)    //输出用户资料数据
cout<<"  "<<s[i].share_holding_name<<"\t\t"<<s[i].share_holding_code
        <<"\t"<<s[i].share_holding_value<<endl;
    getch();
    break;
}
case 'l':    //返回股票交易市场界面
{   Stock s;
    s.Interface();
}
}
goto start;
}
}
Stock::Stock()    //股票类构造函数
{   num_of_stock=0;
    volume_available=stock_volume;
    strcpy(Stock::code_for_analysis,"");
}
void Stock::Interface()    //股票交易界面
{
start:
    system("cls");
    cout<<"\n\n\t\t* * * * * * * * * * * * * * * * Stock Exchange System"<<endl;
    cout<<"\t\t~~~~~~~~~~~~~~~~~~~~~~~~~~~~~~~~~~~~~~~~~~~"<<endl;
    cout<<"\t\t    View Stock Exchange Market......[m]"<<endl;
    cout<<"\t\t    Login for existing user.........[i]"<<endl;
    cout<<"\t\t    Register for new user...........[r]"<<endl;
    cout<<"\t\t    Market analysis.................[v]"<<endl;
```

```
    cout<<"\t\t    Quit this program..............[q]"<<endl;
    cout<<endl<<"\t\t    Enter your choice here:";
    cin>>choice;
    if((choice!='m')&&(choice!='i')&&(choice!='r')&&(choice!='v')&&(choice!='a')&&
(choice!='q'))
    {   system("cls");
        goto start;      //输入错误返回界面
    }
    else
        Switch_choice();     //识别命令,进入相应操作
}
void Stock::Switch_choice()
{     Stock temp,s[MAX];
    Customer c1;
    char pass_word[10];
    switch(choice)
    {
    case 'm':     //查看股票市场状况
    {   system("cls");
        cout<<"\n\n\t\t************ Stock Exchange System"<<endl;
        cout<<"\t\t~~~~~~~~~~~~~~~~~~~~~~~~~~~~~~~~~~~~"<<endl;
        cout<<"  Company\t\tCode\tIssued Volume\tVolume Available"<<endl;
        cout<<"  ~~~~~~\t\t~~~~~\t~~~~~~~~\t~~~~~~~~~~~\t"<<endl;
        ifstream dataFile("Stock_File.dat");     //打开股票资料文件
        dataFile.read((char*)(&s),sizeof(s));
        for(int x=0;x<5;++x)
            s[x].Stock_Exchange_Market();     //输出当前股票信息
        getch();
        temp.Interface();
        break;
    }
    case 'i':     //用户登录
    {   system("cls");
        cout<<endl<<endl;
        cin.get();
        cout<<"************** Stock Exchange System"<<endl;
        cout<<"~~~~~~~~~~~~~~~~~~~~~~~~~~~~~~~~~~~~~~~"<<endl;
        cout<<"Account password:";
        cin>>pass_word;     //输入密码
        cin.get();
        c1.Log_in(pass_word,c1);     //检查用户密码,如正确,则进入交易系统
        temp.Interface();     //返回股票市场界面
        break;
```

```
        }
        case 'r':     //用户注册
        {   system("cls");
            cout<<"Open New Account"<<endl;
            cout<<"~~~~~~~~~~~~~~~~"<<endl;
            c1.Register(&c1);     //调用用户注册函数
            ofstream write_customer("customer.dat",ios::app);     /*注册成功,将用户名与密码保存在用户
名册文件中*/
            write_customer.write((char*)&c1,sizeof(c1));
            write_customer.close();
            temp.Interface();
            break;
         }
        case 'v':     //股票分析
        {   system("cls");
            cout<<"\n\n\t\t************ Stock Exchange System"<<endl;
            cout<<"\t\t~~~~~~~~~~~~~~~~~~~~~~~~~~~~~~~~~~~~"<<endl;
            cout<<"  Company\t\tCode\tIssued Volume\tVolume Available"<<endl;
            cout<<"  ~~~~~~\t\t~~~~\t~~~~~~~~~\t~~~~~~~~~\t"<<endl;
            temp.Market_Analysis();
            break;
        }
        case 'q'://退出
        {   system("cls");
            cout<<"Thanks for using ************ Stock Exchange System!"<<endl;
            cout<<"See you again!"<<endl;
            exit(0);
        }
        }
}
void Stock::Input_For_New_Stock()     /*建立股票市场,将原始股票资料输入到股票类对象中,保存在股
票资料文件中*/
{   system("cls");
    cin.get();
    cout<<"Enter new stock name(XX_XXX):";
    cin.getline(stock_name,20);     //股票名
    cout<<"Enter stock code (capital letter & less than 5 character):";
    cin.getline(stock_code,6);     //股票代码
    cout<<"Enter issue volume :";
    cin>>stock_volume;     //股票总数
    cin.get();
    volume_available=stock_volume;     //所有股票数均可交易
    num_of_stock++;     //股票序号
```

```
}
void Stock::Stock_Exchange_Market()      //输出当前股票信息
{   cout<<"  "<<stock_name<<"\t\t"<<stock_code<<"\t"<<stock_volume<<"\t\t"<<
volume_available<<endl;
}
void Stock::Market_Analysis()     //市场分析,根据股票的可交易股数预测股票前景,省略
{   Stock s;
    s.Interface();
}
void main()
{   Stock s[MAX],temp;
    /*以下被注释掉的程序是建立股票市场程序,第一次运行此程序时需将下面被注释掉的代码加入运行,
用以新建股票市场,以后若不改动原股票,则注释掉在/*……*/中的程序。
    const num=5;    //建立股票市场
    ofstream dataFile("Stock_File.dat");     //Subject to change
    for(int x=0;x<5;++x)
    {   s[x].Input_For_New_Stock();
        dataFile.write((char*)(&s[x]),sizeof(s[x]));
    }
    dataFile.close();
*/
    temp.Interface();
}
```

第 4 题 个人财政支出管理

5.4.1 程序功能简介

个人财政支出管理程序，将个人财务的目标及当前存款、支出保存下来，可以随时更新，查看，比较盈余与目标的差距。

5.4.2 课程设计要求

(1) 将收支的数据与相应的函数封装到类中，并改写主程序，使程序结构化。

(2) 增加保存每笔收支的记录，并对每笔记录增加日期录入，按日期的顺序保存、查看记录。将所有记录放入一个文件中，每次运行程序时首先打开这个文件，程序运行完毕时将更新的记录放回文件中。

(3) 完善程序，补充类中数据成员盈余(dlBalance)的计算和输出，要求每笔收入和支出都要重新统计当前情况下的盈余数目。

(4) 增加程序监控功能，当输入时间发生错误(如月份超过 12 等)，要求重新输入正确的时间；当结余的数目为负数时，输出信息，警告已经超支!

评定难易等级：A 级。

5.4.3 程序设计思想

1) 类的封装

原程序的结构比较简单，只保留了每次更新操作的最后结果，达不到财务账册的要求。若要详细记录下每笔收支的款项、原因等，最好还是采用链表的形式保存数据，且可以根据实际需要动态开辟存储空间，因此推荐使用链表的结构来改写程序。

链表结构的详细介绍在样例程序和前面几个管理类的程序中已涉及，以下是参考的类的结构：

```
class CFinance      //财务数据类
{
private:
    int nYear,nMonth,nDay;      //年月日
    double dlIncome,dlOutput;      //收入、支出数目
    double dlBalance;      //结余
    char szPurpose[20];      //用途、目的
    static double dlPurpose;      //目标
    double dlGap;      //据目标的差额
public:
    CFinance(){dlIncome=dlOutput=dlBalance=0.0;}
    CFinance(int,int,int);      //根据日期生成结点，查找用
    int Compare(CFinance &);      //比较日期，大于返回 1，小于返回 -1，等于返回 0
    void Show();   //输出记录
```

```
    void SetFinance(int,int ,int,double,double,char * );      //对象赋值
    void GetPurpose(double purs);     //赋值目标
    double ShowPur(){return dlPurpose;}      //返回目标
    void Calculate(double dlBal);      //计算结点的盈余情况
    double GetBalance(){return dlBalance;}      //返回结点的盈余情况,计算下一结点用
    void ModifyData();      //修改结点记录
};
double CFinance::dlPurpose =0.0;
class CNode//定义结点类
{
private:
    CFinance * pData;      //用于指向数据类的指针
    CNode * pNext;      //指向链表的下一个结点的指针
public:
    CNode(){ pData=0;pNext=0;}      //结点构造函数
    CNode(CNode &node);      //用于拷贝的构造函数
    void InputData(CFinance * pdata){ pData=pdata; }      //输入数据
    void ShowNode(){pData->Show();}
    CFinance * GetData(){return pData;}
    friend class CList;      //定义链表类为友元类
};
class CList//定义链表类
{
protected:
    CNode * pHead;      //链表头结点指针
public:
    CList(){ pHead=0;}
    ~CList(){ DeleteList();}
    void AddNode(CNode * pnode);      //在首部添加结点
    CNode * DeleteNode(CNode * );      //删除一个指定的结点,返回该结点的指针
    CNode * LookUp(CFinance &);      /*查找一个指定的数据,返回该数据所在结点在链表中的指针,
若未找到返回0*/
    void ShowList();      //打印整个链表
    void DeleteList();      //删除整个链表
    CNode * GetListHead(){ return pHead;}      //返回链表首结点
    CNode * GetListNextNode(CNode * );      //返回链表指定结点的下一个结点
    void Insert(CNode * );      //插入排序
    CNode * GetLastNode();      //返回最后一个结点,看看最后的盈余有无赤字
};
```

2) main 函数结构

程序主体采用菜单选项的形式,输入相应的菜单选项后程序可以反复运行。在程序一开始运行时首先将财务数据文件读入链表,然后询问是否改动目标款项,若改动了目标款项,结

点中数据部分中“据目标的差额”都需重新计算，在程序退出时将链表中的数据再写回财务数据文件。

主菜单

1. 输入收入记录
2. 输入支出记录
3. 查看收入记录
4. 查看支出记录
5. 查看收支平衡情况
6. 根据日期查找记录
7. 根据日期修改记录
8. 根据日期删除记录
0. 退出系统

3）设计要点

(1) 为使用户界面更加友好，避免输入数据类型错误导致的程序无效循环，在输入数据时进行判断，对非法输入予以提示，具体参见本书“样例程序”说明第三部分。

(2) 每次增加结点或修改结点时，都要将所有结点中数据的盈余部分重新计算，因为输入的时间是不定的，有可能输入过去时间的账目，这时该时间后的盈余都会发生变化，建议单独设计一个函数，以链表的引用作为参数，从链表首结点开始，依次将整个链表结点的数据重新计算，在增加或修改结点完成后调用该函数即可。

(3) 在输出整个链表的数据后，应计算链表最后一个结点的盈余，若出现赤字（负数）则输出信息，提醒用户注意。

5.4.4 关键源代码注解

```
/*个人财政支出管理——源代码及关键源代码注解如下：*/
/* The Code from web site :www.technocode.scriptmania.com. */
#include <iostream.h>
#include <fstream.h>
#include <conio.h>
#include <iomanip.h>
void Deposit();
void Withdraw();
void ViewTotal();
void SetGoal();
int main(){
    char select;
    cprintf("Money Manager      ");
    cout<<"\n\n\t<1> Deposit"<<endl;
    cout<<"\n\t<2> Withdraw"<<endl;
    cout<<"\n\t<3> View Total"<<endl;
    cout<<"\n\t<4> Set Goal"<<endl;
```

```
    cout<<"\n\t<0> Exit"<<endl;
    cout<<"\n\n\tEnter selection: ";
    cin>>select;
    if(select == '1'){Deposit();}else{
    if(select == '2'){Withdraw();}else{
    if(select == '3'){ViewTotal();}else{
    if(select == '4'){SetGoal();}else{
    if(select == '0')
        goto mm1;
    else{
    main();
    }
    }}}}
mm1:        return 0;
}
void Deposit()      //存款
{   double dAmt = 0;
    char ans;
    double num = 0;
    ifstream get("Deposit.txt");    //打开存款文件
    get>>num;     //将原文件内容取出
    get.close();
    cprintf("DEPOSIT   ");
    cout<<"\n\n\tEnter deposit amount: $ ";
    cin>>dAmt;    //输入欲存的钱数
    if(dAmt <= 0)
    {   cout<<"\n\n\n\n\n"<<endl;
        cprintf("            That was an invalid amount..");
        getch();
        main();
    }
    else
    {    cout<<"\n\n\tAmount entered <"<<dAmt<<">."<<endl;
        cout<<"\n\tContinue with deposit <y/n>: ";
        cin>>ans;
        if(ans == 'y' || ans== 'Y')
        {   dAmt = dAmt + num;    //更新的存款数额
            ofstream save("Deposit.txt");
            save<<dAmt<<endl;
            save.close();
            cout<<"\n\n\n\n\n"<<endl;
            cprintf("            Your deposit was successful...");
            getch();
```

```
            main();
        }
        else
            main();
        main();
    }
}
void Withdraw()     //取款
{   double wAmt = 0;
    char ans;
    double num = 0;
    ifstream get("Withdraw.txt");      //打开取款文件
    get>>num;     //取文件内容
    get.close();
    cprintf("WITHDRAW    ");
    cout<<"\n\n\tEnter withdraw amount: $ ";
    cin>>wAmt;     //输入要取的款项
    if(wAmt <= 0)
    {    cout<<"\n\n\n\n\n"<<endl;
        cprintf("               That was an invalid amount..");
        getch();
        main();
    }
    else
    {   cout<<"\n\n\tAmount entered <"<<wAmt<<">."<<endl;
        cout<<"\n\tContinue with withdrawal <y/n>: ";
        cin>>ans;
        if(ans == 'y' || ans== 'Y')
        {   wAmt = wAmt + num;     //支出的总额
            ofstream save("Withdraw.txt");
            save<<wAmt<<endl;
            save.close();
            cout<<"\n\n\n\n\n"<<endl;
            cprintf("            Your withdrawal was successful...");
            getch();
            main();
        }
        else
           main();
        main();
    }
}
void SetGoal()     //存款目标
```

```
{   double setAmt = 0;
    cprintf("SET GOAL ");
    cout<<"\n\n\tSet Goal amount: ";
    cin>>setAmt;
    ofstream set("Goal.txt");
    set<<setAmt<<endl;
    set.close();
    cout<<"\n\n\n\n\n"<<endl;
    cprintf("           Goal amount was set...");
    getch();
    main();
}
void ViewTotal()     //总体情况
{   double dAmt = 0;
    double wAmt = 0;
    double gAmt = 0;
    double balance = 0;
    double newbalance = 0;
    ifstream getDeposit("Deposit.txt");
    getDeposit>>dAmt;      //存款
    getDeposit.close();
    ifstream getWithdraw("Withdraw.txt");
    getWithdraw>>wAmt;      //支出
    getWithdraw.close();
    ifstream getGoal("Goal.txt");
    getGoal>>gAmt;      //目标
    getGoal.close();
    balance = dAmt - wAmt;      //盈余
    cprintf("VIEW TOTALS ");
    cout<<"\n\n"<<endl;
    cprintf("                    Total Amounts");
    cout<<""<<endl;
    cprintf("                    ==============");
    cout<<"\n\n"<<endl;
    cprintf("Deposit Total Withdraw Total   Balance Total ");
    cout<<"\n"<<endl;
    cout<<setw(15)<<dAmt<<setw(25)<<wAmt<<setw(20)<<balance<<endl;;
    newbalance = gAmt - balance;      //据目标的差距
    cout<<"\n\n\n"<<endl;
    cprintf("                    Total Balance");
    cout<<""<<endl;
    cprintf("                    ==============");
    cout<<"\n\n"<<endl;
```

```
    cprintf("Set Goal Total Balance Total   Balance Left ");
    cout<<"\n"<<endl;
    cout<<setw(15)<<gAmt<<setw(25)<<balance<<setw(23)<<newbalance<<endl;
    getch();
    main();
}
```

第5题　电话簿管理

5.5.1　程序功能简介

一个电话簿管理小程序。利用文本文件存储电话簿数据，具有添加、删除、显示和查询联系人电话号码的功能。

5.5.2　课程设计要求

(1) 将电话簿数据和相应的函数封装在类中，改写程序使之结构化。
(2) 增加记录修改功能，能选择修改用户的姓名、电话。
(3) 增加录入时间的显示及存储。
(4) 增加缺省的查询方式，即查询时只输入姓名的首字母，所有符合这一条件的电话资料均在屏幕上显示。
评定难易等级：A级。

5.5.3　程序设计思想

1) 类的结构

原程序将电话簿数据存放在文本文件中，在程序开始运行时将数据读入链表中，在程序运行期间使用单向链表来添加、删除、管理数据。在程序结束前再将数据写回文本文件，这样的结构比较合理，课程设计的要求是根据这一结构将数据与函数封装起来，参考结构如下：

```
class CTelRecord      //电话簿记录类
{
private :
    int nYear,nMonth,nDay,nHour,nMinute;      //时间单元
    char szName[20];      //电话簿的数据:姓名和电话号码
    char szNumber[20];
public:
    CTelRecord();
    CTelRecord(char * name,char * number);      //构造函数
    void SetRecord(char * name,char * number);      //输入数据函数
    int Compare(CTelRecord &);      //比较函数,比较姓名
    void Show();      //打印数据函数
    void Modify(char * number);      //修改结点的电话号码
    int LookChar(char * szName);      //根据首字母查找匹配的姓名
};
class CNode      //定义结点类
{
private:
    CTelRecord * pData;      //用于指向数据类的指针
    CNode * pNext;      //指向链表下一个结点的指针
```

```
public:
    CNode(){ pData=0;pNext=0;}      //结点构造函数
    CNode(CNode &node);      //用于拷贝的构造函数
    void InputData(CTelRecord * pdata){ pData=pdata; }      //输入数据
    void ShowNode(){pData->Show();}
    CTelRecord * GetData(){return pData;}
    friend class CList;      //定义链表类为友元类
};
class CList      //定义链表类
{
    CNode * pHead;      //链表头结点指针
public:
    CList(){ pHead=0;}
    ~CList(){ DeleteList();}
    void AddNode(CNode * pnode);      //在首部添加结点
    CNode * DeleteNode(CNode *);      //删除一个指定的结点,返回该结点的指针
    CNode * LookUp(CTelRecord &);      /*查找一个指定的数据,返回该数据所在结点在链表中的指
针,若未找到返回0*/
    void ShowList();      //打印整个链表
    void DeleteList();      //删除整个链表
    CNode * GetListHead(){ return pHead;}      //返回链表首结点
    CNode * GetListNextNode(CNode *);      //返回链表指定结点的下一个结点
    void Insert(CNode * pnode);      //根据姓名的顺序插入链表
};
```

2）增加时间单元的存储与显示

课程设计要求将电话簿录入时的系统时间记录并显示，这就需要在结点数据域中增加一个时间单元，建议在结点数据对象的构造函数中调用系统时间给时间单元赋值。这样在具体结点的操作中就不用考虑时间的因素，只是在显示时将时间单元中的数据按一定的格式显示即可。具体系统时间的取得及应用见样例程序说明第二部分。

3）程序的结构

程序还是采用菜单选项的方式以方便用户操作，参考的主菜单排列如下：

1. 添加电话簿记录
2. 显示电话簿内容
3. 根据姓名查询电话簿数据
4. 根据姓名删除电话簿数据
5. 根据姓名修改电话簿数据
6. 智能查找电话簿数据(首字母)
0. 退出系统

注意：在修改电话簿数据时，首先询问是只修改电话号码还是修改姓名，如果只修改电话号码，则找到该结点后将新的电话号码更新即可；如果要修改姓名，就需要先删除原结点，然后建立新结点，输入新的姓名、电话，将这个结点插入到链表中，因为电话簿是按姓名顺序排列

的。

为使用户界面更加友好，避免输入数据类型错误导致的程序无效循环，在输入数据时进行判断，对非法输入予以提示，具体参见本书“样例程序”说明的第三部分。

5.5.4 关键源代码注解

```
/*电话簿管理——源代码及关键源代码注解如下：*/
//PhoneBook 1.0 By Mark Miller
//compiler directives
#include<fstream.h>
#include<conio.h>
#include<iostream.h>
#include<iomanip.h>
#include<string.h>
#include<stdlib.h>
struct friend_node      //结构体类型定义，包括：姓、名和电话号码
{
    char last_name[20];      //姓
    char first_name[15];      //名
    char phone_num[12];      //电话号码
    friend_node *next;
};
friend_node *head_ptr;      //全程变量，链头指针
friend_node *current_ptr;      //全程变量，用于指明当前在链表中的位置
void handle_choice(int choice);      //根据用户选择(choice)调用对应的函数
void add_record();      //在链表中增加一个记录
void insert_node(friend_node *new_rec_ptr);      //将一个由 new_rec_ptr 指向的新节点插入链表中
friend_node *position_insertion_point(char lastname[20]);      /*根据姓氏，返回其在链表中的正确位置，
新节点即将插入此点*/
void make_node_new_head(friend_node *new_rec_ptr);      //使新插入结点称为头结点
void add_node_to_end(friend_node *new_rec_ptr);      //使新插入结点成为尾结点
void move_current_to_end();      //移动当前结点到链表尾
void display_list();      //输出链表全部结点的数据
void delete_record();      //删除结点
void delete_head_of_list();      //删除链表头结点
void delete_end_of_list(friend_node *previous_ptr);      //删除链表尾结点
void delete_from_middle_of_list(friend_node *previous_ptr);      //删除在链表中部的当前结点
int verify_delete();      //要求用户确认
void delete_node(friend_node *previous_ptr);      //删除当前结点
void delete_list();      //删除整个链表
void search_by_lastname();      //根据姓氏查找记录
void write_list_to_file();      //将链表数据写入文件
void load_list_from_file();      //从数据文件 FRIENDS.DAT 中读取数据重建链表处理函数
```

```
void help_me();    //帮助命令函数
char pause;
int main()
{   cout << "Welcome to PhoneBook 1.0 for dos and freedos\n";
    cout << "Press Enter To Continue\n";
    cin.get(pause);
    system("cls");    //执行系统命令:cls—清屏
    int choice;
    head_ptr = NULL;    //初始化链表头指针
    load_list_from_file();    //装载数据文件到链表
    do
    {   cout << "1 - Add record\n";    //增加记录
        cout << "2 - Display all records\n";    //显示记录
        cout << "3 - Search for friend by last name\n";    //根据姓氏查找号码
        cout << "4 - Delete record\n";    //删除号码
        cout << "5 - Help\n";    //帮助
        cout << "6 - Exit program\n";    //退出
        cout << "Enter choice: ";
        cin >> choice;
        handle_choice(choice);    //根据 choice 选择对应的操作
      } while(choice != 6);    //选择退出后结束循环
      return 0;
}
void handle_choice(int choice)    //根据用户选择(choice)调用对应的函数
{   switch(choice)
    { case 1:    //添加记录
          add_record();  break;
      case 2:    //显示记录
          display_list();    break;
      case 3:    //查找记录
          search_by_lastname();    break;
      case 4:    //删除记录
          delete_record();    break;
      case 5:
          help_me();    break;
      case 6:
          write_list_to_file();    //保存链表中的数据
      if(head_ptr != NULL)    //如果链表不为空
          delete_list();    //删除动态开辟的空间
      break;
      default :    //如果输入错误
        cout <<"Invalid choice\n";
        break;
```

```
    }
}
void add_record()      //在链表中增加一个记录
{    friend_node * new_rec_ptr;      //定义结点
     new_rec_ptr = new friend_node;      //开辟空间
     if(new_rec_ptr ! = NULL)      //成功分配空间
     {    system("cls");
          cin.ignore(20,'\n');
          cout << "First Name: ";      //输入结点数据
          cin.get(new_rec_ptr->first_name,15);
          cin.ignore(20,'\n');
          cout << "Last Name: ";
          cin.get(new_rec_ptr->last_name,20);
          cin.ignore(20,'\n');
          cout << "Phone Number: ";
          cin.get(new_rec_ptr->phone_num,15);
          cin.ignore(20,'\n');
          insert_node(new_rec_ptr);      //插入链表
     }
     else
          cout << "WARNING: Memory error. New record cannot be added.\n";
     system("cls");
}
void insert_node(friend_node * new_rec_ptr)      //将一个由 new_rec_ptr 指向的新结点插入链表中
{    system("cls");
     friend_node * before_ptr;
     friend_node * after_ptr;
     if(head_ptr == NULL)      //如果是空链表,插入点是惟一的
     {    new_rec_ptr->next = NULL;
          head_ptr = new_rec_ptr;
     }
     else
     {    if(strcmp(new_rec_ptr->last_name, head_ptr->last_name) < 0)      /*如果新结点小于头结
点*/
               make_node_new_head(new_rec_ptr);      //新结点作为头结点
          else
          {    current_ptr = position_insertion_point(new_rec_ptr->last_name);      /*根据姓氏,返回其
在链表中的正确位置*/
               before_ptr = current_ptr;
               after_ptr = current_ptr->next;      //当前链表的下一个结点
               if(after_ptr == NULL)      //下一个结点为尾结点
     add_node_to_end(new_rec_ptr);      //新结点为尾结点
               else
```

课程设计 Visual C++

```
        {   before_ptr->next = new_rec_ptr;      //新结点插在链表中
            new_rec_ptr->next = after_ptr;
        }
      }
    }
}
friend_node * position_insertion_point(char lastname[20])    /*根据姓氏,返回其在链表中的正确位置,新节点即将插入此点。*/
{ char temp_name[20];
  friend_node * temp_ptr;
  int tempint;
  if(head_ptr->next != NULL)     //如果有多于一个结点的链表,查找结点在链表中的正确位置
  {   current_ptr = head_ptr;
      temp_ptr = current_ptr->next;
      strcpy(temp_name, temp_ptr->last_name);
      tempint = strcmp(lastname,temp_name);     /*比较链表中的结点中的姓氏与欲插入结点的姓氏的大小*/
      while((tempint > 0) && (current_ptr->next !=NULL))     /*若欲插入结点的姓氏大于链表中当前结点的姓氏,继续向下寻找*/
      {   current_ptr = temp_ptr;
          if(current_ptr->next != NULL)
          {   temp_ptr = current_ptr->next;
              strcpy(temp_name, temp_ptr->last_name);
              tempint = strcmp(lastname,temp_name);
          }
      }
  }
  else     //如果只有一个头结点,返回头结点的位置,新结点插在头结点后
      current_ptr = head_ptr;
  return(current_ptr);     //返回链表中第一个大于欲插入结点的结点的前一个结点
}
void make_node_new_head(friend_node * new_rec_ptr)     //使新插入结点称为头结点
{ friend_node * temp_ptr;
  temp_ptr = head_ptr;     //头结点赋值
  new_rec_ptr->next = temp_ptr;     //新结点与原头结点连接起来
  head_ptr = new_rec_ptr;     //将新结点赋值成为头结点
}
void add_node_to_end(friend_node * new_rec_ptr)     //新插入结点成为尾结点
{ new_rec_ptr->next = NULL;     //赋值新结点的地址域使之成为尾结点
  move_current_to_end();     //使当前结点移到链表尾
  current_ptr->next = new_rec_ptr;     //将当前结点与新结点连接起来
}
void move_current_to_end()     //移动当前结点到链表尾
```

课程设计 Visual C++

```
{ current_ptr = head_ptr;      //将链表头赋值当前结点
  while(current_ptr->next != NULL)
      current_ptr = current_ptr->next;      //当前结点顺着链表移到链表尾
}
void display_list()     //输出链表全部结点的数据
{ char fullname[36];     //输出缓冲区
  current_ptr = head_ptr;      //将链表头赋值当前结点
  if(current_ptr != NULL)
  { cout << endl;
    cout << "Name                              Phone Number\n";
    cout << "--------------------------------------------\n";
    do
    { strcpy(fullname,"");     //输出缓冲区清空
      strcat(fullname, current_ptr->last_name);     //将姓氏赋值输出缓冲区
      strcat(fullname, ", ");     //赋值逗号
      strcat(fullname, current_ptr->first_name);     //将名字赋值输出缓冲区
      cout.setf(ios::left);
      cout << setw(36) << fullname;     //输出缓冲区内容
      cout.unsetf(ios::left);
      cout.setf(ios::right);
      cout << setw(12) << current_ptr->phone_num << endl;     //输出电话号码
      current_ptr = current_ptr->next;     //结点后移
      cout <<  endl;
    } while(current_ptr != NULL);     //循环至链表结束
   cout << "Press Enter to continue \n";
   cin.get(pause);
   cin.ignore(1,pause);
  system("cls");
 }
 else     //如果链表为空,输出提示信息
cout << "\nNO RECORDS TO DISPLAY\n";
}
void search_by_lastname()     //根据姓氏查找记录
{   system("cls");
    char search_string[20];     //存放查找的内容
    current_ptr = head_ptr;     //链表头赋值当前结点
    cin.ignore(20,'\n');
    cout << "\nEnter the last name for which you want to search: ";
    cin.get(search_string,20);     //输入查询内容
    cin.ignore(20,'\n');
    while((current_ptr != NULL) && (strcmp(current_ptr->last_name, search_string) != 0))
        current_ptr = current_ptr->next;     //顺序依次查找结点,若不匹配循环查找
    if(current_ptr != NULL)     //如果找到匹配结点,输出结点信息
```

```
	{	cout << "\nRECORD FOUND\n";
		cout << current_ptr->first_name << ' ' << current_ptr->last_name << endl;
		cout << current_ptr->phone_num << endl;
	}
	else	//查找完整个链表,未找到匹配结点
	{	cout << "NO MATCH FOUND\n";
		cout << "Press Enter to Contiune\n";
		cin.get(pause);
		system("cls");
	}
}
void delete_record()	//删除结点
{	system("cls");
	char search_string[20];
	friend_node * previous_ptr;
	previous_ptr = NULL;
	current_ptr = head_ptr;	//头结点赋值当前结点
	cin.ignore(20,'\n');
	cout << "\nEnter the last name of the friend you want to delete: ";
	cin.get(search_string,20);	//输入欲删除的数据
	cin.ignore(20,'\n');
	while((current_ptr != NULL) &&	//从头结点开始循环查找链表,寻找匹配结点
		(strcmp(current_ptr->last_name, search_string) != 0))
	{	previous_ptr = current_ptr;	//当前结点向前寻找,previous_ptr 跟在当前结点的后面
		current_ptr = current_ptr->next;
	}
	if(current_ptr != NULL)	//如果当前结点匹配(为要删除的结点)
	{	cout << "\nRECORD FOUND\n";	//输出提示信息
		cout << current_ptr->first_name << ' ' << current_ptr->last_name << endl;
		cout << current_ptr->phone_num << endl;
		if(verify_delete())	//要求用户确认是否删除当前结点
		{	delete_node(previous_ptr);	//删除当前结点
			cout << "\nRECORD DELETED\n";	//输出提示信息
		}
		else	//用户没有确认
cout << "\nRECORD NOT DELETED\n";	//输出信息
	}
	else	//查找完整个链表,未找到匹配结点
		cout << "\nNO MATCH FOUND. NO RECORD DELETED.\n";	//输出信息
	system("cls");
}
void help_me()	//帮助命令函数
{
```

```
help:
    int choice2;
    system("cls");
    cout << "Welcome to help please choose help type\n";
    cout << "1: What happened to my records\n";
    cout << "2: How do I clear all records\n";
    cout << "3: When will there be a new version\n";
    cout << "4: What will be in the new versions\n";
    cout << "5: Exit\n";
    cin >>  choice2;
    switch(choice2)    //帮助菜单
    {
    case 1:
        cout << "Check the directory with the executable for a file named Friends. dat\n";
        cout << "If its not there its gone forever if renamed rename it to Friends. dat\n";
        cout << "Press enter to contiune\n";
        pause=getch();
        system("cls");
        goto help;
        break;
    case 2:
        cout << "Delete The file Friends. dat\n";
        cout << "Press Enter to contiune\n";
        pause=getch();
        system("cls");
        goto help;
        break;
    case 3:
        cout << "When I get time\n";
        cout << "Press Enter to contiune\n";
        pause=getch();
        system("cls");
        goto help;
        break;
    case 4:
        cout << "I hope to add the following\n";
        cout << "Multi User's and passwords\n";
        cout << "Encryption \n";
        cout << "Clear all records command\n";
        cout << "Bug fixes\n";
        cout << "Press Enter to contiune\n";
        pause=getch();
        system("cls");
```

```
            goto help;
            break;
        default:
            cout << "Press Enter To exit";
            cout << "Press Enter to contiune\n";
            break;
    }
}
int verify_delete()      //要求用户确认
{   char YesNo;
    cout << "\nAre you sure (Y/N) ";
    cin >> YesNo;
    if((YesNo == 'Y') || (YesNo == 'y'))
      return(1);     //若用户确认,返回1
    else
      return(0);     //否则返回0
}
void delete_node(friend_node * previous_ptr)      //删除当前结点
{   if(current_ptr == head_ptr)      //如果当前结点为头结点
      delete_head_of_list();      //删除链表头结点
    else
    {   if(current_ptr->next == NULL)      //如果当前结点为尾结点
            delete_end_of_list(previous_ptr);     //删除链表尾结点
        else
            delete_from_middle_of_list(previous_ptr);      //删除在链表中部的当前结点
    }
}
void delete_head_of_list()      //删除链表头结点
{   current_ptr = head_ptr;      //头结点赋值当前结点
    if(head_ptr->next != NULL)      //如果头结点不是链表中的惟一结点
        head_ptr = current_ptr->next;      //头结点后移
    else      //否则,头结点为链表中惟一结点
        head_ptr = NULL;      //删除头结点
    delete current_ptr;      //删除当前结点
}
void delete_end_of_list(friend_node * previous_ptr)      //删除链表尾结点
{   delete current_ptr;      //删除当前结点
    previous_ptr->next = NULL;      //当前结点的前一个结点作为尾结点
    current_ptr = head_ptr;      //头结点赋值当前结点
}
void delete_from_middle_of_list(friend_node * previous_ptr)      //删除在链表中部的当前结点
{   previous_ptr->next = current_ptr->next;      /*将当前结点的前一结点与当前结点的后一结点连
接起来*/
```

```
        delete current_ptr;    //删除当前结点
        current_ptr = head_ptr;    //头结点赋值当前结点
}
void delete_list()    //删除整个链表
{   friend_node * temp_ptr;
    current_ptr = head_ptr;    //头结点赋值当前结点
    do    //当前指针遍历链表,依次删除所有结点
    {   temp_ptr = current_ptr->next;
        delete current_ptr;
        current_ptr = temp_ptr;
    } while(temp_ptr != NULL);
}
void write_list_to_file()    //将链表数据写入文件
{   ofstream outfile;    //输出文件对象
    outfile.open("FRIENDS.DAT",ios::out);    //打开文件
    if (outfile)    //打开文件正确
    {   current_ptr = head_ptr;    //头结点赋值当前结点
        if(head_ptr != NULL)    //链表不为空,循环写入
        {   do    //将链表中的数据部分写入文件
            {   outfile << current_ptr->last_name << endl;
                outfile << current_ptr->first_name << endl;
                outfile << current_ptr->phone_num << endl;
                current_ptr = current_ptr->next;    //当前指针移向下一结点
            } while(current_ptr != NULL);    //循环至链表结束
        }
    outfile << "END OF FILE" << endl;
    outfile.close();    //关闭文件
    }
    else    //若打开文件出错,输出提示信息
        cout << "Error opening file.\n";
}
void load_list_from_file()    //从数据文件 FRIENDS.DAT 中读取数据,重建链表处理函数
{   friend_node * new_rec_ptr;
    ifstream infile;    //输入文件对象
    int end_loop = 0;
    infile.open("FRIENDS.DAT",ios::in);
    if (infile)    //打开文件正确
    {   do    //循环生成新结点,读入文件中的数据
        {   new_rec_ptr = new friend_node;    //生成结点对象
            if(new_rec_ptr != NULL)
            {   infile.get(new_rec_ptr->last_name,20);    //读入文件中的数据
                infile.ignore(20,'\n');
                if((strcmp(new_rec_ptr->last_name, "") != 0) &&//当未读到文件尾循环读取
```

```
        (strcmp(new_rec_ptr－＞last_name，"END OF FILE")！＝0))
        {    infile.get(new_rec_ptr－＞first_name，15)；
             infile.ignore(20,'\n')；
             infile.get(new_rec_ptr－＞phone_num，15)；
             infile.ignore(20,'\n')；
             insert_node(new_rec_ptr)；     //将结点插入链表
        }
        else      //若读到文件尾
        {    delete new_rec_ptr；     //将生成的最后一个结点删除
             end_loop ＝ 1；
        }
     }
     else     //如果结点指针分配空间出错,输出提示信息
     {    cout＜＜"WARNING：Memory error. Load from disk was unsuccessful.\n"；
          end_loop ＝ 1；
     }
   } while(end_loop ＝＝ 0)；
  infile.close()；     //关闭输入文件
 }
 else     //如果打开文件出错,输出提示信息
 cout＜＜"No usable data file located. List is empty.\n"；
}
```

6 时间和日期处理程序

第 1 题　时间和日期

6.1.1　程序功能简介

定义了日期类、时间类和日期时间综合类，重载了＋，－，＋＋，－－，＝，＞＝，＜＝，＝＝，！＝等运算符，可以设置时间、日期，比较时间和日期的大小，进行时间、日期对象的运算，并输出多种格式的结果。

6.1.2　课程设计要求

（1）原程序日期类中输出星期几的函数有错误，不能输出星期五，修改程序，将错误改正，所有输出日期的结果中都要有星期的显示。

（2）在日期类 cDate_t 中重载运算符＋，实现一个日期对象加上天数得到一个新的日期；重载运算符－，实现一个日期对象减去天数得到一个新的日期。修改日期对象减去日期对象的重载运算符－，结果不是另一个日期对象，而是天数，所有运算应考虑闰年处理。

（3）在时间类 cTime_t 中重载运算符＋，实现一个时间对象加上分钟得到一个新的时间；重载运算符－，实现一个时间对象减去分钟得到一个新的时间。修改时间对象减去时间对象的重载运算符－，结果不是另一个时间对象，而是分钟数，同时应考虑结果与加数是否是同一天，若不是，应在结果中予以说明。

（4）修改综合类 cTDmanage 的结构，重新定义为日期和时间类的派生类，同样定义构造函数、各种运算符重载函数，实现综合类对象的比较，综合类对象加上分钟等于一个新综合类的对象，综合类对象减去分钟等于一个新综合类的对象等，并重载输入输出函数。

（5）修改 main 函数结构，采用菜单选项的方式，逐个测试三个类中定义的各种函数和运算符。

评定难易等级：A 级。

6.1.3　程序设计思想

1）类的结构

原程序类的结构比较合理，成员函数的功能也很全面，设计的主要要求是重载运算符。因此，充分利用原程序中已定义的各种成员函数，将重载运算符的函数添加进类中即可。综合类定义为时间类和日期类的派生类，可以更方便地实现各种功能。

2）main 函数的结构

main 函数采用菜单选项的形式，一开始先显示系统日期，然后询问用户输出采用何种格式，接下来是各类菜单选项，询问用户做何操作，建议的菜单选项如下：

1. 时间类操作
2. 日期类操作
3. 综合类操作

时间类操作的子菜单

1. 时间加分钟

2. 时间减分钟
3. 时间减时间
4. 两时间比较

日期类操作的子菜单
1. 日期加天数
2. 日期减天数
3. 日期减日期
4. 两日期比较

综合类操作子菜单
1. 日期时间加分钟
2. 日期时间减分钟
3. 日期时间减去日期时间(结果为分钟)
4. 日期时间比较

6.1.4 关键源代码注解

```
//cTime_t.h Begin
#include <iostream.h>
#include <time.h>
#ifndef cTime_t_h
#define cTime_t_h
class cTime_t//时间类
{    static int FlagMoreDay;      //时间是否超过一天标志
     static int FlagLessDay;
     static int format;
     int Seconds;
     int Minutes;
     int Hours;
     struct tm *CurrentTime;
     time_t time_date;
public:
     cTime_t();
     cTime_t(const cTime_t &T);
     cTime_t(int hour,int min=0,int sec=0):Seconds(sec),Minutes(min),Hours(hour) {};
~cTime_t(){};
     const cTime_t& operator = (const cTime_t& T);
     inline void SetSec (int sec) {Seconds=sec;}      //设置秒数
     inline void SetMin (int min) {Minutes=min;}      //设置分钟
     inline void SetHour (int hour) {Hours=hour;}      //设置小时数
     void print() const;      //输出
     inline int GetSec () const {return Seconds;}      //返回秒数
     inline int GetMin () const {return Minutes;}      //返回分钟
```

```
        inline int GetHour () const {return Hours;}      //返回小时数
        bool operator < (const cTime_t& T)const;      //重载<运算符
        bool operator <= (const cTime_t& T)const;      //重载<=运算符
        bool operator > (const cTime_t& T)const;      //重载>运算符
        bool operator >= (const cTime_t& T)const;      //重载>=运算符
        bool operator == (const cTime_t& T)const;      //重载==运算符
        bool operator ! = (const cTime_t& T)const;      //重载! =运算符
        const cTime_t operator + (const cTime_t& T) const;      //重载+运算符
        const cTime_t operator - (const cTime_t& T) const;      //重载-运算符
        void operator ++ ();      //重载++运算符
        void operator -- ();      //重载--运算符
        static void ChangeFormat() { format = (format==1)? 2 : 1 ; }      //改变时间格式
        friend ostream& operator << (ostream &out,const cTime_t &T) ;      //重载输出流
        friend istream& operator >> (istream &in, cTime_t &T) ;      //重载输入流
        friend class cTDmanage;
};
#endif
//cTime_t. cpp
//implementation of cTime_t
#include "cTime_t. h"
int cTime_t::format=1;
int cTime_t::FlagMoreDay=0;
int cTime_t::FlagLessDay=0;
cTime_t::cTime_t()      //构造函数,赋值系统当前时间
{     time_date=time(0);
      CurrentTime=localtime(&time_date);
      Seconds=CurrentTime->tm_sec;
      Minutes=CurrentTime->tm_min;
      Hours=CurrentTime->tm_hour;
}
cTime_t::cTime_t(const cTime_t &T)      //拷贝的构造函数
{     Seconds=T. Seconds;
      Minutes=T. Minutes;
      Hours=T. Hours;
}
const cTime_t& cTime_t::operator = (const cTime_t& T)      //重载 = 运算符
{     Seconds=T. Seconds;
      Minutes=T. Minutes;
      Hours=T. Hours;
      return *this;
}
void cTime_t::print() const      //输出函数
{     switch(format)
```

```
{
case 1:
    if(Seconds<10 && Minutes<10)
    cout<<"The time is:  "<< Hours<<":0"<<Minutes<<":0"<<Seconds<<"."<<endl;
    else if(Seconds<10)
        cout<<"The time is:  "<< Hours<<":"<<Minutes<<":0"<<Seconds<<"."<<
endl;
    else if(Minutes<10)
        cout<<"The time is:  "<< Hours<<":0"<<Minutes<<":"<<Seconds<<"."<<
endl;
    else
        cout<<"The time is:  "<< Hours<<":"<<Minutes<<":"<<Seconds<<"."<<
endl;
    break;
case 2:
    if(Hours<=12)
    {
    if(Seconds<10 && Minutes<10)
    cout<<"The time is:  "<<Hours<<":0"<<Minutes<<":0"<<Seconds<< " AM."<<
endl;
    else if(Minutes<10)
    cout<<"The time is:  "<<Hours<<":0"<<Minutes<<":"<<Seconds<< " AM."<<
endl;
    else if(Seconds<10)
    cout<<"The time is:  "<<Hours<<":"<<Minutes<<":0"<<Seconds<< " AM."<<
endl;
    else
    cout<<"The time is:  "<<Hours<<":"<<Minutes<<":"<<Seconds<< " AM."<<
endl;
    }
    else
    {
    if (Seconds<10 && Minutes<10)
    cout<<"The time is:  "<<Hours-12<<":0"<<Minutes<<":0"<<Seconds<< " PM."
<<endl;
    else if (Minutes<10)
    cout<<"The time is:  "<<Hours-12<<":0"<<Minutes<<":"<<Seconds<< " PM."<
<endl;
    else if (Seconds<10)
    cout<<"The time is:  "<<Hours-12<<":"<<Minutes<<":0"<<Seconds<< " PM."<
<endl;
    else
    cout<<"The time is:  "<<Hours-12<<":"<<Minutes<<":"<<Seconds<< " PM."<
```

```
<<endl;
          }
          break;
     default:
          cout<<"The format is not ok"<<endl;
     }
}
bool cTime_t::operator < (const cTime_t& T)const        //重载 <运算符
{    if (Hours<T.Hours)            return true;
     if(Hours==T.Hours)
     {    if(Minutes<T.Minutes)       return true;
          if(Minutes==T.Minutes)      return (Seconds<T.Seconds);
     }
     return false;
}
bool cTime_t::operator <= (const cTime_t &T)const        //重载 <=运算符
{    if (Hours<T.Hours)      return true;
     if(Hours==T.Hours)
     {    if(Minutes<T.Minutes)       return true;
          if(Minutes==T.Minutes)      return (Seconds<=T.Seconds);
     }
     return false;
}
bool cTime_t::operator > (const cTime_t& T)const        //重载 > 运算符
{    if (Hours>T.Hours)      return true;
     if(Hours==T.Hours)
     {    if(Minutes>T.Minutes)       return true;
          if(Minutes==T.Minutes)
               return (Seconds>T.Seconds);
     }
     return false;
}
bool cTime_t::operator >= (const cTime_t& T)const        //重载 >=运算符
{    if (Hours>T.Hours)
          return true;
     if(Hours==T.Hours)
     {    if(Minutes>T.Minutes)
               return true;
          if(Minutes==T.Minutes)
               return (Seconds>=T.Seconds);
     }
     return false;
}
```

```
bool cTime_t::operator == (const cTime_t &T)const        //重载 ==运算符
{   return ( (Hours==T.Hours) && (Minutes==T.Minutes) && (Seconds==T.Seconds) );}
bool cTime_t::operator != (const cTime_t &T)const//重载 !=运算符
{   return ! ( (Hours==T.Hours) && (Minutes==T.Minutes) && (Seconds==T.Seconds) );}
const cTime_t cTime_t::operator + (const cTime_t &T) const        //重载 +运算符
{   int HourTemp,MinuteTemp,SecondTemp;
    SecondTemp=Seconds+T.Seconds;
    if(SecondTemp>=60)      //超过 1 分钟
    {   SecondTemp-=60;
        MinuteTemp=Minutes+T.Minutes+1;
    }
    else
        MinuteTemp=Minutes+T.Minutes;
    if(MinuteTemp>=60)      //超过 1 小时
    {   MinuteTemp-=60;
        HourTemp=Hours+T.Hours+1;
    }
    else
        HourTemp=Hours+T.Hours;
    if(HourTemp>=24)
    {   FlagMoreDay=1;      //超过 1 天,多于 1 天的标志置 1
        HourTemp-=24;
    }
    return (cTime_t (HourTemp,MinuteTemp,SecondTemp) );
}
const cTime_t cTime_t::operator - (const cTime_t &T) const        //重载 -运算符
{   int HourTemp,MinuteTemp,SecondTemp;
    HourTemp = Hours-T.Hours;
    if(HourTemp<0)
    {   FlagLessDay=1;      //小时相减为负数,将少于 1 天的标志置 1
        HourTemp+=24;
    }
    MinuteTemp=Minutes-T.Minutes;
    if(MinuteTemp<0)      //分钟为负数
    {   MinuteTemp+=60;
        --HourTemp;
    }
    SecondTemp=Seconds-T.Seconds;
    if(SecondTemp<0)
    {   SecondTemp+=60;
        --MinuteTemp;
    }
    return ( cTime_t ( HourTemp,MinuteTemp,SecondTemp) );
```

```
}
void cTime_t::operator ++ ()     //重载 ++运算符,秒数加1
{   if ( (Seconds==59) && (Minutes==59) && (Hours==23) )    // 1天结束
    {   FlagMoreDay=1;    //少于1天的标志置1
        Seconds=0;
        Minutes=0;
        Hours=0;
    }
    else if( (Seconds==59) && (Minutes==59) )    //1小时结束
    {   Seconds=0;
        Minutes=0;
        ++Hours;
    }
    else if( Seconds==59 )    //1分钟结束
    {   Seconds=0;
        ++Minutes;
    }
    else
        ++Seconds;
}
void cTime_t::operator -- ()    //重载 --运算符
{   if ( (Seconds==0) && (Minutes==0) && (Hours==0) )    //1天开始
    {   FlagLessDay=1;
        Seconds=59;
        Minutes=59;
        Hours=23;
    }
    else if( (Seconds==0) && (Minutes==0) )    //1小时开始
    {   Seconds=59;
        Minutes=59;
        --Hours;
    }
    else if( Seconds==0 )
    {   Seconds=59;
        --Minutes;
    }
    else
        --Seconds;
}
//cDate_t.h Begin
#include <iostream.h>
#include <time.h>
#ifndef cDate_t_h
```

```
#define cDate_t_h
#define N 3
class cDate_t      //日期类
{    enum Days {Saturday,Sunday,Monday,Tuesday,Wensday,Thursday,Friday};
     enum Months {None,January,February,Mars,April,May,June,July,August,
September,October,November,December};
     static int format;
     static char Mon[][10];
     static char DDays[][10];
     int Day;
     int Month;
     int Year;
     struct tm *CurrentTime;
     time_t time_date;
     bool Error;
public:
     cDate_t();      //缺省构造函数,初始化为当前时间
     cDate_t(const cDate_t &D);      //拷贝的构造函数
     cDate_t(int year,int month,int day);      //构造函数
     ~cDate_t(){}      //析构函数
     const cDate_t& operator = (const cDate_t& D);      //重载=运算符
     inline void SetDay (int day) {Day=day;}      //设置日期
     inline void SetMon (int mon) {Month=mon;}      //设置月份
     inline void SetYear (int year) {Year=year;}      //设置年份
     void print() const;      //输出
     inline int GetDayOfMonth () const {return Day;}      //返回日期
     inline int GetMonth () const {return Month;}      //返回月份
     inline int GetYear () const {return Year;}      //返回年份
     int GetDayOfYear(int year,int month,int day);      //返回从元旦到所给日期的总天数
     int GetDaysInMonth(int month,int year);      //返回所给日期那月的总天数
     int GetDayOfWeek();      //返回星期
     bool IsLeapYear(int year);      //判断是否闰年
     char* GetDayOfWeekName();      //返回星期的英文
     char* GetNameOfMonth();      //返回月份的英文
     int RetriveDay(int Days,int year);      //将距 year 年元旦的总天数转换为具体月份中的天数
     int RetriveMonth(int Days,int year);      //将距 year 年元旦的总天数转换为具体月份
     bool operator < (const cDate_t& D)const;      //重载<运算符
     bool operator <= (const cDate_t& D)const;      //重载<=运算符
     bool operator > (const cDate_t& D)const;      //重载>运算符
     bool operator >= (const cDate_t& D)const;      //重载>=运算符
     bool operator == (const cDate_t& D)const;      //重载==运算符
     bool operator != (const cDate_t& D)const;      //重载!=运算符
     const cDate_t operator + (const cDate_t& D);      //重载+运算符
```

```
    const cDate_t operator - (const cDate_t& D) ;     //重载-运算符
    void operator ++ ();     //重载++运算符
    void operator -- ();     //重载--运算符
    static void cDate_t::ChangeFormat()     //设置日期格式
    {
    switch(format)
    {
    case 1:     format=2;  break;
    case 2:     format=3;  break;
    case 3:     format=1;
    }
    }
    friend ostream& operator << (ostream &out,const cDate_t &D) ;     //重载输出流
    friend istream& operator >> (istream &in, cDate_t &D) ;     //重载输入流
    void SetError() {Error=false;}     //设置出错标志
    friend class cTDmanage;
};
#endif
#include "cDate_t.h"
#include "error.h"
int cDate_t::format=1;     //静态成员变量
char cDate_t::Mon[][10] = {"Janaury","February","Mars","April","May",
"Juny","July","August","September","October","November","December" };
char cDate_t::DDays[][10] = {"Saturday","Sunday","Monday","Tuesday",
"Wensday","Thursday","Friday" };

cDate_t::cDate_t()     //构造函数,赋值当前时间
{   SetError();
    time_date=time(0);
    CurrentTime=localtime(&time_date);
    Day=CurrentTime->tm_mday;
    Month=CurrentTime->tm_mon+1;
    Year=CurrentTime->tm_year+1900;
}
cDate_t::cDate_t(int year,int month,int day):Year(year),Month(month),Day(day)     //c'tor
{   SetError();
    if (Year<1900)     //错误的数字
    {   Error1();
        Error=true;
    }
}

cDate_t::cDate_t(const cDate_t &D)     //拷贝的构造函数
```

```
{   SetError();
    Day=D.Day;
    Month=D.Month;
    Year=D.Year;
    if (Year<1900)      //bad data
    {   Error1();
        Error=true;
    }
}

const cDate_t& cDate_t::operator = (const cDate_t& D)      //重载赋值运算符
{   Day=D.Day;
    Month=D.Month;
    Year=D.Year;
    if (Year<1900)      //bad data from the other object
    {   Error1();
        Error=true;      //置错误标志
    }
    else
        SetError();      //正确
    return *this;
}
void cDate_t::print() const       //输出
{   char str[N];
    for(int i=0;i<N;++i)
        str[i]=Mon[Month-1][i];      //将月份的英文赋值进 str[]
    str[i]='\0';
    if(Error)     //如果日期出错,输出提示信息
    {   Error2();
        return;
    }
    switch(format)      //判断以什么形式输出
    {
    case 1:      //欧洲格式
        cout<<"The date is: "<< Day<<"/"<<Month<<"/"<<Year<<"."<<endl;
        break;
    case 2:      //美国格式
        cout<<"The date is: "<<Month<<"/"<<Day<<"/"<<Year<< "."<<endl;
        break;
    case 3:      //用英文月份形式代替数字
        cout<<"The date is: "<<Day<<"/"<<str<<"/"<<Year<< "."<<endl;
        break;
    default:
```

```
            cout<<"The format is not ok"<<endl;
        }
}
bool cDate_t::operator < (const cDate_t& D)const      //重载 <运算符
{    if (Year<D.Year)      return true;
     if(Year==D.Year)      {
         if(Month<D.Month)      return true;
         if(Month==D.Month)      return (Day<D.Day);
     }
     return false;
}
bool cDate_t::operator <= (const cDate_t &D)const      //重载 <=运算符
{    if (Year<D.Year)      return true;
     if(Year==D.Year)
     {    if(Month<D.Month)      return true;
          if(Month==D.Month)      return (Day<=D.Day);
     }
     return false;
}
bool cDate_t::operator > (const cDate_t& D)const      //重载 >运算符
{    if (Year>D.Year)      return true;
     if(Year==D.Year)   {
     if(Month>D.Month)      return true;
         if(Month==D.Month)      return (Day>D.Day);
     }
     return false;
}
bool cDate_t::operator >= (const cDate_t &D)const      //重载 >=运算符
{    if (Year>D.Year)      return true;
     if(Year==D.Year){
         if(Month>D.Month)      return true;
         if(Month==D.Month)      return (Day>=D.Day);
     }
     return false;
}
bool cDate_t::operator == (const cDate_t &D)const//重载 ==运算符
{    return ( (Year==D.Year) && (Month==D.Month) && (Day==D.Day) );}
bool cDate_t::operator != (const cDate_t &D)const//重载 !=运算符
{    return ! ( (Year==D.Year) && (Month==D.Month) && (Day==D.Day) );}
const cDate_t cDate_t::operator + (const cDate_t &D)      //重载 +运算符
{    int YearTemp,MonthTemp,DayTemp,NewDays;      //存储结果
     if(Error || D.Error)      //日期对象有错
     {    Error3();      //输出信息
```

```
        return (cDate_t (-1,-1,-1) );
    }
    YearTemp=Year+D. Year;
    NewDays=GetDayOfYear(Year,Month,Day) + GetDayOfYear(D. Year,D. Month,D. Day);
    if(NewDays > ((IsLeapYear(YearTemp))? 366 : 365))      //如果月日相加结果大于1年
    {   NewDays=NewDays - ((IsLeapYear(YearTemp))? 366 : 365);
        YearTemp+=1;     //年份加1,直到小于1年
    }
    DayTemp=RetriveDay(NewDays,YearTemp);
    MonthTemp=RetriveMonth(NewDays,YearTemp);
    return (cDate_t (YearTemp,MonthTemp,DayTemp) );
}
const cDate_t cDate_t::operator - (const cDate_t &D)     //重载 - 运算符
{   int YearTemp,MonthTemp,DayTemp,NewDays,Temp1,Temp2;
    if(Error || D. Error)
    {   Error4();
        return (cDate_t (-1,-1,-1) );
    }
    YearTemp=Year-D. Year;     //年份相减
    if(YearTemp<1900)     //结果出错
    {   Error1();
        return (cDate_t (-1,-1,-1) );
    }
    Temp1=GetDayOfYear(Year,Month,Day);     //取得日期当年的天数
    if(Temp1<0)     //出错,提示信息
    {   Error5();
        return (cDate_t (-1,-1,-1) );
    }
    Temp2=GetDayOfYear(D. Year,D. Month,D. Day);     //取得第二个日期当年的天数
    if(Temp2<0)
    {   Error5();
        return (cDate_t (-1,-1,-1) );
    }
    NewDays= Temp1 - Temp2;     //两个日期天数相减
    if(NewDays<0)     //小于0,结果减掉1年
    {   NewDays = NewDays + ((IsLeapYear(YearTemp))? 366 : 365);
        YearTemp-=1;
    }
    DayTemp=RetriveDay(NewDays,YearTemp);     //重新计算新的日期
    MonthTemp=RetriveMonth(NewDays,YearTemp);     //重新计算新的月份
    return (cDate_t (YearTemp,MonthTemp,DayTemp) );     //返回结果
}
int cDate_t::GetDayOfYear(int year,int month,int day)     //取得日期那年从1月1日起的天数
```

```
{   int NumOfDay=0;      //结果清零
    int DaysIn1Month=0;     //每月的天数
    while(month! =1 && DaysIn1Month! =-1)     //循环累加每月的天数
    {   DaysIn1Month=GetDaysInMonth(month,year);
        NumOfDay+=DaysIn1Month;
        month--;
    }
    if(DaysIn1Month==-1)     return -1;     //出错
    else
    return NumOfDay+day;     //返回最后结果
}
int cDate_t::GetDaysInMonth(int month,int year)     //取得每月的最大天数
{   switch(month)
    {   case January:case Mars: case May: case July: case August: case October:
        case December:     return 31;
        case April: case June: case September: case November:  return 30;
        case February:  if(IsLeapYear(year))   return 29;
            else     return 28;
    }
    return -1;
}
int cDate_t::GetDayOfWeek()     //1/1/1900 是星期一,根据这个日期推断当前日期是星期几
{   int weekday=2 ;     //in 1/1/1900(Saturday==0,Sunday==1,...)
    for(int TheYear=1900;TheYear<Year;++TheYear)     //从 1/1/1900 年开始计算
    {   if(IsLeapYear(TheYear))
            weekday=(weekday+366)%7;
        else
            weekday=(weekday+365)%7;
    }   //年份计算完后,计算月份天数
    for(int TheMonth=1;TheMonth<Month;++TheMonth)
        weekday=(weekday+GetDaysInMonth(TheMonth,Year))%7;
    return (weekday+Day)%7-1;     //日期从 1 号算起,-1 为星期五,出错
}
bool cDate_t::IsLeapYear(int year)     //是否为闰年
{   return (! (year%4)) && (year%100) || (! (year%400));}
char * cDate_t::GetDayOfWeekName()     //转换成星期的英文名
{   int Weekday=GetDayOfWeek();
    return DDays[Weekday];
}
char * cDate_t::GetNameOfMonth()     //转换成月份的英文名
{   return Mon[Month-1];}
int cDate_t::RetriveDay(int Days,int year)     //将日期对象的天数换算为真实日期
{   int day=Days;
```

```
    int leap=(IsLeapYear(year));      //判断该年是否为闰年
    int M = (leap)? 29 : 28;
    for(int mon=1;mon<=12;++mon)
    {
    if ( (day<=31 && (mon==1 || mon==3 || mon==5 || mon==7 || mon==8 || mon==10
|| mon==12)) || (day<=30 && (mon==4 || mon==6 || mon==9 || mon==11))
        || (day<=M && mon==2) )
            return day;
        else      //将每月的天数依次减去,最后剩下的就是真实的天数
            day-=GetDaysInMonth(mon,year);
    }
    return -1;
}
int cDate_t::RetriveMonth(int Days,int year)      //将日期对象的天数换算为真实月份
{   int day=Days;
    int leap=(IsLeapYear(year));
    int M = (leap)? 29 : 28;
    for(int mon=1;mon<=12;++mon)
    {
    if( (day<=31 && (mon==1 || mon==3 || mon==5 || mon==7 || mon==8 || mon==10 ||
mon==12 )) || (day<=30 && (mon==4 || mon==6 || mon==9 || mon==11))
        || (day<=M && mon==2) )      //将每月的天数依次减去,小于最大天数即是该月的月份
            return mon;
        else
            day-=GetDaysInMonth(mon,year);
    }
    return -1;
}
void cDate_t::operator ++ ()      //重载 ++运算符,日期加1
{   if( (Day==GetDaysInMonth(Month,Year)) && (Month==12) )      //到1年结束
    {   Day=1;
        Month=1;
        ++Year;
    }
    else if( (Day==GetDaysInMonth(Month,Year)) )      //1月结束
    {   Day=1;
        ++Month;
    }
    else
        ++Day;
}
void cDate_t::operator -- ()      //重载 -- 运算符,日期减1
{   if( (Day==1) && (Month==1) )      // 1年开始
```

```
    {   Day=31;
        Month=12;
        --Year;
    }
    else if( Day==1 )      //1月开始
    {   --Month;
        Day=GetDaysInMonth(Month,Year);
    }
    else
        --Day;
}
//error.h  Begin
#include <iostream.h>
#ifndef _error_h
#define _error_h
void Error1();
void Error2();
void Error3();
void Error4();
void Error5();
#endif
//error.h  End
//error.cpp
//implementation of error.h
#include "error.h"
void Error1()      //用于构造函数及=运算符运算错误
{   cout<<"You tried to set a year that is less then 1900, which is illegal"<<endl;}
void Error2()      //用于输出一个错误的类对象
{   cout<<"There are error/s in your date (year less then 1900). Can't print date. "<<endl;}
void Error3()      //用于重载 + 运算符出错
{   cout<<"There are error/s in your date (year less then 1900). Can't use + of date. "<<endl;}
void Error4()      //用于重载 - 运算符出错
{   cout<<"There are error/s in your date (year less then 1900). Can't use - of date. "<<endl;}
void Error5()      //用于重载 - 运算符和 GetDayOfYear 函数
{   cout<<"There are error/s in your date (year less then 1900). Can't get day of year. "<<endl;}
//TDmanage.h  Begin
#include <iostream.h>
#include <time.h>
#include "cDate_t.h"
#include "ctime_t.h"
#ifndef TDmanage_h
#define TDmanage_h
class cTDmanage//综合类
```

课程设计 Visual C++

```
{    cTime_t T;      //两个对象
     cDate_t D;
public:
     cTDmanage (){}      //缺省构造函数,用当前日期时间初始化对象
     cTDmanage (const cDate_t &DD): D(DD) {}      //构造函数,用给定日期初始化对象
     cTDmanage (const cTime_t &TT): T(TT) {}      //构造函数,用给定时间初始化对象
     cTDmanage (const cDate_t &DD,const cTime_t &TT): D(DD),T(TT) {}      /*构造函数,用给定日期、时间初始化对象*/
     cTDmanage (int hour,int minute,int second):T(hour,minute,second) {}      /*构造函数,用给定时间初始化对象*/
     cTDmanage (int hour,int minute,int second,int year,int month,int day):T(hour,minute,second),D(year,month,day) {}      //构造函数,用给定日期、时间初始化对象
     void operator = (const cTDmanage& M) {T=M.T ; D=M.D ;}      //重载赋值运算符
     int GetDDayOfWeek() { return D.GetDayOfWeek(); }      //返回星期
     bool IsDLeapYear (int year) { return D.IsLeapYear(year); }      //判断是否闰年
     char* GetDDayOfWeekName() { return D.GetDayOfWeekName(); }      //返回星期的英文名
     char* GetDNameOfMonth() { return D.GetNameOfMonth(); }      //返回月份的英文名
     int RetriveDDay(int Days,int year) { return D.RetriveDay(Days,year); }      /*将距year年元旦的总天数转换为具体月份中的天数*/
     int RetriveDMonth(int Days,int year) { return D.RetriveMonth(Days,year); }      /*将距year年元旦的总天数转换为具体月份*/
     const cTime_t& GetTimeObj () { return T; }      //返回时间成员
     const cDate_t& GetDateObj () { return D; }      //返回日期成员
     void print() const;      //输出
     bool operator <  (const cTDmanage& M)const {return ( (T<M.T ) && (D<M.D) ); }      /*重载<运算符*/
     bool operator <= (const cTDmanage& M)const {return ( (T<=M.T) && (D<=M.D) );}
//重载<=运算符
     bool operator >  (const cTDmanage& M)const {return ( (T>M.T ) && (D>M.D) ); }      /*重载>运算符*/
     bool operator >= (const cTDmanage& M)const {return ( (T>=M.T) && (D>=M.D) );}
//重载>=运算符
     bool operator == (const cTDmanage& M)const {return ( (T==M.T) && (D==M.D) );}
//重载==运算符
     bool operator != (const cTDmanage& M)const {return ( (T!=M.T) && (D!=M.D) );}
//重载!=运算符
     const cTDmanage operator + (const cTDmanage& M) ;      //重载+运算符
     const cTDmanage operator - (const cTDmanage& M) ;      //重载-运算符
     void operator ++ () { AddDay() ; AddSecond() ; }      //重载++运算符
     void AddDay() { ++D; }      //综合类对象日期加1天
     void AddSecond() { ++T; }      //综合类对象时间加1秒
     void ChangeDateFormat() { D.ChangeFormat(); }      //改变日期格式
     void ChangeTimeFormat() { T.ChangeFormat(); }      //改变时间格式
```

```
    friend ostream& operator << (ostream &out,const cTDmanage &M) ;     //重载输出流
    friend istream& operator >> (istream &in, cTDmanage &M) ;     //重载输入流
};
#endif
//TDmanage.cpp
#include "TDmanage.h"
void cTDmanage::print() const
{   D.print();
    T.print();
}
const cTDmanage cTDmanage::operator + (const cTDmanage& M)     //重载 + 运算符
{   cTime_t TT = T + M.T;     //时间加时间
    cDate_t DD = D + M.D;     //日期加日期
    if(cTime_t::FlagMoreDay==1) ++DD.Day;
    cTime_t::FlagMoreDay=0;
    return ( cTDmanage ( DD,TT) );     //返回结果
}
const cTDmanage cTDmanage::operator - (const cTDmanage& M)     //重载 - 运算符
{   cTime_t TT = T - M.T;
    cDate_t DD = D - M.D;
    if(cTime_t::FlagLessDay==1)  --DD.Day;
    cTime_t::FlagLessDay=0;
    return ( cTDmanage ( DD,TT) );
}
//TDglobals.cpp  Begin
#include <iostream.h>
#include "cTime_t.h"
#include "cDate_t.h"
#include "TDmanage.h"
#include "error.h"
//全局函数
ostream& operator << (ostream &out,const cTime_t &T)     //时间类重载输出 << 运算符
{   switch(cTime_t::format)
    {   case 1:
        if(T.Seconds<10 && T.Minutes<10)
            out<<"The                    time                    is:                    "<<
T.Hours<<":0"<<T.Minutes<<":0"<<T.Seconds<<"."<<endl;
        else if (T.Seconds<10)
            out<<"The                    time                    is:                    "<<
T.Hours<<":"<<T.Minutes<<":0"<<T.Seconds<<"."<<endl;
        else if(T.Minutes<10)
            out<<"The                    time                    is:                    "<<
T.Hours<<":0"<<T.Minutes<<":"<<T.Seconds<<"."<<endl;
```

```
        else
            out<<"The                    time                    is:                    "<<
T.Hours<<":"<<T.Minutes<<":"<<T.Seconds<<"."<<endl;
        break;
    case 2:
        if(T.Hours<=12)
        {
        if(T.Seconds<10 && T.Minutes<10)
            out<<"The time is:  "<<T.Hours<<":0"<<T.Minutes<<":0"<<T.Seconds<< "
AM."<<endl;
        else if(T.Seconds<10)
            out<<"The time is:  "<<T.Hours<<":"<<T.Minutes<<":0"<<T.Seconds<< "
AM."<<endl;
        else if(T.Minutes<10)
            out<<"The                    time                    is:                    "<<
T.Hours<<":0"<<T.Minutes<<":"<<T.Seconds<<"AM."<<endl;
        else
            out<<"The time is:"<<T.Hours<<":"<<T.Minutes<<":"<<T.Seconds<< "
AM."<<endl;
        }
        else
        {
        if(T.Seconds<10 && T.Minutes<10)
            out<<"The time is:  "<<T.Hours-12<<":0"<<T.Minutes<<":0"<<T.Seconds<
< " PM."<<endl;
        else if(T.Seconds<10)
            out<<"The time is:  "<<T.Hours-12<<":"<<T.Minutes<<":0"<<T.Seconds<
< " PM."<<endl;
        else if(T.Minutes<10)
            out<<"The                    time                    is:                    "<<
T.Hours<<":0"<<T.Minutes<<":"<<T.Seconds<<"PM."<<endl;
        else
            out<<"The time is:  "<<T.Hours-12<<":"<<T.Minutes<<":"<<T.Seconds<<
" PM."<<endl;
        }
        break;
    default:
        out<<"The format is not ok"<<endl;
    }
    return out;
}
istream& operator >> (istream &in, cTime_t &T)      //时间类重载输入 >> 运算符
{   cout<<"Enter hour:";
```

```
    in>>T. Hours;
    cout<<"Enter Minutes:";
    in>>T. Minutes;
    cout<<"Enter Seconds:";
    in>>T. Seconds;
    return in;
}
ostream& operator << (ostream &out,const cDate_t &D)     //日期类重载输出 << 运算符
{   if(D. Error)
    {   Error2();          return out;     }
    switch(cDate_t::format)
    {
    case 1:      //欧洲格式
        out<<"The date is:  "<< D. Day<<"/"<<D. Month<<"/"<<D. Year<<"."<<endl;
        break;
    case 2:      //美国格式
        out<<"The date is:  "<<D. Month<<"/"<<D. Day<<"/"<<D. Year<< "."<<endl;
        break;
    case 3:      //月份为英文形式
    out<<"The date is:  "<<D. Day<<"/"<<D. Mon[D. Month-1]<<"/"<<D. Year<< "."<
<endl;
        break;
    default:
        out<<"The format is not ok"<<endl;
    }
    return out;
}
istream& operator >> (istream &in, cDate_t &D)     //日期类重载 >> 运算符
{   cout<<"Enter year:";
    in>>D. Year;
    cout<<"Enter month (1-12):";
    in>>D. Month;
    cout<<"Enter day (1-31):";
    in>>D. Day;
    if (D. Year<1900)
    {   Error1();
        D. Error=true;
    }
    else
        D. Error=false;
    return in;
}
ostream& operator << (ostream &out,const cTDmanage &M)     //重载综合类输出 << 运算符
```

```
{    out<<M.D<<" and "<<M.T<<endl;
     return out;
}
istream& operator >> (istream &in, cTDmanage &M)        //重载综合类输入 >> 运算符
{    in>>M.D;
     in>>M.T;
     return in;
}
//TDglobals.cpp End
```

第2题　日期格式处理

6.2.1　程序功能简介

程序能处理诸如2－12－2004或2/12/2004等格式的日期输入，并能进行日期的加法计算，输出日期的字符串形式，如1－MAR－2003，同时还能进行两个日期的大小比较，返回两个日期相差的天数及月份数。

6.2.2　课程设计要求

(1) 将日期加天数的成员函数　void AddDays(int days)改为重载 ＋运算符。

(2) 将计算两个日期相差天数的成员函数　int FindDifferenceInDays(DateFormatter)改为重载－运算符。

(3) 设计重载运算符 '－'的函数，实现日期对象减去天数的功能。

(4) 设计重载运算符 '＋＋','－ －'的函数，实现日期对象天数自加、自减的功能。

(5) 设计重载输入输出流函数，实现日期对象的输入、输出操作，要求输入能自动识别多种格式的日期方式，若日期数据有错(如输入的月份为13月等)能自动予以提示并重新输入，输出时能同时输出各种格式的日期。

(6) 修改main函数结构，采用菜单选项的形式，分别测试成员函数或重载运算符函数的功能。

评定难易等级：B级。

注：运算符重载函数既可重载为成员函数也可以重载为友元函数。

6.2.3　程序设计思想

1) 类的结构

该程序比较简单，类的结构也很合理，将课程设计中要求的各种重载运算符函数添加进去即可。

2) main函数的结构

main函数采用菜单选项的形式，一开始先显示系统日期，然后出现菜单选项，询问用户做何操作，建议的菜单选项如下：

1. 日期加天数
2. 日期减天数
3. 日期减日期
4. 日期减月份
5. 日期自加
6. 日期自减
0. 退出

要求日期的输入输出均采用重载的输入输出流实现，在日期减日期前首先比较两日期的大小，若不能相减则输出提示信息。

6.2.4 关键源代码注解

```
/*日期格式处理——源代码及关键源代码注解如下：*/
#include <iostream>
#include<time.h>
#include<string>
using namespace std;

class DateFormatter      //日期格式类
{
private:
    int day;
    int mon;
    int year;
public:
    DateFormatter();
    DateFormatter(int day,int mon,int year);
    DateFormatter(char * date);
    inline int GetDay() {   return day; }     //返回日期
    inline int GetMonth() { return mon; }     //返回月份
    inline int GetYear() { return year; }     //返回年份
    inline void SetDay(int d) { day = d; }     //设置日期
    inline void SetMonth(int m) { mon =m; }     //设置月份
    inline void SetYear(int y) { year = y; }     //设置年份
    inline bool IsLeapYear()     //查看是否是闰年
    {   float rem = year%4;
        if(rem == 0.0) {
            return true;
        }else {
            return false;
        }
    }
    void AddDays(int days);      //在日期上加上天数
    void IncrementMonth();      //在日期上加上月份
    char * GetDate();
    int FindDifferenceInMonths(DateFormatter);      //返回两个日期间月份的差值
    int FindDifferenceInDays(DateFormatter);      //返回两个日期间天数的差值
    static char * Today()     //返回当前系统时间的字符串
    {   const time_t curr = time(0);
        tm *dt = localtime(&curr);
        int d = dt->tm_mday;
        int y = (dt->tm_year+1900);
        int m = dt->tm_mon;
```

```
            char mn[4];
            strcpy(mn,FindMonth(m));
            char ret[25];
            strcpy(ret,FormatDate(d,mn,y));
            return ret;
        }
        char * GetFormattedDate();
        int operator < (DateFormatter df);
        int operator > (DateFormatter df);
        int operator == (DateFormatter df);
private:
        static char * FindMonth(int m)        //根据月份返回表示月份的字符串
        {   if(m ==0) {
            return "JAN";
        }else if(m == 1) {
            return "FEB";
        }else if(m == 2) {
            return "MAR";
        }else if(m == 3) {
            return "APR";
        }else if(m == 4) {
            return "MAY";
        }else if(m == 5) {
            return "JUN";
        }else if(m == 6) {
            return "JUL";
        }else if(m == 7) {
            return "AUG";
        }else if(m == 8) {
            return "SEP";
        }else if(m == 9) {
            return "OCT";
        }else if(m == 10) {
            return "NOV";
        }else if(m == 11) {
            return "DEC";
        }else {
            return "NUL";
        }
        }
        int FindMonthInNumber(string m);      //将用字符串表示的月份形式转换为数字形式
        static char * FormatDate(int d,char * m,int y)      //将时间用字符串形式表示
        {   char * dy = new char[25];
```

```
        char * yr = new char[25];
        dy = itoa(d,dy,10);
        yr = itoa(y,yr,10);
        strcat(dy,"-");
        strcat(dy,m);
        strcat(dy,"-");
        strcat(dy,yr);
        return dy;
    }
    string to_lower(string s);        //将字符串中所有字母转换为小写
    int FindDaysInMonth(int m)        //返回月份中的最大天数
    {   if(m == 0) {
            return 31;
        }else if(m == 1) {
            if(IsLeapYear()) {
                return 29;
            }else {
                return 28;
            }
        }else if(m == 2) {
            return 31;
        }else if(m == 3) {
            return 30;
        }else if(m == 4) {
            return 31;
        }else if(m == 5) {
            return 30;
        }else if(m == 6) {
            return 31;
        }else if(m == 7) {
            return 31;
        }else if(m == 8) {
            return 30;
        }else if(m == 9) {
            return 31;
        }else if(m == 10) {
            return 30;
        }else if(m == 11) {
            return 31;
        }
        return -1;
    }
};
```

```
DateFormatter::DateFormatter()        //构造函数,将成员数据赋值为当前系统时间
{    const time_t curr = time(0);
     tm *dt = localtime(&curr);
     this->day = dt->tm_mday;
     this->mon = dt->tm_mon;
     this->year = (dt->tm_year+1900);
}
DateFormatter::DateFormatter(int day,int mon,int year)      //构造函数,用指定时间设置成员数据
{    this->day = day;
     this->mon = mon;
     this->year = year;
}
DateFormatter::DateFormatter(char* date)      /* 构造函数,将用字符串表示的日期形式还原成整型,可
以识别诸如 1/1/03 1-12-2003 等形式的字符串 */
{
     if(strlen(date) > 8) {
          string s1 = date;
          int p = s1.find_first_of('-');      //找到第一个'-',如 12-2-2003
          string day;
          string month;
          string year;
          if(p == 2) {
               day = s1.substr(0,2);      //取出日期
               month = s1.substr(3,3);      //取出月份
               year = s1.substr(7,4);      //取出年份
          }else if(p==1){
               day = s1.substr(0,1);
               month = s1.substr(2,3);
               year = s1.substr(6,4);
          }
          char cday[5];
          strcpy(cday,day.c_str());      //日期转换为字符串
          char cyear[5];
          strcpy(cyear,year.c_str());
          this->day = atoi(cday);      //再将字符串转换为整型数字
          this->mon = FindMonthInNumber(month);
          this->year = atoi(cyear);
     }
     else if(strlen(date) == 8 || strlen(date) == 7 || strlen(date) == 6)
     {    int len = strlen(date);
          string str = date;
          string day;
          string month;
```

```
string year;
int p1 = str.find_first_of('-');
if(p1 <= 0) p1 = str.find_first_of('/');      //如果格式中无'-',寻找'/'
int p2 = str.find_last_of('-');
if(p2 <= 0) p2 = str.find_last_of('/');
if(len == 8) {
    day = str.substr(0,2);      //同样将年、月、日转换成整型数字
    month = str.substr(3,2);
    year = str.substr(6,2);
}else if(len == 7) {
    if(p1 == 1) {
        day = str.substr(0,1);
        if(p2 == 3) {
            month = str.substr(2,1);
            year = str.substr(4,2);
        }else {
            month = str.substr(2,2);
            year = str.substr(5,2);
        }
    }else {
        day = str.substr(0,2);
        if(p2 == 3) {
            month = str.substr(2,1);
            year = str.substr(4,2);
        }else {
            month = str.substr(3,2);
            year = str.substr(5,2);
        }
    }
}else if(len == 6) {
    day = str.substr(0,1);
    month = str.substr(2,1);
    year = str.substr(4,2);
}
int m = atoi((month.c_str()));
m -= 1;
int yr = atoi((year.c_str()));
char y[5];
if(yr >= 0 && yr <= 70)      //再将年份前面补上世纪
{   strcpy(y,"20");
    strcat(y,year.c_str());
} else {
    strcpy(y,"19");
```

```
            strcat(y,year.c_str());
        }
        this->day = atoi((day.c_str()));
        this->mon = m;
        this->year = atoi(y);
    }
}
int DateFormatter::FindMonthInNumber(string m)      //识别月份的英文形式，还原成整数
{   if(to_lower(m)=="jan") {
        return 0;
    }else if(to_lower(m)=="feb") {
        return 1;
    }else if(to_lower(m)=="mar") {
        return 2;
    }else if(to_lower(m)=="apr") {
        return 3;
    }else if(to_lower(m)=="may") {
        return 4;
    }else if(to_lower(m)=="jun") {
        return 5;
    }else if(to_lower(m)=="jul") {
        return 6;
    }else if(to_lower(m)=="aug") {
        return 7;
    }else if(to_lower(m)=="sep") {
        return 8;
    }else if(to_lower(m)=="oct") {
        return 9;
    }else if(to_lower(m)=="nov") {
        return 10;
    }else if(to_lower(m)=="dec") {
        return 11;
    }else {
        return -1;
    }
}
string DateFormatter::to_lower(string s)      //将字符串中的大写转换成小写
{   int len = s.length();
    for(int i=0;i<len;i++) {
        if(s[i] >= 'A' && s[i] <= 'Z') {
            s[i] = tolower(s[i]);
        }
    }
```

```
    return s;
}
char * DateFormatter::GetDate()      //将以整型表示的日期转换为字符串的形式
{   char * d = new char[25];
    char * m = new char[5];
    char * y = new char[5];
    d = itoa(day,d,10);
    m = itoa((mon+1),m,10);
    y = itoa(year,y,10);
    strcat(d,"/");
    strcat(d,m);
    strcat(d,"/");
    strcat(d,y);
    char ret[25];
    strcpy(ret,d);
    delete[] d;
    delete[] m;
    delete[] y;
    return ret;
}
char * DateFormatter::GetFormattedDate()      //将用整数表示的时间改用字符串表示
{   char mn[5];
    strcpy(mn,FindMonth(mon));
    char ret[25];
    strcpy(ret,FormatDate(day,mn,year));
    return ret;
}
void DateFormatter::AddDays(int days)     //日期加上天数成为一个新的日期,递归计算
{   if(days <= 0) return;
    int curr_day = this->day;     //取对象当前日期
    int curr_mon = this->mon;     //取对象当前月份
    int days_in_mon = FindDaysInMonth(curr_mon);     //当前月份中共有多少天数
    if(this->mon == 11 && days_in_mon == curr_day)     //当月份为 12 月且当前日期为 31 天时
    {   this->year++;     //对象年份加 1
    }
    if(days_in_mon == curr_day)     //当前日期计满时
    {   this->mon++;     //当前月份加 1
        this->day=0;     //日期清零
        curr_day=0;     //当前日期清零(可省略)
        if(this->mon > 11)     //当前月份为 12 月,月份变为 1 月
        {   this->mon = 0;   }
        days_in_mon = FindDaysInMonth(this->mon);     //新月份的天数
    }
```

```
    if(days <= days_in_mon)      //相加的日期数小于新月份的天数
    {   this->day += days;      //当前日期加上新天数
        if(this->day > days_in_mon)     //若大于当前月份应有的天数
        {   this->mon++;     //当前月份加 1
            if(this->mon > 11)     //当前月份为 12 月,月份变为 1 月
            {   this->mon = 0;     }
            this->day -=days_in_mon;     //当前天数标准化
        }
        return;
    }
    else     //当相加的天数大于当前月份的天数时
    {   int days_to_add = days_in_mon - curr_day;     //计算补满月份还需要的天数
        this->day += days_to_add;     //补满当前月份的天数
        if(this->day > days_in_mon)     //天数多余当前月份
        {   this->day = 1;     //为第一号
        }
        int rem_days = days - days_to_add;     //求出剩余的天数
        AddDays(rem_days);     //递归计算
        return;
    }
}
void DateFormatter::IncrementMonth()     //月份加 1
{   mon++;
    if(mon > 11)
    {   mon = 0;
        year++;
    }
}
int DateFormatter::FindDifferenceInMonths(DateFormatter dft)     /*返回参数时间与对象时间相差的月
份*/
{   int diff = 0;
    if(dft > *this)     //参数时间大于对象时间
    {   return -1;  }
    else if(dft == *this)     //参数时间等于对象时间
    {   return 0;     }
    else
    {   while(1)
        {   dft.IncrementMonth();     //参数时间加 1
            diff++;     //差值加 1
            if((dft.GetYear() == this->year) && (dft.GetMonth() == this->mon))     /*当与
对象时间相同,终止循环*/
            {   break;     }
        }
```

```
    }
    if(this－>GetDay() < dft.GetDay())     //参数时间小于对象时间
    {   diff－－；}     //差值减1
    return diff；    //返回差值
}
int DateFormatter::FindDifferenceInDays(DateFormatter dft)     //返回参数时间与对象时间相差的天数
{   if( * this < dft)     //参数时间大于对象时间
    {   return －1；    }
    else if( * this == dft)     //参数时间等于对象时间
    {   return 0；    }
    else
    {   int ret = 0；
        while(1)
        {   if(dft ==  * this)     //参数时间等于对象时间
            {   break；    }     //终止循环
            dft.AddDays(1)；    //参数时间加1
            ret＋＋；    //差值加1
        }
        return ret；
    }
}
int DateFormatter::operator < (DateFormatter df)     //重载<运算符,对象时间大于参数时间返回1
{   if(df.year > this－>year) {
        return 1；
    }else if(df.year == this－>year && df.mon > this－>mon) {
        return 1；
    }else if(df.mon == this－>mon && df.day > this－>day) {
        return 1；
    }else {
        return 0；
    }
}
int DateFormatter::operator > (DateFormatter df)     //重载>运算符,对象时间小于参数时间返回1
{   if(df.year < this－>year) {
        return 1；
    }else if(df.year == this－>year && df.mon < this－>mon) {
        return 1；
    }else if(df.mon == this－>mon && df.day < this－>day) {
        return 1；
    }else {
        return 0；
    }
}
```

```
int DateFormatter::operator==(DateFormatter df)        //重载==运算符,对象时间等于参数时间返回1
{   if( (df.year == this->year)
        && (df.mon == this->mon) && (df.day == this->day)) {
        return 1;
    }else {
        return 0;
    }
}
int main()     //测试上面的各项成员函数
{   DateFormatter dft1("1-MAR-2001");
    DateFormatter dft2("30/4/02");
    char tmp[25];
    strcpy(tmp,dft1.GetFormattedDate());
    cout<<"First date : "<<tmp<<endl;
    strcpy(tmp,dft2.GetFormattedDate());
    cout<<"Second date: "<<tmp<<endl;
    cout<<"Diif in days: "<<dft2.FindDifferenceInDays(dft1)<<endl;
    cout<<"Diif in months: "<<dft2.FindDifferenceInMonths(dft1)<<endl;
    strcpy(tmp,dft1.Today());
    cout<<"Today is: "<<tmp<<endl;
    dft2.AddDays(35);
    strcpy(tmp,dft2.GetFormattedDate());
    cout<<"Added 35 days to date 2: "<<tmp<<endl;
    dft1.IncrementMonth();
    strcpy(tmp,dft1.GetDate());
    cout<<"Incremented first date's month: "<<tmp<<endl;
    cout<<"Date1 < Date2: "<<(dft1 < dft2)<<endl;
    cout<<"Date1 == Date2: "<<(dft1 == dft2)<<endl;
    cout<<"Date1 > Date2: "<<(dft1 > dft2)<<endl;
    return 0;
}
```

7 多媒体应用程序

第1题　屏保程序

7.1.1　程序功能简介

这是一个屏保程序，可以显示时钟或礼花。

7.1.2　课程设计要求

(1) 可以随时任意修改时钟显示的时间，并可以设定报时功能，即时钟到设定的时间即自动响铃。

(2) 改进礼花程序，使之随机变换多种颜色和形状。

(3) 设定屏幕锁定功能，任按一键后要求输入密码（自定），如密码符合才能返回，否则继续执行屏保程序。

评定难易级别：B级。

7.1.2　程序设计思想

(1) 多媒体中设计屏幕显示图形功能的程序只能在DOS界面上运行，是标准C的程序，因为其中调用的图形库graphics.h只能在C的编译系统下调用，在VC++下若要显示图形则要调用Visual部分的CDC类的函数，在这里不涉及。

(2) 图形函数库中各个做图函数功能的解释在参考文献4中有详细介绍。

(3) 在程序开始首先询问从屏保恢复屏幕是否需要密码，如果需要，则输入密码并将密码保存。然后由用户选择进入哪项屏保。进入闹钟屏保后要先询问是否自己设置时间，是否指定闹钟报时时间，需要报时时设置一个标志位，不断将闹钟显示的当前时间与设定的时间比较，当时间吻合时启动音乐程序报时，例如音乐报时的程序如下：

```
SoundSing_f()     //闹钟时间到报铃的声音
{   unsigned naSing[]={262, 250, 294, 250, 330, 250, 262,250,
    262,250,294,250,330,250,262,250,
    330,250,349,250,392,500,
    330,250,349,250,392,500,
    392,125,440,125,392,125,349,125,330,250,262,250,
    392,125,440,125,392,125,349,125,330,250,262,250,
    294,250,196,250,262,500,
    294,250,196,250,262,500,0,0};
    unsigned int * naPoint;
    naPoint=naSing;
    while( * naPoint)
    {   sound(( * naPoint++));
        delay(200 * ( * naPoint++));
        nosound();
    }
```

```
}
```

(4) 礼花程序相对比较简单，礼花的形状无需改变，只是将形成礼花的圆和点的颜色改为随机的，就可出现五彩缤纷的效果，同时，将判别按键的语句放在循环内部，一旦按下，立即中止循环。

7.1.4 关键源代码注解

```
/*屏保程序——源代码及关键源代码注解如下：*/
#include <stdio.h>
#include <conio.h>
#include <dos.h>
#include <graphics.h>
#include <math.h>
#include <bios.h>
#include<stdlib.h>
void Clock_f()      //时钟
{  int gd=DETECT,gm,no,rad=210;
   struct   time t;
   float theta,x,y,x1,y1,theta1,theta2;
   char des[40],ch;
   initgraph(&gd,&gm,"");      //设置图形方式
   setcolor(14);
   circle(320,240,180);      //画时钟圆盘
   circle(320,240,15);
   setcolor(BLACK);
   circle(320,240,170);
   circle(320,240,165);
   circle(320,240,158);
   circle(320,240,16);
   setcolor(11);
   for(theta=0.0,no=0;no<60;no++,theta+=.1047)      //画时钟的小时指针
   {   if(no%5==0)
     {  x=320+158*cos(theta);
        y=240+158*sin(theta);
     }
     else
     {  x=320+165*cos(theta);
        y=240+165*sin(theta);
     }
        x1=320+170*cos(theta);
        y1=240+170*sin(theta);
        line(x,y,x1,y1);
   }
```

```
settextjustify(CENTER_TEXT,CENTER_TEXT);
setcolor(YELLOW);
for(no=1,theta=5.236;no<=12;no++,theta+=.524)
{x=320+rad*cos(theta);      //写时钟上的数字
 y=240+rad*sin(theta);
 settextstyle(GOTHIC_FONT,HORIZ_DIR,5);
 sprintf(des,"%d",no);
 outtextxy(x,y,des);
}
gettime(&t);     //取得系统时间
theta1=(.0175*6*t.ti_min)-1.5708;
theta2=(.0175*30*(t.ti_hour%12+t.ti_min/60.0))-1.5708;
while(bioskey(1)==0)      //判断是否按键
{gettime(&t);
 theta=(.0175*6*t.ti_sec)-1.5708;      //以下是计算三个指针的位置及画指针
 x=320+15*cos(theta);
 y=240+15*sin(theta);
 x1=320+150*cos(theta);
 y1=240+150*sin(theta);
 setcolor(11);
 setlinestyle(SOLID_LINE,1,1);
 line(x,y,x1,y1);
 sound(7000);     //闹钟滴答的声音
 delay(100);
 nosound();
 delay(900);
 setcolor(BLACK);
 line(x,y,x1,y1);
 setlinestyle(SOLID_LINE,1,3);
 x=320+15*cos(theta1);
 y=240+15*sin(theta1);
 x1=320+150*cos(theta1);
 y1=240+150*sin(theta1);
 line(x,y,x1,y1);
 x=320+15*cos(theta2);
 y=240+15*sin(theta2);
 x1=320+100*cos(theta2);
 y1=240+100*sin(theta2);
 line(x,y,x1,y1);
 theta1=(.0175*6*(t.ti_min+t.ti_sec/60.0))-1.5708;      //计算当前时间
 x=320+15*cos(theta1);      //指针移动
 y=240+15*sin(theta1);
 x1=320+150*cos(theta1);
```

```
    y1=240+150*sin(theta1);
    setcolor(14);
    line(x,y,x1,y1);
    circle(320,240,15);
    theta2=(.0175*30*(t.ti_hour%12+t.ti_min/60.0))-1.5708;
    x=320+15*cos(theta2);
    y=240+15*sin(theta2);
    x1=320+100*cos(theta2);
    y1=240+100*sin(theta2);
    line(x,y,x1,y1);
   }
  getch();
  closegraph();
}
void Boom_f(void)    //礼花
{  int gd=DETECT, gm;
   int maxx=0, maxy=0, midx=0, midy=0, a=0, b=0, x=0, y=0, k=0;
   initgraph(&gd, &gm, "");
   maxx=getmaxx(), maxy=getmaxy(), midx=maxx/2, midy=maxy/2;    //返回屏幕的x的最大坐标
   randomize();
   while(bioskey(1)==0)
   {  x=60;
      y=50;
      for(b=-100;b<=100;b+=10)
      {  k=random(15);
         if(k==0)k=1;
         for(a=0;a<=50;a++)    //循环显示礼花图案
         {
   {
         putpixel((midx+a)+b, (midy+a)+b, k);    //画点,其中点的坐标和颜色均为随机值
         putpixel((midx+a)+b, (midy-a)+b, k);
         putpixel((midx-a)+b, (midy+a)+b, k);
         putpixel((midx-a)+b, (midy-a)+b, k);}
         putpixel((midx)+b, (midy+a)+b, k+8);
         putpixel((midx)+b, (midy-a)+b, k+8);
         putpixel((midx+a)+b, (midy)+b, k+8);
         putpixel((midx-a)+b, (midy)+b, k+8);
         putpixel((midx+a)+b+x, (midy+a)+b+y, k);
         putpixel((midx+a)+b+x, (midy-a)+b+y, k);
         putpixel((midx-a)+b+x, (midy+a)+b+y, k);
         putpixel((midx-a)+b+x, (midy-a)+b+y, k);
         putpixel((midx)+b+x, (midy+a)+b+y, k+8);
         putpixel((midx)+b+x, (midy-a)+b+y, k+8);
```

```
putpixel((midx+a)+b+x, (midy)+b+y, k+8);
putpixel((midx-a)+b+x, (midy)+b+y, k+8);
putpixel((midx+a)+b-x, (midy+a)+b-y, k);
putpixel((midx+a)+b-x, (midy-a)+b-y, k);
putpixel((midx-a)+b-x, (midy+a)+b-y, k);
putpixel((midx-a)+b-x, (midy-a)+b-y, k);
putpixel((midx)+b-x, (midy+a)+b-y, k+8);
putpixel((midx)+b-x, (midy-a)+b-y, k+8);
putpixel((midx+a)+b-x, (midy)+b-y, k+8);
putpixel((midx-a)+b-x, (midy)+b-y, k+8);
putpixel((midx+a)+b+x, (midy+a)+b-y, k);
putpixel((midx+a)+b+x, (midy-a)+b-y, k);
putpixel((midx-a)+b+x, (midy+a)+b-y, k);
putpixel((midx-a)+b+x, (midy-a)+b-y, k);
putpixel((midx)+b+x, (midy+a)+b-y, k+8);
putpixel((midx)+b+x, (midy-a)+b-y, k+8);
putpixel((midx+a)+b+x, (midy)+b-y, k+8);
putpixel((midx-a)+b+x, (midy)+b-y, k+8);
putpixel((midx+a)+b-x, (midy+a)+b+y, k);
putpixel((midx+a)+b-x, (midy-a)+b+y, k);
putpixel((midx-a)+b-x, (midy+a)+b+y, k);
putpixel((midx-a)+b-x, (midy-a)+b+y, k);
putpixel((midx)+b-x, (midy+a)+b+y, k+8);
putpixel((midx)+b-x, (midy-a)+b+y, k+8);
putpixel((midx+a)+b-x, (midy)+b+y, k+8);
putpixel((midx-a)+b-x, (midy)+b+y, k+8);
/* beginning if(a<36) */
circle((midx+a)+b, (midy+a)+b, k);        //画圆,圆心坐标与颜色也是随机值
circle((midx+a)+b, (midy-a)+b, k);
circle((midx-a)+b, (midy+a)+b, k);
circle((midx-a)+b, (midy-a)+b, k);
circle((midx)+b, (midy+a)+b, k+8);
circle((midx)+b, (midy-a)+b, k+8);
circle((midx+a)+b, (midy)+b, k+8);
circle((midx-a)+b, (midy)+b, k+8);
circle((midx+a)+b+x, (midy+a)+b+y, k);
circle((midx+a)+b+x, (midy-a)+b+y, k);
circle((midx-a)+b+x, (midy+a)+b+y, k);
circle((midx-a)+b+x, (midy-a)+b+y, k);
circle((midx)+b+x, (midy+a)+b+y, k+8);
circle((midx)+b+x, (midy-a)+b+y, k+8);
circle((midx+a)+b+x, (midy)+b+y, k+8);
circle((midx-a)+b+x, (midy)+b+y, k+8);
```

```
            circle((midx+a)+b-x, (midy+a)+b-y, k);
            circle((midx+a)+b-x, (midy-a)+b-y, k);
            circle((midx-a)+b-x, (midy+a)+b-y, k);
            circle((midx-a)+b-x, (midy-a)+b-y, k);
            circle((midx)+b-x, (midy+a)+b-y, k+8);
            circle((midx)+b-x, (midy-a)+b-y, k+8);
            circle((midx+a)+b-x, (midy)+b-y, k+8);
            circle((midx-a)+b-x, (midy)+b-y, k+8);
            circle((midx+a)+b+x, (midy+a)+b-y, k);
            circle((midx+a)+b+x, (midy-a)+b-y, k);
            circle((midx-a)+b+x, (midy+a)+b-y, k);
            circle((midx-a)+b+x, (midy-a)+b-y, k);
            circle((midx)+b+x, (midy+a)+b-y, k+8);
            circle((midx)+b+x, (midy-a)+b-y, k+8);
            circle((midx+a)+b+x, (midy)+b-y, k+8);
            circle((midx-a)+b+x, (midy)+b-y, k+8);
            circle((midx+a)+b-x, (midy+a)+b+y, k);
            circle((midx+a)+b-x, (midy-a)+b+y, k);
            circle((midx-a)+b-x, (midy+a)+b+y, k);
            circle((midx-a)+b-x, (midy-a)+b+y, k);
            circle((midx)+b-x, (midy+a)+b+y, k+8);
            circle((midx)+b-x, (midy-a)+b+y, k+8);
            circle((midx+a)+b-x, (midy)+b+y, k+8);
            circle((midx-a)+b-x, (midy)+b+y, k+8);
            delay(25);
            cleardevice();
          }
      }
       }
      closegraph();
}
void main(void)
{    int nChoice;
     do
     {
     printf("\n\t1. CLOCK\n");
     printf("\t2. BOOM\n");
     printf("\t3. EXIT\n");
     scanf("%d",&nChoice);
     switch(nChoice)
     {  case 1:
          Clock_f();
          break;
```

```
        case 2:
          Boom_f();
          break;
        case 3:
          break;
        default:
          printf("input again\n");
      }
    }while(nChoice! =3);
}
```

第 2 题　牛顿法图解方程

7.2.1　程序功能简介

利用牛顿切线法求解固定方程 x＊x－5＊x＋6＝0，并图示解方程过程。因为方程有两个根：x＝2，x＝3，可以选择区域观察牛顿法求解方程的迭代过程。例如，首先，x 的范围输入 1～2.5，x 的起点输入 1，运行程序，就可以在屏幕上看到 x＝2 的根。

7.2.2　课程设计要求

仿照原程序用弦截法求解任意系数之方程，要求如下：

(1) 可以求解一元 n 次方程的实数解，输入 ax^n＋bx^(n－1)＋... 的形式，在程序中识别 n 及各项系数。

(2) 输入 x 的初值范围，输入后要判断范围内是否有实数解。

(3) 画出弦截线及多次迭代的过程，要求有必要的坐标说明。

(4) 输出结果。

(5) 可以从数据文件中读取方程并将方程解输出到该文件中。

评定难易等级：B 级。

7.2.3　程序设计思想

原程序根据用户输入的 x 的范围按比例放大坐标系，可以分段查看方程的曲线及方程解的情况，将这一方法同样应用于图示弦截法求解方程。用弦截法求解方程需要输入两个初值且判断这两个值之间方程是否有惟一解，具体求解的算法参见参考文献 4 的第 155 页。课程设计要求增加了从键盘或文件中输入输出方程、方程解的功能，可以将方程式作为一个字符串读入字符数组中，再进行系数的提取，因为要求输入方程的格式是固定的，所以只需通过识别字符'x'前后的数字即可识别 x 的幂及对应的系数。

程序采用简单的菜单形式，主菜单：

1. 牛顿法
2. 弦截法
3. 退出

牛顿法与弦截法的子菜单均为：

1. 从文本文件中读取方程
2. 从键盘输入方程
3. 退出

最后，计算出方程的解之后再询问是否保存在文件中，若保存，输入文本文件名。

7.2.4　关键源代码注解

```
/＊牛顿法图解方程——源代码及关键源代码注解如下：＊/
#include<graphics.h>
```

```
#include<math.h>
#include<stdio.h>
float flRatioX,flRatioY,flX0=10,flY0=10,flXmin,flXmax,flYmin,flYmax;
double Cla_f(double flX)      //方程
{    return flX * flX-5 * flX+6;}
double Cald_f(double flX)      //方程求导
{   return 2 * flX-5; }
float Xcoor_f(float flX)      //已知x求解x的坐标
{   return flX0+(flX-flXmin) * flRatioX;}
float Ycoor_f(float y)   //已知y求解y的坐标
{ return 459-(flY0+(y-flYmin) * flRatioY);}
main()
{    int gdriver=DETECT,gmode;
     float flX;
     char szStr[100];
     float flXstart,flYstart,flX1,flX2;
     float flXlength,flYlength;
     printf("Input the range of x:");
     scanf("%f%f",&flXmin, &flXmax);
     printf("input start x:");
     scanf("%f", &flXstart);
     flYstart=Cla_f(flXstart);
     initgraph(&gdriver,&gmode,"");      //设置图形格式
     setbkcolor(1);    //背景色
     setcolor(12);     //画笔色
     rectangle(0,0,639,479);
     setlinestyle(0,0,2);      //线宽
     flXlength=flXmax-flXmin;  //x的范围
     flRatioX=619/flXlength;      //x放大的比率
     flYmin=flYmax=Cla_f(flXmin);
     for(flX=flXmin;flX<=flXmax;flX=flX+0.01)
       if(flYmin>Cla_f(flX))
       flYmin=Cla_f(flX);
        else
       if(flYmax<Cla_f(flX))
       flYmax=Cla_f(flX);
     flYlength=flYmax-flYmin;      //y的范围
     flRatioY=459/flYlength;      //y放大的比率
     moveto(Xcoor_f(flXmin),Ycoor_f(Cla_f(flXmin)));
     for(flX=flXmin;flX<=flXmax;flX=flX+(flXmax-flXmin)/100)      //画方程曲线
     {   lineto(Xcoor_f(flX),Ycoor_f(Cla_f(flX)));      }
     setcolor(9);
     line(Xcoor_f(0),10, Xcoor_f(0),469);
```

```
line(10,Ycoor_f(0), 629,Ycoor_f(0));
outtextxy(Xcoor_f(0)+5,Ycoor_f(0)+5, "(0,0)");    //画原点坐标
sprintf(szStr,"(%.1f,0)",flXmin);
outtextxy(Xcoor_f(flXmin),Ycoor_f(0)+5,szStr);
sprintf(szStr,"(%.1f,0)",flXmax);
outtextxy(Xcoor_f(flXmax)-20,Ycoor_f(0)+5,szStr);    //初值说明
flX1=flX2=flXstart;
setcolor(15);
outtextxy(Xcoor_f(flX2)+5,Ycoor_f(0)+5, "start");
do
{
setcolor(10);
line(Xcoor_f(flX1),Ycoor_f(0),Xcoor_f(flX1), Ycoor_f(Cla_f(flX1)));    //垂直 x 轴直线
flX2=flX1;
flX1=flX2-Cla_f(flX2)/Cald_f(flX2);
setcolor(14);
line(Xcoor_f(flX2),Ycoor_f(Cla_f(flX2)), Xcoor_f(flX1), Ycoor_f(0));    //切线
}while(fabs(Cla_f(flX1))>0.01);
sprintf(szStr,"%.2f",flX1);
setcolor(15);
outtextxy(Xcoor_f(flX2)+5,Ycoor_f(0)+5, szStr);    //标注方程解
getch();
closegraph();
}
```

第 3 题　图形运动程序

7.3.1　程序功能简介

本题由两个程序组成:小车运动与小球碰撞。

7.3.2　课程设计要求

将这两个程序组合成一个程序,要求如下:

(1) 小车运动方式为复制屏幕图像方式(用 putimage()函数)。

(2) 小车沿固定轨迹来回运动。

(3) 小球随机运动,当小球与小车碰撞后,小球向相反方向随机运动,碰到屏幕边缘后运动方向依然是随机的。

评定难易级别:A 级。

7.3.3　程序设计思想

(1) 原程序中小车的运动采用反复画图的方式,每一次画完图后都将图形清除,下一次循环再重新画图,这样使得图形不断闪烁,效果不好。要求采用复制屏幕图像的方式,不断将整个图形一次复制到指定的位置上,使得图形清晰、逼真。

(2) 小球碰小车的程序有些难度,首先,将小球的面积尽量减小,可以不考虑小球半径对距离的影响。假设小球是以 45°角的方向运动,碰撞到屏幕边缘或小车后做理想的弹性运动,碰到侧壁时改变 x 轴的方向,碰到上下壁时改变 y 轴的方向。再假设小车为两个等边的梯形叠加起来,将小车四周的线段描述出来。在小球运动时,不断判断小球的当前位置,当小球当前坐标 x,y 碰到小车四周的线段或四壁时,根据具体的方向(侧面或上下面)来改变小球的运动方向。小车和小球同时运动,小车运动得慢些,以小车的运动作为外层循环,小车循环一次,小球可以循环 5～10 次,在小球的循环中分别取得小球、小车的坐标进行小球是否转向的判断。

7.3.4　关键源代码注解

```
#include<graphics.h>
#include<stdlib.h>
main()
{   int i,gdriver,gmode, size;
    void *buf;
    gdriver=DETECT;
    initgraph(&gdriver,&gmode,"");
    setbkcolor(BLUE);
    cleardevice();      //清除屏幕
    setcolor(LIGHTRED);
    setlinestyle(0,0,1);
```

```
    setfillstyle(1,10);
    circle(100,200,30);
    floodfill(100,200,12);
    size=imagesize(69,169,131,231);    //返回存储屏幕所需的字节数
    buf=malloc(size);    //动态分配内存空间
    getimage(69,169,131,231,buf);    //保存指定位置的小球图
    putimage(500,169,buf,COPY_PUT);    //在另一位置上复制小球
    while(! kbhit())
    {
    for(i=0;i<185;i++)
    {  delay(400);    //延迟时间,使运动变慢
       putimage(70+i,170,buf,COPY_PUT);    //左边球右移
       putimage(500-i,170,buf,COPY_PUT);    //右边球左移
    }
    for(i=0;i<185;i++)
    { delay(400);
       putimage(255-i,170,buf,COPY_PUT);
       putimage(315+i,170,buf,COPY_PUT);
    }
    }
    getch();
    closegraph();
}
//小车运动
#include"stdio.h"
#include"graphics.h"
#include"dos.h"
void main()
{   int gd=DETECT,i=0,j,k=0;
    initgraph(&gd,&gd,"\\tc\\bgi");
    while(! kbhit())    //不按键返回0
    {   for( j=0;j<2;j++)
        {   for(i=0;i<500;i+=5)
            {   setcolor(RED);    //设置画线颜色
                line(118+i,65+j*300,160+i,65+j*300);    /*车顶的那根线,行为65,列为118~
160*/
                line(120+i,70+j*300,160+i,70+j*300);
                line(60+i,100+j*300,220+i,100+j*300);    //车窗下的横线
                line(200+i,100+j*300,160+i,70+j*300);
                line(205+i,100+j*300,160+i,65+j*300);    //车顶右边的线段
                line(80+i,100+j*300,120+i,70+j*300);
                line(75+i,100+j*300,118+i,65+j*300);
                setfillstyle(SOLID_FILL,RED);
```

```
        floodfill(77+i,99+j*300,RED);
        line(135+i,70+j*300,135+i,100+j*300);      //以下两条是分开车窗的线段
        line(145+i,70+j*300,145+i,100+j*300);
        setfillstyle(SOLID_FILL,RED);
        floodfill(137+i,75+j*300,RED);
        setfillstyle(SOLID_FILL,WHITE);
        floodfill(130+i,75+j*300,RED);
        setfillstyle(SOLID_FILL,WHITE);
        floodfill(150+i,75+j*300,RED);
    /*rectangle(left,top,right,bottom); */
      /*rectangle(80+i,90+j*300,100+i,110+j*300); */
        line(150+i,90+j*300,160+i,80+j*300);      //以下是车窗的六根反光线
        line(154+i,90+j*300,164+i,80+j*300);
        line(158+i,90+j*300,168+i,80+j*300);
        line(110+i,90+j*300,120+i,80+j*300);
        line(114+i,90+j*300,124+i,80+j*300);
        line(118+i,90+j*300,128+i,80+j*300);
        line(20+i,140+j*300,260+i,140+j*300);
/* arc(midx, midy, stangle, endangle, radius); */
        arc(200+i,140+j*300,0,177,25);      //这是两个车身上的轮子
        arc(80+i,140+j*300,0,177,25);
        arc(60+i,140+j*300,90,178,40);      //两个是车前后身的轮廓
        arc(220+i,140+j*300,0,90,40);
        setfillstyle(SOLID_FILL,RED);
        floodfill(100+i,110+j*300,RED);
        //边框黑色
        setcolor(0);
        line(139+i,70+j*300,139+i,220+j*300);      //三条线是修饰车身用的
        line(140+i,70+j*300,140+i,220+j*300);
        line(141+i,70+j*300,141+i,220+j*300);
        setcolor(RED);
        //车灯
        setcolor(YELLOW);
        circle(250+i,130+j*300,5);      //在车身上的圆,代表车灯
        line(253+i,125+j*300,312+i,113+j*300);      //以下是车灯射出的光芒
        line(253+i,135+j*300,310+i,143+j*300);
        arc(315+i,128+j*300,250,100,15);      //最大距离:315+15=330
        /*EMPTY_FILL,SOLID_FILL,LINE_FILL,LTSLASH_FILL,SLASH_FILL,
        BKSLASH_FILL,LTBKSLASH_FILL,HATCH_FILL,XHATCH_FILL,
        INTERLEAVE_FILL,WIDE_DOT_FILL,CLOSE_DOT_FILL,*/
        setfillstyle(LTBKSLASH_FILL,YELLOW);      //车灯的填充形式
        floodfill(280+i,130+j*300,YELLOW);
        //排气管
```

```
            rectangle(15+i,137+j*300,20+i,140+j*300);
            setcolor(BROWN);
            circle(15+i-k,135+j*300,k);     /*排气管发出的气体,在原程序中其半径是在不断
地变化*/
            setfillstyle(INTERLEAVE_FILL,BROWN);
            floodfill(15+i-k,135+j*300,BROWN);
            if(k>20)     k=2;
            else      k+=5;
            setfillstyle(SOLID_FILL,15);
            floodfill(190+i,120+j*300,RED);
            floodfill(80+i,120+j*300,RED);
            //轮胎
            setcolor(DARKGRAY);
            circle(200+i,140+j*300,18);     //轮胎外周,最长距离:140+18=158
            circle(80+i,140+j*300,18);
            setfillstyle(SOLID_FILL,DARKGRAY);
            floodfill(190+i,140+j*300,DARKGRAY);
            floodfill(80+i,140+j*300,DARKGRAY);
            setcolor(RED);
            circle(200+i,140+j*300,10);     //轮胎内径
            circle(80+i,140+j*300,10);
            setfillstyle(SOLID_FILL,RED);
            floodfill(205+i,140+j*300,RED);
            floodfill(85+i,140+j*300,RED);
            clearviewport();     //清除窗口信息
            if(kbhit()) break;
            }
        }
    }
    closegraph();
}
```

第 4 题　特殊图像效果

7.4.1　程序功能简介

特殊图像效果，可以对 512×512 的 256 色位图进行柔化、锐化、浮雕效果的处理。

7.4.2　课程设计要求

(1) 扩展程序功能，可以根据所输入的图像而对任意大小的位图进行处理。

(2) 对图像进行任意位置及大小的马赛克处理。

(3) 对图像进行加强柔化及锐化效果的处理。

(4) 对图像进行扩散效果的处理(即将像素周围的某点值随机赋给该像素)。

评定难易级别：A 级。

7.4.3　程序设计思想

1) 图像的表示

每幅图像的长和宽是用像素点表示的，这些参数在位图文件的头结构部分中，可以先将位图文件头结构整体读出，再来判断图像的大小，从而选择合适的内存空间存放分割后的图像。

2) 位图文件的特点

位图文件是微机系统中通用的一种图像格式。图像是由排列的像素组成的，每一个像素代表图像中的一个点，在图像文件中用多个二进制位的形式表示一个像素，表示一个像素的二进制位数越多，图像所显示出来的颜色也就越丰富，同时，图像文件也就越大。根据表示一个像素的二进制的位数不同，位图文件可分为黑白(1 个二进制位表示一个像素)，16 色(4 个二进制位表示一个像素)，256 色(8 个二进制位表示一个像素)和真彩色(24 个二进制位表示一个像素)。

黑白和真彩色图像的像素的表示方法比较简单，黑白图像每个像素用 1 个二进制位表示，这个二进制位为 0 代表白色，为 1 代表黑色，将二进制位排列起来就是组成了黑白位图图像；真彩色是用 24 个二进制位来表示一个像素，将这 24 位分成 3 个字节，每个字节分别代表红、绿、蓝在这个像素中所占的比例，如 11111111，00000000，00000000 代表这个像素点是红色等，同样，将所有表示像素的二进制位排列起来就构成了真彩色位图文件的数据部分。

16 色和 256 色位图文件像素的表示就有些复杂，需要用到调色板进行转换来表示具体的颜色。以 256 色举例说明。一个 256 色的位图并不表示图像中只能用固定的 256 色，而表示在图像中最多只能使用 256 种颜色，具体这 256 种颜色各是什么颜色，不同的图像可以各不相同，要由图像中所带的调色板来指定。调色板相当于画图时的颜色盒，由 256 项组成，每一项代表一种颜色，每种颜色是由 18 位二进制位组成的，分成 3 个 6 位，分别代表红、绿、蓝这三原色在该种颜色中的比重，在计算机中这三原色分别用 3 个字节来表示，比如 00111111，00000000，000000000 表示红色，00111111，00111111，00111111 表示白色等。调色板的每一项都是结构体变量的形式，调色板就是一个由 256 个元素组成的该结构体类型的数组，该结构体类型的定义如下：

```
typedef struct
{
    unsigned char   rgbBlue;       //蓝色所占比重
    unsigned char   rgbGreen;      //绿色所占比重
    unsigned char   rgbRed;        //红色所占比重
    unsigned char   rgbReserved;   //保留字节
}RGBQUAD;
```

调色板的定义如下：

RGBQUAD straPla[256]; //256 色调色板

所以，一个 256 色的位图文件调色板所占的空间是 256×4＝1024 个字节，1K 字节。

指定了调色板后，组成位图的像素的颜色就是由调色板所代表的 25 6 种颜色中的一种，那么，像素就可以用该种颜色在调色板中所在位置的序号表示，而不是像真彩色那样直接用三原色的组合表示。比如，红色在调色板数组中的序号为 8，那么图像中所有红色的点在文件的数据部分都是 8，计算机在显示这幅图像时，遇到 8 首先去查调色板数组中序号为 8 的数据，得到 00111111，00000000，00000000，然后就用这个数据去显示，这样，在屏幕上该点就是红色。可以想像得到，如果图像的数据部分不变，而调色板发生了变化，那么显示的图像颜色就会发生变化，在原程序中已经给出了图像文件的详细格式，有兴趣可以试试看，改变或掉换调色板数组中各项元素的位置，再看看显示出的图像发生了怎样的变化。用调色板的结构来表示位图可以大大节省位图数据部分的空间，因为像素如果用真彩色来表示，每一点需要 3 个字节，而用调色板的序号表示，256 色图像的一个像素点只用一个字节(8 位)表示即可。同理，16 色位图文件的调色板是由 16 个元素组成的结构体类型的数组，在文件的数据部分用 4 位二进制数来表示一个像素。

另外，位图的数据部分依次存放的是位图中像素点的数据，存放的顺序是由下而上，由左至右，即数据部分的第一个像素数据对应的是位图图像中左下角的第一个像素。

知道了调色板形式的位图文件结构，对图像的数据进行处理就离不开对调色板的操作。以下是具体的算法。

3) 特殊图像效果的具体算法

(1) 柔化图形

柔化操作使原图看起来更加柔和，有种朦胧感。柔化可以削减图形中颜色的显著变化，使形体的边界趋于平滑。柔化图形，就是要减少像素之间较大的差别。取以当前像素为中心的 3×3 的像素块，取这个像素块中颜色的平均值作为当前像素的颜色值，使当前像素的颜色值和周围像素趋于一致，这样就削减了颜色的显著变化。对图形中每个像素点都进行同样的操作，就构成了对整幅图形的柔化。

影响柔化程度的一个因素是选取像素块的大小。所选取的像素块越大，产生的柔化效果越强烈，加强柔化效果，即是通过改变像素块的大小来调节柔化强度。

注意，柔化中取像素块颜色的平均值并不是取像素块数据的平均值，因为像素的数据只是调色板中颜色的序号，而不是真正的颜色数据。应该将像素值对应的调色板中的数据，即真正的颜色按三原色来取平均值，然后找到与这个平均值颜色最相近的调色板中的颜色，将表示这个颜色的调色板数组中的序号返回来赋值整个像素块。原程序中就是这样编写的。对图像的其他操作如锐化、浮雕等都是如此原理。

(2) 锐化图形

锐化图形就是要突出形体的边缘。边缘也就是颜色值发生显著变化的地方，在程序中采取了下列算法：

new_color＝original_color＋0.5×difference

difference 表示相邻像素之间的差值。0.5 为锐化系数，系数越大，锐化效果就越突出。

(3) 浮雕效果

浮雕效果是只取相邻像素的差值。这时，图形的平淡区被完全“抹平”，只能看到图形的边缘，程序中采用的算法为：

new_color＝difference＋128

(4) 扩散效果

扩散效果在图形中引入了一定的随机性，使图形有油画般的效果。应在当前像素点周围 5×5 的像素块中随机取一点作为当前像素值。

(5) 马赛克效果

将欲生成马赛克效果的图像分成 n×n 个像素块，每个像素块的像素取平均值作为这 n×n 个像素点的值。

4) 程序中应注意的问题

注意图像的边缘，即第一行或最后一行，第一列或最后一列，如果取平均值或计算差值时需要特殊处理，否则会有明显的轮廓，由于图像文件很大，处理时要把图像文件分成 n 个等份，每次只处理其中一份，因此，建议保留上次处理的几行，同下一次一起处理，这样就使得图像的边缘同中间算法一致，不会产生轮廓。

7.4.4 关键源代码注解

```
/*特殊图像效果——源代码及关键源代码注解如下：*/
#include<stdlib.h>
#include<iostream.h>
#include<fstream.h>
#include"math.h"
typedef struct       //位图文件头格式
{  int   bfType;      //类型标志，总是 BM
   long bfSize;      //文件大小
   int bfReserved1;
   int bfReserved2;
   long bfOffBits;      //位图点阵偏移量
}HEAD;
typedef   struct      //位图文件头信息部分格式
{  long biSize;      //结构体字节总数
   long biWidth;      //图像宽度
   long biHeight;      //图像高度
   int biPlanes;      //必须为 1
```

```
    int biBitCount;    //每个像素所占二进制位数,可能是1,4,8或24
    long biCompress;    //压缩方式
    long biSizeImage;    //像素点阵大小
    long biXPelsPerMeter;    //水平像素数
    long biYPelsPerMeter;    //垂直像素数
    long biClrUsed;    //使用的颜色数
    long biClrImportant;    //重要颜色数
}INFO;
typedef struct    //位图文件调色板每一项的格式
{   unsigned char  rgbBlue;    //蓝色所占比重
    unsigned char  rgbGreen;    //绿色所占比重
    unsigned char  rgbRed;    //红色所占比重
    unsigned char  rgbReserved;    //保留字节
}RGBQUAD;
int Match(int nRed,int nGreen,int nBlue);    //寻找与像素匹配的调色板的序号
void Sharp(ifstream &infile, ofstream &outfile);    //锐化处理
void Emboss(ifstream &infile, ofstream &outfile);    //浮雕效果处理
void Smooth(ifstream &infile, ofstream &outfile);    //柔化效果处理
void Initial(int nChoice);    //初始化图像文件
RGBQUAD  straPla[256];    //256色调色板
HEAD  strHead;    //位图文件头
INFO strInfo;    //位图文件头信息
unsigned int nWidth=512,nDepth=512;    //处理512×512位图
unsigned char naImage[64][512];
int Match(int nRed,int nGreen,int nBlue)    //寻找与像素匹配的调色板的序号
{   long int nMax,nLength;
    int nNum=0,nCounti;
    unsigned int nImageRed,nImageGreen, nImageBlue;
    nImageRed=(unsigned int)(straPla[0].rgbRed);
    nImageGreen=(unsigned int)(straPla[0].rgbGreen);
    nImageBlue=(unsigned int)(straPla[0].rgbBlue);
  nMax=(nRed-nImageRed)*(nRed-nImageRed)+(nGreen-nImageGreen)*(nGreen-nImageGreen)+
(nBlue-nImageBlue)*(nBlue-nImageBlue);
    for(nCounti=1;nCounti<256;nCounti++)    /*将调色板的256种颜色与所求颜色的均方差一一进
行比较,求取最小的像素*/
    {
     nImageRed=(unsigned int)(straPla[nCounti].rgbRed);
     nImageGreen=(unsigned int)(straPla[nCounti].rgbGreen);
     nImageBlue=(unsigned int)(straPla[nCounti].rgbBlue);
     nLength=(nRed-nImageRed)*(nRed-nImageRed)+(nGreen-nImageGreen)*(nGreen-
nImageGreen)+(nBlue-nImageBlue)*(nBlue-nImageBlue);
     if(nMax>nLength)
     {  nMax=nLength;
```

```
        nNum=nCounti;      //保存最小均方差的调色板数组元素的序号
        if(nMax==0)
            break;
      }
    }
    return nNum;     //返回这个序号
}
void Sharp(ifstream &infile, ofstream &outfile)     //锐化处理
{   int nCounti,nCountj,nCountk,nCountl;
    int nRed,nBlue,nGreen;
    int nDx=1,nDy=1;
    unsigned int nPixel1,nPixel2,nPixel;
    infile.read((char *)&strHead,sizeof(strHead));     /*这是将图片的文件头原样读出旧文件,再写入
新文件*/
    infile.read((char *)&strInfo,sizeof(strInfo));
    for(nCounti=0;nCounti<256;nCounti++)
        infile.read((char *)&straPla[nCounti],sizeof(RGBQUAD));     //读调色板
    outfile.write((char *)&strHead,sizeof(strHead));     //将图像文件头写进输出文件
    outfile.write((char *)&strInfo,sizeof(strInfo));
    for(nCounti=0;nCounti<256;nCounti++)
        outfile.write((char *)&straPla[nCounti],sizeof(RGBQUAD));     //写调色板数据
    for(nCounti=0;nCounti<8;nCounti++)
    { for(nCountj=0;nCountj<64;nCountj++)     //锐化即是放大相邻元素的差值
            infile.read((char *)&naImage[nCountj][0],nWidth);     //从文件中取 64 行图像数据
      for(nCountk=1;nCountk<64-2;nCountk++)
        for(nCountl=1;nCountl<nWidth-2;nCountl++)
          { nPixel1=(unsigned char)(naImage[nCountk][nCountl]);     /*取出相邻两行的数据,图像中的
数据即是调色板中的序号*/
            nPixel2=(unsigned char)(naImage[nCountk-nDx][nCountl-nDy]);
            nRed=straPla[nPixel1].rgbRed+0.5*(straPla[nPixel1].rgbRed-straPla[nPixel2].rgbRed);
/*0.5为锐化系数,将对应的调色板中的三种颜色分解出来,按照锐化公式重新计算新的颜色比重*/
            nGreen=straPla[nPixel1].rgbGreen+0.5*(straPla[nPixel1].rgbGreen-straPla[nPixel2].
rgbGreen);
            nBlue=straPla[nPixel1].rgbBlue+0.5*(straPla[nPixel1].rgbBlue-straPla[nPixel2].rgbBlue);
            if(nRed>255)     //最大的颜色值为 255
           nRed=255;
            if(nRed<0)     //最小的颜色值为 0
           nRed=0;
            if(nGreen>255)
           nGreen=255;
            if(nGreen<0)
           nGreen=0;
            if(nBlue>255)
```

```
        nBlue=255;
        if(nBlue<0)
        nBlue=0;
        nPixel=Match(nRed,nGreen,nBlue);      /*计算出新的颜色值后，在调色板中寻找与其最匹配
的颜色序号*/
            naImage[nCountk][nCountl]=nPixel;      //将寻调色板的新的序号赋值该处像素
        }
        for(nCountj=0;nCountj<64;nCountj++)      //将转换后的像素存入输出文件
            outfile.write(&naImage[nCountj][0],nWidth);
    }
}
void Emboss(ifstream &infile, ofstream &outfile)      //浮雕效果处理
{   int nCounti,nCountj,nCountk,nCountl;
    int nRed,nBlue,nGreen;
    int nDx=1,nDy=1;
    unsigned int nPixel1,nPixel2,nPixel;
    infile.read((char *)&strHead,sizeof(strHead));
    infile.read ((char *)&strInfo,sizeof(strInfo));
    for(nCounti=0;nCounti<256;nCounti++)
        infile.read((char *)&straPla[nCounti],sizeof(RGBQUAD));
    outfile.write((char *)&strHead,sizeof(strHead));
    outfile.write ((char*)&strInfo,sizeof(strInfo));
    for(nCounti=0;nCounti<256;nCounti++)
        outfile.write((char *)&straPla[nCounti],sizeof(RGBQUAD));
    for(nCounti=0;nCounti<8;nCounti++)      //浮雕是只保留相邻元素的差值
    {
for(nCountj=0;nCountj<64;nCountj++)
        infile.read((char *)&naImage[nCountj][0],nWidth);      //从文件中取64行像素值进行变换
        for(nCountk=0;nCountk<64-1;nCountk++)
        {
        for(nCountl=0;nCountl<nWidth-1;nCountl++)
        {   nPixel1=(unsigned char)(naImage[nCountk][nCountl]);      //取出相邻两个像素点
            nPixel2=(unsigned char)(naImage[nCountk+nDx][nCountl+nDy]);
            nRed=fabs(straPla[nPixel1].rgbRed-straPla[nPixel2].rgbRed+128);      /*将对应的调色板
中的三种颜色分解出来，按照浮雕公式重新计算新的颜色比重*/
            nGreen=fabs(straPla[nPixel1].rgbGreen-straPla[nPixel2].rgbGreen+128);
            nBlue=fabs(straPla[nPixel1].rgbBlue-straPla[nPixel2].rgbBlue+128);
            nPixel=Match(nRed,nGreen,nBlue);      //在调色板中寻找最匹配新颜色的序号
            naImage[nCountk][nCountl]=nPixel;      //对该处的像素点用新序号赋值
        }
        }
       for(nCountl=0;nCountl<nWidth-1;nCountl++)      //以下是处理64行图像的边缘部分
       {
```

```
        nPixel1=(unsigned char)(naImage[63][nCountl]);
        nPixel2=(unsigned char)(naImage[63][nCountl+nDy]);     //边上一行用该行上相邻的值对比
        nRed=fabs(straPla[nPixel1].rgbRed-straPla[nPixel2].rgbRed+128);
        nGreen=fabs(straPla[nPixel1].rgbGreen-straPla[nPixel2].rgbGreen+128);
        nBlue=fabs(straPla[nPixel1].rgbBlue-straPla[nPixel2].rgbBlue+128);
        nPixel=Match(nRed,nGreen,nBlue);
        naImage[63][nCountl]=nPixel;
        }
        for(nCountj=0;nCountj<64;nCountj++)
          outfile.write(&naImage[nCountj][0],nWidth);
    }
}
void Smooth(ifstream &infile, ofstream &outfile)     //柔化效果处理
{  int nCounti,nCountj,nCountk,nCountl,nCountm,nCountn,nRed,nGreen,nBlue;
   unsigned nPixel;
   infile.read((char *)&strHead,sizeof(strHead));
   infile.read ((char *)&strInfo,sizeof(strInfo));
   for(nCounti=0;nCounti<256;nCounti++)
      infile.read((char *)&straPla[nCounti],sizeof(RGBQUAD));
   outfile.write((char *)&strHead,sizeof(strHead));
   outfile.write((char *)&strInfo,sizeof(strInfo));
   for(nCounti=0;nCounti<256;nCounti++)
      outfile.write((char *)&straPla[nCounti],sizeof(RGBQUAD));
   for(nCounti=0;nCounti<8;nCounti++)
   {  for(nCountj=0;nCountj<64;nCountj++)
            infile.read(&naImage[nCountj][0],nWidth);     //从文件中取 64 行像素值进行变换
     for(nCountk=1;nCountk<64-2;nCountk++)
     {  for(nCountl=1;nCountl<nWidth-2;nCountl++)
        {  nRed=0,nGreen=0,nBlue=0;
           for(nCountm=0;nCountm<3;nCountm++)     //用 9 个点的均值柔化
             for(nCountn=0;nCountn<3;nCountn++)     //取出这 9 个点的像素值
             {  nPixel=(unsigned char)(naImage[nCountk-1+nCountm][nCountl-1+nCountn]);
/*每个点都将其对应的调色板的三种颜色值分解出来,每种颜色值分别相加后取平均,得到新的三种颜色值
*/
                nRed+=straPla[nPixel].rgbRed;
                nGreen+=straPla[nPixel].rgbGreen;
                nBlue+=straPla[nPixel].rgbBlue;
             }
             nRed=nRed/9;
             nGreen=nGreen/9;
             nBlue=nBlue/9;
             nPixel=Match(nRed,nGreen,nBlue);;     //在调色板中寻找最匹配新颜色的序号
             naImage[nCountk][nCountl]=nPixel;     //对该处的像素点用新序号赋值
```

```
        }
    }
    for(nCountj=0;nCountj<64;nCountj++)
        outfile.write(&naImage[nCountj][0],nWidth);
    }
}
void Initial(int nChoice)      //输入选择后继续输入源文件与目的文件名
{   char szFilena1[30],szFilena2[30];
    ifstream infile;
    ofstream outfile;;
    cout<<"Input the bmp source file: ";
    cin>>szFilena1;
    cout<<"Input the bmp termini file: ";
    cin>>szFilena2;
    infile.open(szFilena1,ios::binary);
    if(! infile)
    {    cout<<"OPEN SOURCE FILE ERROR\n";
         exit(1);
    }
    outfile.open(szFilena2,ios::binary);
    if(! outfile)
    {    cout<<"OPEN TERMINI FILE ERROR\n";
         exit(1);
    }
    if(nChoice==3)      //根据选择调用函数
        Emboss(infile,outfile);
    else if(nChoice==2)
        Sharp(infile,outfile);
    else if(nChoice==1)
         Smooth(infile,outfile);
    infile.close ();
    outfile.close ();
}

void main()
{    int nChoice;
     do
     { cout<<"\n\t1. Smooth\n";
     cout<<"\n\t2. Sharp\n";
     cout<<"\n\t3. Emboss\n";
     cout<<"\n\t4. Exit\n";
     cin>>nChoice;
     switch(nChoice)
```

```
    { case 1:
      case 2:
      case 3:
    Initial(nChoice);
    break;
      case 4:
    break;
      default:
    cout<<"Input again! \n";
    break;
    }
  }while(nChoice! =4);
}
```

★★★★★

第5题　窗口菜单显示

7.5.1　程序功能简介

窗口菜单显示程序，可以显示两级菜单。

7.5.2　课程设计要求

(1) 将 File 菜单改为 Animation，功能是显示小球运动，并设置子菜单，可以选择小球的运动速度。

(2) 将 Edit 菜单改为 Music，功能是播放音乐，并设置子菜单，可以选择播放的曲目(至少两个)。

(3) 主菜单有三项，除上述两个外增加 Help 显示帮助信息，所有菜单由 Alt＋热键打开。

(4) 每项子菜单中都有退出键，可以返回主界面。

评定难易级别：A 级。

7.5.3　程序设计思想

(1) window(x1,y1,x2,y2)，在屏幕上开辟窗口的函数，水平为 x，垂直为 y，范围 x2－x1，y2－y1。

(2) gettext(x1,y1,x2,y2,buf)，将屏幕指定区域内的文本数据存入 buf。行数×列数×2，行数＝y2－y1＋1，列数 x2－x1＋1。

(3) 原程序为在 DOS 界面中利用标准 C 创建窗口及菜单的程序，其中用到了 Turbo C 中关于屏幕输出的多个函数，这部分的函数在参考文献中都有详细介绍。值得注意的是在开辟的窗口中写入文字时，回车也占用一个字符。所以，开辟的窗口大小要留有一定的空间，存放非打印字符。

7.5.4　关键源代码注解

```
/*窗口菜单显示——源代码及关键源代码注解如下：*/
SoundSing_f();
Blound_f();
int Changedirnx_f(int);
int Changedirny_f(int );
#include<conio.h>
#include<graphics.h>
#include<alloc.h>
#include<dos.h>
SoundSing_f()       //音乐：两只老虎
{   unsigned naSing[]={262, 250, 294, 250, 330, 250, 262,250,
    262,250,294,250,330,250,262,250,
    330,250,349,250,392,500,
```

```
    330,250,349,250,392,500,
    392,125,440,125,392,125,349,125,330,250,262,250,
    392,125,440,125,392,125,349,125,330,250,262,250,
    294,250,196,250,262,500,
    294,250,196,250,262,500,0,0};
    unsigned int * naPoint;
    naPoint=naSing;
    while( * naPoint)
    { sound(( * naPoint++));
      delay(200 * ( * naPoint++));
      nosound();
      }
    }
Blound_f()      //小球运动
{
int gd=DETECT,gm;
int  nArea,nStartx,nStarty,nMinx=0,nMaxx=630,nMiny=0,nMaxy=470,nCurx=300,nCury=30;
char * chpBuff;
int nChangeX,nChangeY,nIni=0;
initgraph(&gd,&gm,"");
cleardevice();
setcolor(3);
outtextxy(225,185,"B O U N C I N G  B A L L");
setcolor(14);
outtextxy(240,220,"Programming :Aisharya");
getch();
cleardevice();
setcolor(7);
rectangle(2,2,630,479);     //小球运动的范围(四壁)
rectangle(3,3,629,478);
setcolor(13);
circle(7,7,3);setfillstyle(SOLID_FILL,13);floodfill(7,7,13);     //小球
nArea=imagesize(4,4,11,11);     //存放小球图像的内存空间大小
chpBuff=malloc(nArea);     //开辟一内存空间,存放小球数据
getimage(4,4,11,11,chpBuff);
setcolor(0);
circle(7,7,3);setfillstyle(SOLID_FILL,0);floodfill(7,7,0);     //小球移动后原小球空间用黑色填充
while(! kbhit())     //当没有键按下时开始循环
{
delay(200);     //每次小球移动后延时,可以控制小球移动速度
if(nIni! =0)putimage(nStartx,nStarty,chpBuff,XOR_PUT);     //使小球原来的图像消失
nStartx=nCurx;nStarty=nCury; nIni=1;
putimage(nCurx,nCury,chpBuff,XOR_PUT);     //小球在新的位置上出现
```

```
if(nCurx>nMaxx ‖ nCurx<nMinx)nChangeX=Changedirnx_f(nCurx);      //当新位置碰到四壁后转向
if(nCury>nMaxy ‖ nCury<nMiny)nChangeY=Changedirny_f(nCury);
if(nChangeX==1)nCurx++;else nCurx--;      //小球是45°角运动
if(nChangeY==1)nCury++;else nCury--;}
restorecrtmode();closegraph();
printf("Thank You.\n");
getch();}
Changedirnx_f(int nCurx)      //判断小球横向是否转向
{
int nChangeX;
if(nCurx>630)nChangeX=0;      //横向坐标应在0~630之间,超过转向
if(nCurx<0)nChangeX=1;
sound(100);delay(80);nosound();      //碰壁(转向)时有声音效果
return(nChangeX);}
Changedirny_f(int nCury){
int nChangeY;
if(nCury>460)nChangeY=0;
if(nCury<0)nChangeY=1;
sound(100);delay(80);nosound();
return(nChangeY);}
main()
{
  int nCount, nKey0,nKey,nKey1,nValue,nTest;
  char * szMainMenu[]={"File","Edit", "Run","Compile",
"Project","Options","Debug","Break/watch"};      //窗口菜单的内容
  char * szSubMenu[]={"MOVEBALL       ",
          "SOUND          ",
          "New            ",
          "Save           ",
          "Write to       ",
          "Directory      ",
          "Change dir     ",
          "Os shell       ",
          "Quit Alt-X     "
          };
  char naBuf[19 * 14 * 2], naBufOne[19 * 2];      //缓冲区,保存窗口大小行×列×2
  window(1,1,80,25);      //字符窗口函数,左上角1,1,右下角80,25
  textbackground(BLUE);      //窗口背景色
  clrscr();      //窗口字符色
  window(1,1,80,1);      //开辟窗口,横的一条
  textbackground(WHITE);      //背景
  textcolor(BLACK);      //字符
  clrscr();
```

```
window(1,1,80,1);     //在屏幕的上部横向开辟一个窗口,显示字符
for(nCount=0;nCount<8;nCount++)     //显示主菜单
    cprintf("  %s",szMainMenu[nCount]);
while(1)
{  nKey=0;
    while(bioskey(1)==0);     /*该函数表示是否按键,是返回非零值,即是退出循环,程序向下运行*/
    nKey=bioskey(0);     /*函数参数为0,表示返回一个键盘输入键的值,普通键返回低8位,特殊键返回高8位*/
    nKey=nKey&0xff? 0:nKey>>8;     //取特殊键的控制码,所谓特殊键是指控制键
    if(nKey==45)  exit(0);     //45为Alt+X
    if(nKey==33)     //Alt+F
    {
   textbackground(BLACK);     //背景黑色
   textcolor(WHITE);
   gotoxy(3,1);     //反白显示主菜单选项
   cprintf("%s",szMainMenu[0]);
   gettext(3,1,18,14,naBuf);     //第二行第三列开始,存11行16列
   window(3,2,18,12);     //开辟窗口
   textbackground(WHITE);     //白底黑字
   textcolor(BLACK);
   clrscr();
   window(3,2,18,13);     //多开辟一行,最后字符有回车符
   gotoxy(1,1);     //画方框到开辟窗口的1,1,不是屏幕的1,1
   putch(0xda);     //ASCII码的da是方框角
   for(nCount=2;nCount<16;nCount++)
     putch(0xc4);     //方框的横线
   putch(0xbf);
   for(nCount=2;nCount<11;nCount++)
   { gotoxy(1,nCount);
     putch(0xb3);     //方框的竖线
     gotoxy(16,nCount);
     putch(0xb3);
   }
   gotoxy(1,11);
   putch(0xc0); //方框角
   for(nCount=2;nCount<16;nCount++)
     putch(0xc4);
   putch(0xd9);     //画完方框
   for(nCount=1;nCount<10;nCount++)     //显示子菜单
   {   gotoxy(2,nCount+1);
       cprintf("%s",szSubMenu[nCount-1]);
   }
```

```
gettext(2,2,18,3,naBufOne);       //将正常显示的一行菜单(非反白)存起来
textbackground(BLACK);
textcolor(WHITE);
gotoxy(2,2);
cprintf("%s",szSubMenu[0]);       //反白显示该行子菜单
nValue=2;
nKey0=0;
while(nKey0!=27&&nKey0!=45&&nKey0!=13)      //输入为 Alt+X、回车或 ESC 时退出
{  while(bioskey(1)==0);
   nKey0=nKey1=bioskey(0);
   nKey0=nKey0&0xff;
   nKey1=nKey1&0xff? 0:nKey1>>8;
   if(nKey1==72||nKey1==80)      //为上下箭头键
   {   puttext(2,nValue,18,nValue+1,naBufOne);      //将正常显示的菜单覆盖反白菜单
       if(nKey1==72)nValue=(nValue==2)? 10:nValue-1;
       if(nKey1==80)nValue=(nValue==10)? 2:nValue+1;
       gettext(2,nValue,18,nValue+1,naBufOne);      //将箭头目标的菜单存储
       textbackground(BLACK);
       textcolor(WHITE);
       gotoxy(2,nValue);
       cprintf("%s",szSubMenu[nValue-2]);      //该行菜单反白显示
   }
   nTest=nValue-1;
}
if(nKey1==45)   exit(0);      //45 是 Alt+X
if(nKey0==13)      //右键
{   switch(nValue-1)
    {   case 1:
      Blound_f();      //显示运动小球
      main();
        case 2:
      SoundSing_f();      //音乐
      main();
        case 9:
      exit(0);
        default:
      break;
    }
}
else
{   window(1,1,80,1);
    puttext(3,1,18,14,naBuf);      //恢复原先保存的区域
    textbackground(WHITE);
```

```
        textcolor(BLACK);
        gotoxy(3,1);
        cprintf("%s",szMainMenu[0]);
    }
   }
  }
}
```

8 数据结构应用程序

第1题　链表数组堆栈

8.1.1　程序功能简介

这是虚函数应用的典型例子。定义了虚基类 UList 及它的两个派生类:链表类 PList 和数组类 AList,在堆栈类中定义了虚基类类型的指针,根据用户的选择,分别可以对链表类和数组类的堆栈进行操作,即用基类指针调用派生类的虚函数,实现程序在运行时多态性的功能。

8.1.2　课程设计要求

(1) 原程序的 main 函数部分虽有详细的菜单,但不能根据用户需要的数据建立链表或数组堆栈,也没有堆栈的输出操作,修改 main 函数,使之可以根据用户输入的数据建立相应的堆栈,并能完成插入、查找、删除、输出等操作,要求界面提示详细,便于用户操作。

(2) 在基类中增加一个纯虚函数 InsertSort(const Data&),在派生类中实现该纯虚函数,完成链表或数组的排序插入操作,相应的在 main 函数中增加这一功能的测试。

(3) 原数组类 AList 的 Insert 函数只能实现固定数组长度的数据插入,使之可以完成任意多数据的插入操作。

(4) (选作)将原程序中的整型数据改为电话簿类型的类 Data,Data 的成员数据定义如下:

```
class Data{
char szName[20];
char szCode[20];
public:
……      //根据需要定义成员函数
};
```

并重载该数据类型的输入输出操作,可以将数据存储进数据文件并读出,同时利用给出的链表或数组类型的插入、删除、输出等功能,使之成为一个电话簿管理程序。

评定难易等级:A 级。

8.1.3　程序设计思想

1) 类的结构

原程序中定义了虚基类及其派生类,根据设计要求,在虚基类及其派生类中都加上排序插入函数 InsertSort(const Data&)。另外,需修改数组类 AList 中的成员数据及成员函数的结构。首先,将 AList 中的静态常数 MAX_SIZE 定义中的 const 去掉,使之成为一个变量,根据输入数据的多少改变,具体的算法是,如果输入的数据个数等于最大允许个数,且再输入一个数据,那么应该重新动态分配大一些的数据空间,将原数据空间中的内容全部拷贝至新分配的数据空间,再将新空间的指针赋值给数据指针 arr,示例程序如下:

```
if (num==MAX_SIZE)       //如果数目已超过最大允许值,不能插入
{
    Data * temp;     //重新定义一个数据指针
```

```
    temp=new Data[MAX_SIZE+1];       //为这个指针分配大一些的空间
    MAX_SIZE++;      //最大允许个数加1(首先必须使其成为变量)
    for(int i=0;i<num;i++)
        temp[i]=arr[i];      //将原数据拷贝至新空间
    delete []arr;      //删除原数据空间
    arr=temp;      //将新空间赋值给对象的数据指针
}
```

参考的类的定义如下：

```
class UList      //基类
{
public:
    ……      //与原程序相同
    virtual bool InsertSort( Data&)=0;      //新增,排序插入
};
class PList:public UList      //链表操作类
{
……      //与原程序相同
    bool InsertSort( Data&);      //排序插入
};
class AList:public UList      //数组操作类
{
public:
    ……      //与原程序相同
    static   int MAX_SIZE;      //修改,数组最大个数
    bool InsertSort( Data&);      //新增,排序插入
};
```

2) main 函数的结构

与原程序相同，main 函数采用菜单选项的形式，具体的菜单选项参考如下：

主菜单

1. 数组结构
2. 链表结构

与原程序相同，由于采用虚函数的动态多态性，两个选项的子菜单其实是一个：

1. 插入数据(List)
2. 删除数据(List)
3. 排序插入数据(List)
4. 输出数据(List)
5. 压栈(Stack)
6. 出栈(Stack)
7. 输出堆栈数据(Stack)

在 main 函数的具体实现上有较大的改变，由于进入子菜单后要对同一个链表(数组)或堆栈进行重复操作，所以应该在选择完主菜单选项后就根据选择的具体结构初始化链表(数组)

或堆栈，将初始化后的指针作为子菜单选项下被调函数的参数，这样就能保证数据的一致性。参考的程序如下：

```
bool Test_insert (UList * &tmp)      //插入操作的被调函数，其中 tmp 是在 main 函数中分配的空间
{   Data x;
    cout<<"请输入数据(999 结束)：";
    cin>>x;
    while(x! =999)
    {     if(! tmp->Insert (x,1))
          {     cout<<"数据插入错误! \n";
                return false;
          }
          cout<<"请输入数据(999 中止)：";
          cin>>x;
    }
    return true;
}
```

为使用户界面更加友好，避免输入数据类型错误导致的程序无效循环，在输入数据时进行判断，对非法输入予以提示，具体参见样例程序说明第三部分。

3）课程设计要求(4)算法说明

要求(4)作为选作题具有一定的难度，要点是改变类型 Data 的定义，原程序中 Data 定义为整型，输入、输出、比较等运算都很简单，现在要将 Data 定义为电话簿类，那么在 AList 和 PList 中涉及的所有 Data 类型的运算都要进行运算符的重载，这样才能利用已编写好的 AList 和 PList 中的各种操作。另外，因为电话簿类 Data 的输入输出与 int 型有很大不同，所以需重载输入输出运算符，参考的 Data 类的定义如下：

```
class Data
{    char szName[20];     //姓名
     char szCode[20];    //电话号码
public:
    Data(){strcpy(szName,"");strcpy(szCode,"");}      //缺省构造
    Data(char * name,char * code){strcpy(szName,name);strcpy(szCode,code);}     //初始化构造
    Data(const Data &data);      //拷贝的构造
    Data& operator =(const Data &data);      //重载运算符=
    int operator >=(const Data &data)      //重载运算符>=，用于排序插入函数
    int operator ! =(char * num);      //重载运算符! =，用于输入数据循环结束时的比较
    int operator ! =(const Data &data);      //重载运算符! =，用于查找数据函数
    friend ostream& operator<< (ostream &os,Data &data);      //重载输出
    friend istream& operator>>(istream &is, Data &data);      //重载输入
};
```

电话簿的操作只能用链表或数组结构，用堆栈就不实用了，所以就不考虑堆栈类的功能了。具体电话簿功能的子菜单结构如下：

1. 插入数据

2. 删除数据

3. 输出数据

4. 输入电话簿数据文件

5. 输出电话簿数据文件

还可以进一步完善程序,添加查找、修改等功能。

8.1.4 关键源代码注解

```
/*矩阵链表堆栈——源代码及关键源代码注解如下:*/
//structs.h Begin
#ifndef _STRUCTS_H
#define _STRUCTS_H
#include<iostream.h>
#include<stdlib.h>
//using namespace std;
typedef enum Kind {Array, Pointers} Kind;
typedef int Data;      //定义 Data 为 int 型数据
class UList      //基类
{
public:
    virtual int Size()=0;      //以下均为纯虚函数,用于动态多态性
    virtual bool Insert(const Data&,int)=0;      //插入结点
    virtual bool Remove(int)=0;      //删除结点
    virtual int Find(const Data&)=0;      //寻找结点
    virtual bool Get(int, Data&)=0;      //返回结点
    virtual void Print()const=0;      //输出结点
};
class PList:public UList      //链表操作类
{    class Node{
        Data item;
        Node *next;
     public:
        Node(const Data &dat):item(dat),next(NULL){}      //数据构造
        Node(const Node &nod):item(nod.item),next(NULL){}      //拷贝构造
        friend class PList;
     };
     Node *begin;      //链表头
     Node *end;      //链表尾
     int num;      //结点个数
     public:
        PList():begin(NULL),end(NULL),num(0){}
        ~PList(){
            Node *tmp=begin;
```

```
            while(num>0){
                begin=begin->next;
                delete tmp;
                tmp=begin;
            }
        }
        int Size(){return num;}      //结点个数
        bool Insert(const Data&,int);      //插入结点
        bool Remove(int);      //删除结点
        int Find(const Data&);      //寻找结点
        bool Get(int, Data&);      //返回结点
        void Print()const;      //输出结点
};
class AList:public UList      //数组操作类
{      Data * arr;         //数组首地址
      int num;         //数组个数
public:
      static const int MAX_SIZE;      //数组最大个数
      AList():arr(new Data[MAX_SIZE]),num(0){}      //构造函数,开辟 MAX_SIZE 个空间
      ~AList(){delete[] arr;}
      int Size(){return num;}
      bool Insert(const Data&,int);      //向数组中插入一个元素
      bool Remove(int);      //从数组中删除一个元素
      int Find(const Data&);      //在数组中查找元素,返回该元素的序号
      bool Get(int, Data&);      //返回数组中某个元素的值
      void Print()const;      //输出数组
};
UList * init_list(Kind);      //全局函数,初始化,返回基类指针
class UStack      //堆栈操作类
{      UList * stk;      //基类指针
public:
      UStack(Kind k) : stk(init_list(k)){};      //调用全局函数初始化堆栈 k 类型的堆栈
      bool Push(const Data&);
      bool Top(Data&) const;
      bool Pop(Data&);
      void Print()const{stk->Print();return;};      //输出堆栈数据
};
#endif
// structs.h end
//structs.cpp Begin
#include"structs.h"
const int AList::MAX_SIZE = 4;
UList * init_list(Kind k)      //初始化函数
```

```
{    UList * tmp;      //基类指针
     switch(k){
          case Array:      //选择数组结构的堆栈
               tmp=new AList;
          break;
          case Pointers:      //选择链表结构的堆栈
               tmp=new PList;
          break;
          default:
               cout<<endl<<"unknown option"<<endl;
               return NULL;
      }
      return tmp;
}
bool PList::Insert(const Data &x,int place)      //链表插入操作,将 x 插入成为第 place 个结点
{    Node * tmp;
     if ((place<=0)||(place>num+1))
          return false;      //place 不合理
     if (place==1)      //插入成为首结点
     {    tmp=begin;      //将原首结点赋值
          begin=new Node(x);      //生成新首结点
          begin->next=tmp;
          if (num==0)      //如果链表中只有这一个结点
          {    end=begin;      //这个结点是尾结点
               end->next=NULL;
          }
     }
     else if (place==num+1)      //插入成为尾结点
     {    tmp=end;      //将原尾结点赋值
          end=new Node(x);      //生成新尾结点
          end->next=NULL;
          tmp->next=end;
     }
     else
     {    Node * holder;
          tmp=begin;      //从首结点开始
          for(int i=1;i<place-1;++i)      //依次过各结点,到(place-1)个为止
               tmp=tmp->next;
          holder=tmp->next;
          tmp->next=new Node(x);      //生成新结点
          tmp->next->next=holder;      //插入链表
     }
     ++num;      //结点个数加 1
```

```
    return true;
}
bool PList::Remove(int place)      //链表删除操作,将第 place 个结点从链表中删除
{   Node * tmp=begin;
    if((place<=0)||(place>num+1))
        return false;      //place 不合理
    if(place==1)      //删除的是首结点
    {   begin=begin->next;
        delete tmp;
    }
    else if(place==num)      //删除的是尾结点
    {   for(int i=1;i<place-1;++i)
            tmp=tmp->next;      //temp 移到链表的倒数第二个结点
        delete end;      //删除尾结点
        end=tmp;      //temp 成为尾结点
        end->next=NULL;
    }
    else
    {   Node * holder;      //删除第 place 个结点
        for(int i=1;i<place-1;++i)
            tmp=tmp->next;
        holder=tmp->next;
        tmp->next=holder->next;
        delete holder;
    }
    if(num==1)      //如果是惟一一个结点被删除
        end=begin=NULL;
    --num;      //结点个数减 1
    return true;
}
int PList::Find(const Data &x)      //链表结点查找,返回结点的序号
{   Node * tmp=begin;
    int i=1;
    while((tmp!=NULL)&&(tmp->item!=x))      //若没找到,循环查找
    {   ++i;
        tmp=tmp->next;
    }
    if (tmp==NULL)      //没有找到
        return 0;
    return i;      //找到返回序号
}
bool PList::Get(int place, Data &ret)      //得到第 place 个结点的数据 ret
{   Node * tmp=begin;
```

```
    if((place<=0)||(place>num+1))
        return false;
    for(int i=1;i<place;++i)
        tmp = tmp->next;
    ret = tmp->item;      //将结点数据赋给 ret
    return true;
}
void PList::Print(void)const{      //输出链表
    if (num==0) return;
    cout<<"head";
    for(Node * tmp=begin;tmp! =NULL;tmp=tmp->next){
        cout<<"->"<<tmp->item;
    }
    cout<<endl;
    return;
}
bool AList::Insert(const Data &x,int place=1)      //数组插入一元素,
{     if (num==MAX_SIZE)      //如果数目已超过最大允许值,不能插入
        return false;      //返回错误
    if((place<=0)||(place>num+1))
        return false;      //place 不合理
    for(int i=num;i>=place-1;--i)
        arr[i+1]=arr[i];      //从数组尾部开始,依次将数据后移
    arr[place-1]=x;      //将数据插入数组
    ++num;      //数组个数加 1
    return true;
}
bool AList::Remove(int place)      //从数组中删除一元素
{     if((place<=0)||(place>num+1))
        return false;
    for(int i=place-1;i<num;++i)
        arr[i]=arr[i+1];
    --num;
    return true;
}
int AList::Find(const Data &x)      //数组查找一元素,返回该元素的序号
{     int i=0;
    while((i<num)&&(arr[i]! =x))      ++i;
    if (i==num) i=-1;      //元素不存在,返回-1
    return i+1;
}
bool AList::Get(int place, Data &ret)      //得到数组中第 place 个元素的值
{     if((place<=0)||(place>num+1))
```

```
        return false;
    ret = arr[place-1];
    return true;
}
void AList::Print()const      //输出数组
{   cout<<"head";
    for(int i=0;i<num;++i)    cout<<"->"<<arr[i];
    cout<<endl;
    return;
}
bool UStack::Push(const Data &dat)     //压栈操作
{   return stk->Insert(dat,stk->Size()+1);     //调用虚函数将数据插入尾部
}
bool UStack::Top(Data &ret)const     //栈顶操作
{   int n=stk->Size();     //n为链表或数组长度
    if (n<=0)    return false;
    (void)stk->Get(n, ret);    //返回尾部的数据
    return true;
}
bool UStack::Pop(Data &ret)     //出栈操作
{   int n=stk->Size();
    if (n<=0)    return false;
    (void)stk->Get(n, ret);
    (void)stk->Remove(n);    //删除尾部数据
    return true;
}
//structs.cpp End
//以下均为虚函数的调用
bool Test_insert (Kind k)     //插入操作,根据k的类型决定是链表插入操作还是数组插入操作
{   bool res = true;
    UList *tmp=init_list(k);    //基类指针生成链表或数组
    if (! tmp->Insert(5,1))    //将数据5插入到第1个位置,插入失败输出下列信息
    {     cerr << "Failure on Insert test no. 1 - insert into a valid cell number" << endl;
          res = false;
    }
    else     //插入成功
          cout << "Success on Insert test no. 1 - insert into a valid cell number" << endl;
    if (tmp->Insert(3,tmp->Size()+2))    //将数据3插入到结点总数加2的位置,插入不能成功
    {     cerr << "Failure on Insert test no. 2 - insert into upper cell number" << endl;
          res = false;
    }
    else
        cout << "Success on Insert test no. 2 - insert into upper cell number" << endl;
```

```
    if (tmp->Insert(3,0))      //将数据 3 插入到 0 位置，插入不成功
    {   cerr << "Failure on Insert test no. 3 - insert into lower cell number" << endl;
        res = false;
    }
    else
        cout << "Success on Insert test no. 3 - insert into lower cell number" << endl;
    if (k==Array)     //如果选择的是数组插入操作
    {     bool ares=true;
        for(int i=0;i<AList::MAX_SIZE+1;++i)      //将数据 0,1,2,……依次插入到第一个位置
        {     ares=tmp->Insert(i,1);          }
        if (ares)    //最后一次循环插入失败，因为最多只能插入 AList::MAX_SIZE 个数据
        {     cerr << "Failure on Insert test no. 4 - Array is full" << endl;
              res = false;
        }
        else
              cout << "Success on Insert test no. 4 - Array is full" << endl;
    }
    return res;
}
bool Test_remove (Kind k)     //删除操作，根据 k 决定是链表删除操作还是数组删除操作
{     bool res = true;
    UList * tmp=init_list(k);      //动态开辟 k 类型的空间
    for (int i=0; i<10; ++i)      //建立相应的具有 10 个元素的链表或数组
    {     (void)tmp->Insert(i, 1);     }
    if (! tmp->Remove(5))     //删除第 5 个元素，若不成功输出下列信息
    {
        cerr << "Failure on Remove test no. 1 - remove from valid cell number" << endl;
        res = false;
    }
    else     //删除操作成功
        cout << "Success on Remove test no. 1 - remove from valid cell number" << endl;
    if (tmp->Remove(12))     //删除第 12 个元素，操作不成功
    {   cerr << "Failure on Remove test no. 2 - remove from upper cell number" << endl;
        res = false;
    }
    else
        cout << "Success on Remove test no. 2 - remove from upper cell number" << endl;
    if (tmp->Remove(0))     //删除第 0 个元素，操作不成功
    {   cerr << "Failure on Remove test no. 3 - remove from lower cell number" << endl;
        res = false;
    }
    else
        cout << "Success on Remove test no. 3 - remove from lower cell number" << endl;
```

```
    return res;
}
bool Test_push (Kind k)        //压栈操作,根据 k 决定是链表结点堆栈还是数组元素堆栈
{   bool res = true;
    UStack * tmp = new UStack(k);      //建立 k 类型的堆栈
    if (! tmp->Push(7))      //将数据 7 压栈
    {   cerr << "Failure on Push test no. 1 - Normal push" << endl;
        res = false;
    }
    else
        cout << "Success on Push test no. 1 - Normal push" << endl;
    if (k==Array)     //如果是数组类型的堆栈
    {   bool ares=true;
        for(int i=0;i<AList::MAX_SIZE+1;++i)
        {   ares=tmp->Push(i);          }  //将 0,1,……依次压入堆栈
        if (ares)     //最后一次压栈操作失败,因为最多只能压入 AList::MAX_SIZE 个数据
        {   cerr << "Failure on Push test no. 2 - Array is full" << endl;
            res = false;
        }
        else
            cout << "Success on Push test no. 2 - Array is full" << endl;
    }
    return res;
}
bool Test_pop (Kind k)        //堆栈弹出操作,根据 k 值决定是链表结点堆栈还是数组元素堆栈
{   bool res = true;
    UStack * tmp = new UStack(k);      //生成堆栈对象
    Data ret;
    (void)tmp->Push(2);      //将数据 2 压栈
    if (!tmp->Pop(ret))      //将堆栈尾部的数据出栈放入 ret 中
    {   cerr << "Failure on Pop test no. 1 - Normal pop" << endl;
        res = false;
    }
    else
        cout << "Success on Pop test no. 1 - Normal pop" << endl;
    if (tmp->Pop(ret))      //继续弹出堆栈中的数据,操作失败,因为堆栈中没有数据
    {   cerr << "Failure on Pop test no. 2 - Pop from empty stack" << endl;
        res = false;
    }
    else
        cout << "Success on Pop test no. 2 - Pop from empty stack" << endl;
    return res;
}
```

```
int main()
{    while (1)
     {    int ch;
          Kind k;    //k为枚举变量,供选择是链表操作还是数组操作
          cout<<"choose Kind"<<endl<<"1. Array"<<endl<<"2. Pointers"<<
               endl<<"any other no. to exit"<<endl;
          cin>>ch;    //首先选择数据类型(链表还是数组)
          switch(ch){
          case 1:
               k=Array;    //选择数组结构
               break;
          case 2:
               k=Pointers;    //选择链表结构
               break;
          default:
               cout<<"bye bye"<<endl;
               exit(0);
          }
          cout<<"choose test"<<endl<<"1. insert (LIST)"<<endl<<"2. remove (LIST)"<<endl
     <<"3. push (STACK)"<<endl<<"4. pop (STACK)"<<endl<<"any other no. to exit"<<
endl;
          cin>>ch;    //在此选择操作类型
          switch(ch){
          case 1:
               if(Test_insert(k))    //插入操作
                    cout<<endl<<"insert test seccessful"<<endl;
               break;
          case 2:
               if(Test_remove(k))    //删除操作
                    cout<<endl<<"remove test seccessful"<<endl;
               break;
          case 3:
               if(Test_push(k))    //压栈操作
                    cout<<endl<<"push test seccessful"<<endl;
               break;
          case 4:
               if(Test_pop(k))    //出栈操作
                    cout<<endl<<"pop test seccessful"<<endl;
               break;
          default:
               cout<<"goodbye"<<endl;
               exit(0);
          }
```

```
        cout << endl << endl;
    }
    return 0;
}
```

第2题　双向链表

8.2.1　程序功能简介

原程序定义了模板数据类型的双向链表类型，并定义了链表的插入、删除和输出操作的成员函数。

8.2.2　课程设计要求

(1) 在原程序的基础上扩充双向链表的功能，增加排序插入、根据数据查找结点及修改结点数据等功能。

(2) 将结点数据改成通讯录中的一个记录，添加年龄、姓名、电话等数据；并能根据姓名进行向前或向后查找，链表根据姓名排序。

(3) 根据姓名查找记录时支持通配符 * 和?，即 * 通配任意字符和字符串，? 通配一个字符，字符不分大小写。

(4) 可以修改某个结点，即修改其中的年龄和电话字段，修改时新旧记录要同时显示在屏幕上，新记录按“确认”键后才替代旧记录，否则取消修改操作。

(5) 将通讯录以文件的形式存在磁盘上，每次操作时将通讯录调出，操作完毕后存盘。

评定难易等级：A级。

8.2.3　程序设计思想

1) 类的结构

原程序是一个双向链表的模板程序，内中所定义的大多数成员函数都可以直接使用，只要将模板类型的数据改成我们所需要的电话簿类型的数据即可。修改数据类型有两种方法，一是链表类成员函数的参数不变，在定义链表对象时将数据定义为电话簿类型；二是不用模板形式，直接将参数改成所需要的类型。下面的参考类的结构是采用了第二种方法。

```
struct NodeType   //结点的数据类
{
char name[20];     //姓名
char tel[20];     //电话
int age;     //年龄
};
class Node//节点类
{
    friend class DoubleLinkList;
private:
    NodeType Data;     //结点数据
    Node * NextNode;     //后向指针
    Node * PreviousNode;     //前向指针
public:
```

```
    void Show();      //输出结点数据
    Node();      //缺省构造
    Node(NodeType &Value);      //拷贝构造
    ~Node();      //析构
};
class DoubleLinkList   //双向链表类
{
private:
    Node * FirstNode;      //链表头结点指针
    Node * RearNode;      //链表尾结点指针
    void subUpdate(Node * cur);      //修改一个结点
    bool subDel(Node * cur);      //删除一个结点
    void delall();      //删除所有结点
public:
    DoubleLinkList();      //缺省构造
    ~DoubleLinkList();      //析构函数
    bool IsEmpty();      //判断是否为空链表
    void InsertAfterFront(NodeType &Value);      //将结点插入到链表头
    void InsertAtRear(NodeType &Value);      //将结点插入到链表尾
    void InserAtMiddle(NodeType &Value);      //将结点插入到链表中间
    bool RemoveFromFront();      //删除链表头结点
    bool RemoveFromMiddle();      //删除链表中间结点
    bool RemoveFromRear();      //删除链表尾结点
    void TraverseBckwards();      //从前向后输出链表结点数据
    void TraverseForwards();      //从后向前输出链表结点数据
    int LengthOfDoubleLinkList();      //返回链表结点个数
    void AddNode(NodeType Value);      //排序插入链表结点
    void DelByIndex(int index);      //根据序号输出结点
    void DelByName(char * name);      //根据姓名删除结点
    bool Search(char * name);      //根据姓名查找结点
    bool UpdateByName(char * name);      //根据姓名修改结点
    bool UpdateByIndex(int index);      //根据序号修改结点
    bool LoadFromFile(char * filename);      //从文件中输入数据
    bool SaveToFile(char * filename);      //将数据存储进文件
    Node * CreateNode(NodeType &Value);      //根据数据生成结点
};
```

2) main 函数结构

与原程序相同，main 函数采用菜单选项的形式，具体的菜单选项参考如下：

主菜单

1. 查看全部数据
2. 删除数据
3. 添加数据(数据按姓名顺序排列)

4. 修改数据

5. 查找数据

6. 从文件中输入数据

7. 将数据输出至文件

其中,选项 2 和 4 分别有子菜单,询问是根据序号还是根据姓名进行删除(修改)操作。

3) 通配符 * 和? 的设计问题

由于在查找数据时允许使用通配符 * 和?,所以要单独设计一个查找匹配的函数 bool CompStr(char * , char *),两个参数分别为电话簿中的姓名(源字符串)和输入的欲查找的姓名(目的字符串),将两个字符串中的大写字母首先转变为小写字母,然后将两字符串中的字符逐一比较,不相等时返回 false。当目的字符串中的字符为'?'时,认为源字符串中对应的字符与之匹配;当目的字符串的字符为'*'时,函数返回 ture。

为使用户界面更加友好,避免输入数据类型错误导致的程序无效循环,在输入数据时进行判断,对非法输入予以提示,具体参见样例程序说明第三部分。

输出电话簿的数据时,设定一屏显示的数据个数,超过一屏,任按一键后再显示下一屏。

8.2.4 关键源代码注解

```
/*双向链表——源代码及关键源代码注解如下:*/
// Author : Vinayak Marwah
#include <iostream.h>
#include <conio.h>
#include <assert.h>
#ifndef DoubleLinkList_H
#define DoubleLinkList_H
template< class NodeType > class Node;      //结点类
template< class NodeType > class DoubleLinkList;      //双向链表类
template< class NodeType >
class Node
{    friend class DoubleLinkList< NodeType >;      //友元类
     private :
          NodeType Data;      //结点数据部分,为模板类型的数据
          Node< NodeType > * NextNode;      //结点的后向指针,指向下一结点
          Node< NodeType > * PreviousNode;      //结点的前向指针,指向上一结点
     public :
          Node();      //默认的构造函数
          Node( NodeType &Value );      //拷贝的构造函数
          ~Node();      //析构函数
};
template< class NodeType >
class DoubleLinkList//双向链表类
{    private :
       Node< NodeType > * FirstNode;      //链表首结点
```

```
    Node< NodeType > * RearNode;      //链表尾结点
  public :
      DoubleLinkList();     //默认的构造函数
      ~DoubleLinkList();     //析构函数
      bool IsEmpty();     //判断链表是否为空链表
      void InsertAtFront( NodeType &Value );     //将结点插在链表头
      void InsertAtRear( NodeType &Value );     //将结点插在链表尾
      void InsertAtMiddle( NodeType &Value );     //将结点插在链表中间
      bool RemoveFromFront();     //将链表的头结点删除
      bool RemoveFromRear();     //将链表的尾结点删除
      bool RemoveFromMiddle();     //将链表的中间结点删除
      void TraverseForward();     //从链表头开始输出链表
      void TraverseBackwards();     //从链表尾开始输出链表
      int LenghtOfDoubleLinkList();     //返回链表的结点个数
      Node< NodeType > * CreateNode( NodeType &Value );     //根据数据生成一个结点
};
#endif
void main()
{   DoubleLinkList< int > List;     //定义双向链表类的对象
    int Value = 0 ,Option = 0;
    do
    {   cout<<"\n\t\t Driver To Test  Link List "
            <<"\n\t\t\t\t Menu ."
            <<"\n\t\t\t\t______ "
            <<"\n 1.) Insert At Front Of A Double Linked List . "
            <<"\n 2.) Insert At Rear Of A Double Linked List . "
            <<"\n 3.) Insert In Middle Of A Double Linked List . "
            <<"\n 4.) Remove From Front Of A Double Linked List. "
            <<"\n 5.) Remove From Rear Of A Double Linked List. "
            <<"\n 6.) Remove From Middle Of The Double Linked List . "
            <<"\n 7.) Traverse Forward A Double Linked List ."
            <<"\n 8.) Traverse Backwards A Double Linked List . "
            <<"\n 9.) Lenght Of The Double Linked List . "
            <<"\n 10.) End Double Linked List Processing & Exit . "
            <<"\n       Enter Your Choice : \t";
        cin>>Option;
        switch(Option)
        {   case 1 : cout<<"\n Enter Data : ";     //选择菜单选项 1
                     cin>>Value;     //输入欲插入的数据
                     List.InsertAtFront(Value);     //调用函数,将该数据插入到链首
                     break;
            case 2 : cout<<"\n Enter Data : ";
                     cin>>Value;
```

```
                List. InsertAtRear(Value);
                break;
            case 3: cout<<"\n Enter Data : ";
                cin>>Value;
                List. InsertAtMiddle(Value);
                break;
            case 4 : List. RemoveFromFront();
                break;
            case 5 : List. RemoveFromRear();
                break;
            case 6: List. RemoveFromMiddle();
                break;
            case 7 : List. TraverseForward();
                break;
            case 8 : List. TraverseBackwards();
                break;
            case 9 : cout<<"\n The Lenght Of A Double Linked List "
                    <<"\n (ie Number Of Nodes In A Double Linked List ) : "
                    <<List. LenghtOfDoubleLinkList();
                break;
            case 10 :break;
            default :Option = 10;
                break;
            }
        }
    while( Option ! = 10 );
}
template< class NodeType >
Node< NodeType >::Node()
:Data( NULL ),NextNode( NULL ),PreviousNode( NULL ) {}        //默认的构造函数
template< class NodeType >
Node< NodeType >::Node( NodeType &Value )        //结点用数据初始化
:Data( Value ),NextNode( NULL ),PreviousNode( NULL )
{       cout<<"\n A Node Created Successfully . ";}
template< class NodeType >
Node< NodeType >::~Node()       //析构函数
{       cout<<"\n A Node Destroyed Successfully .";}
template< class NodeType >
DoubleLinkList< NodeType >::DoubleLinkList()        //双向链表默认的构造函数
:FirstNode( NULL ),RearNode( NULL )
{       cout<<"\n A Double Linked List Created Successfully .";}
template< class NodeType >
DoubleLinkList< NodeType >::~DoubleLinkList()        //析构函数
```

```
{   cout<<"\n Mission : Destroy A Double Linked List . \n";
    Node< NodeType > *CurrentNode = FirstNode, *TempNode ;
    while( CurrentNode ! = NULL )
    {   TempNode = CurrentNode;
        CurrentNode = CurrentNode->NextNode;
        cout<<TempNode->Data<<" , ";
        delete TempNode;
    }
    cout<<"\n Status : Mission Successfull . "
        <<"\n A Double Linked List Destroyed Successfully ."
        <<"\n Press Any Key To Continue ";
    getch();     //暂停,任按一键继续
}
template< class NodeType >
bool DoubleLinkList< NodeType >::IsEmpty()     //判断链表是否为空,为空返回 true
{   if( FirstNode == NULL )
    {   cout<<"\n No Double Linked List Exists . ";
        return true;
    }
    else
        return false;
}
template< class NodeType >
Node< NodeType > *DoubleLinkList< NodeType >::CreateNode( NodeType &Value )     /*生成一个结点,返回结点指针*/
{   Node< NodeType > *NewNode = new Node< NodeType >( Value );
    assert( NewNode ! = NULL );
    return NewNode ;
}
template< class NodeType >
void DoubleLinkList< NodeType >::InsertAtFront( NodeType &Value )     //结点插入到链表头
{   cout<<"\n Mission : Insertion Of A Node At The Front Of The Linked List .\n";
    Node< NodeType > *NewNode = CreateNode(Value);     //根据数据生成结点
    if ( IsEmpty() )     //链表为空,结点为链表惟一的结点
    {   cout<<"\n Mission : Generating A New Double Link List . ";
        FirstNode = RearNode = NewNode ;
    }
    else
    {   FirstNode->PreviousNode = NewNode;     //与头结点的前向指针连接起来
        NewNode->NextNode = FirstNode;     //结点的后向指针与头结点连接起来
        FirstNode = NewNode;     //新结点成为头结点
        FirstNode->PreviousNode = NULL;     //新结点的前向结点为空
    }
```

```
    cout<<FirstNode->Data;
    cout<<"\n Status : Mission SuccessFull . "
        <<"\n Node Inserted At Front SuccessFully . "
        <<"\n Press Any Key To Continue . ";
    getch();
}
template< class NodeType >
void DoubleLinkList< NodeType >::InsertAtMiddle( NodeType &Value )      //结点插入到链表中间
{   cout<<"\n Operation : Insertion Of A Node In The Middle Of The Linked List .\n";
    Node< NodeType > * NewNode = CreateNode(Value);
    if ( IsEmpty() )     //链表为空,结点为链表惟一的结点
    {   cout<<"\n Mission : Generating A New Double Link List . ";
        FirstNode = RearNode = NewNode ;
    }
    else
    {   Node< NodeType > * CurrentNode = FirstNode, * TempNode;
        int Middle = (LenghtOfDoubleLinkList()/2),Position = 0;     /*计算链表结点的中间结点的序
号*/
        while( Position ! = Middle )     //依次循环至插入处
        {   CurrentNode = CurrentNode->NextNode;
            Position++;
        }
        TempNode = CurrentNode;     //结点插在当前结点前
        NewNode->PreviousNode = CurrentNode->PreviousNode;     //连接新结点的前向指针
        NewNode->NextNode = CurrentNode;     //连接新结点的后向指针
        CurrentNode = CurrentNode->PreviousNode;     //当前结点指向新结点的前向结点
        CurrentNode->NextNode = NewNode ;     //连接新结点的前向结点的后向指针
        TempNode->PreviousNode = NewNode;     //连接新结点的后向结点的前向指针
    }
    cout<<NewNode->Data;
    cout<<"\n Status : Mission SuccessFull . "
        <<"\n Node Inserted In Middle SuccessFully . "
        <<"\n Press Any Key To Continue . ";
    getch();
}
template< class NodeType >
void DoubleLinkList< NodeType >::InsertAtRear( NodeType &Value )      //结点成为链表尾结点
{   cout<<"\n Operation : Insertion Of A Node At The End Of The Linked List .\n";
    Node< NodeType > * NewNode = CreateNode(Value);
    if ( IsEmpty() )     //链表为空,结点为链表惟一的结点
    {   cout<<"\n Mission : Generating A New Double Link List . ";
        FirstNode = RearNode = NewNode ;
    }
```

```
    else
    {   NewNode->PreviousNode = RearNode;     //连接新结点的前向指针
        RearNode->NextNode = NewNode;     //连接原尾结点的后向指针
        RearNode = NewNode;     //赋值新结点为新的尾结点
        RearNode->NextNode = NULL;     //赋值尾结点的后向指针
    }
    cout<<RearNode->Data;
    cout<<"\n Status : Mission SuccessFull . "
        <<"\n Node Inserted At Rear SuccessFully . "
        <<"\n Press Any Key To Continue . ";
    getch();
}
template< class NodeType >
bool DoubleLinkList< NodeType >::RemoveFromFront()     //删除头结点,成功返回 true
{   cout<<"\n Operation : Removal Of A Node From Front Of A Double Linked List . \n";
    if( IsEmpty() )     //链表为空,删除失败
    {   cout<<"\n Invalid Operation . "
            <<"\n Status : Mission Failed . "
            <<"\n Press Any Key To Continue . ";
        getch();
        return false;
    }
    else
    {   Node< NodeType > *CurrentNode = FirstNode;
        if( FirstNode == RearNode )     //链表有惟一结点
            FirstNode = RearNode = NULL;
        else
        {   cout<<"\n Data In The First Node Is : ";
            cout<<CurrentNode->Data;
            FirstNode = FirstNode->NextNode;     //头结点后移
            FirstNode->PreviousNode = NULL ;     //新的头结点的前向指针赋值
        }
        delete CurrentNode;     //删除原头结点
        cout<<"\n Status : Mission SuccessFull . "
            <<"\n Node Removed From Front Of The Doubled Linked List Successfully ";
        return true;
    }
    cout<<"\n Press Any Key To Continue . ";
    getch();
}
template< class NodeType >
bool DoubleLinkList< NodeType >::RemoveFromMiddle()     //删除链表中间结点
{    cout<<"\n Operation : Insertion Of A Node In The Middle Of The Linked List . \n";
```

```
    if( IsEmpty() )      //链表为空,删除失败
    {    cout<<"\n Invalid Operation ."
             <<"\n Status : Mission Failed . "
             <<"\n Press Any Key To Continue . ";
         getch();
         return false;
    }
    else
    {    Node< NodeType > * CurrentNode = FirstNode, * TempNode, * TEmpNode;
         int Middle = (LenghtOfDoubleLinkList()/2),Position = 0;
         while( Position != Middle )      //循环移至删除处,删除当前结点
         {    CurrentNode = CurrentNode->NextNode;
              Position++;
         }
         TempNode = CurrentNode ;      //TempNode 为欲删除的结点
         CurrentNode = CurrentNode->NextNode ;      //欲删除结点的后向结点
         CurrentNode->PreviousNode = TempNode->PreviousNode ;      /*连接删除结点的前后两个
结点*/
         TEmpNode = TempNode->PreviousNode ;      //欲删除结点的前向结点
         TEmpNode->NextNode = CurrentNode ;      //连接前向结点的后向指针
         cout<<TempNode->Data;
         delete TempNode;      //删除结点
    }
    cout<<"\n Status : Mission SuccessFull . "
        <<"\n Node Removed From Middle SuccessFully . "
        <<"\n Press Any Key To Continue . ";
    getch();
    return true;
}
template< class NodeType >
bool DoubleLinkList< NodeType >::RemoveFromRear()
{   cout<<"\n Operation : Removal Of A Node From Rear Of A Double Linked List .\n";
    if( IsEmpty() )      //链表为空,删除失败
    {    cout<<"\n Invalid Operation ."
             <<"\n Status : Mission Failed . "
             <<"\n Press Any Key To Continue . ";
         getch();
         return false;
    }
    else
    {    Node< NodeType > * TempNode = RearNode;
         if( FirstNode == RearNode )      //链表有惟一结点
              FirstNode = RearNode = NULL;
```

```
        else
            RearNode = RearNode->PreviousNode;     //尾结点前移
        RearNode->NextNode = NULL;     //尾结点后向指针赋值
        cout<<TempNode->Data;
        delete TempNode;
        cout<<"\n Status : Mission SuccessFull . "
            <<"\n Node Removed From Rear Of The Double Linked List Successfully   .";
        return true;
    }
    cout<<"\n Press Any Key To Continue . ";
    getch();
}
template< class NodeType >
void DoubleLinkList< NodeType >::TraverseForward()     //从头结点开始输出链表结点
{   Node< NodeType > *CurrentNode = FirstNode ;
    cout<<"\n Mission : Traversing & Printing A Double Linked List . "
        <<"\n           In Forward Direction . "
        <<"\n The Double Linked List Follows : \n";
    while ( CurrentNode ! = NULL)
    {   cout<<CurrentNode->Data<<" , ";
        CurrentNode = CurrentNode->NextNode;
    }
    cout<<"\n Status : Operation Successfull . "
        <<"\n Traversed & Printed Double Linked List Successfully . "
        <<"\n Press Any Key To Continue . ";
    getch();
}
template< class NodeType >
void DoubleLinkList< NodeType >::TraverseBackwards()     //从尾结点开始输出链表结点
{   Node< NodeType > *CurrentNode = RearNode ;
    cout<<"\n Mission : Traversing & Printing A Double Linked List . "
        <<"\n           In Backward Direction "
        <<"\n The Double Linked List Follows : \n";
    while ( CurrentNode ! = NULL)
    {   cout<<CurrentNode->Data<<" , ";
        CurrentNode = CurrentNode->PreviousNode;
    }
    cout<<"\n Status : Operation Successfull . "
        <<"\n Traversed & Printed Double Linked List Successfully . "
        <<"\n Press Any Key To Continue . ";
    getch();
}
template< class NodeType >
```

```
int DoubleLinkList< NodeType >::LenghtOfDoubleLinkList()     //返回链表的结点个数
{   int NosOfNodes = 0 ;
    Node< NodeType > * CurrentNode = FirstNode ;
    cout<<"\n Mission : Traverse & Calculate The Number Of Nodes In A Double Linked List ."<<"\n
The Double Linked List Follows : \n";
    while ( CurrentNode ! = NULL)
    {   NosOfNodes++;     //依次循环,结点个数加 1
        CurrentNode = CurrentNode->NextNode;
    }
    cout<<"\n Status : Operation Successfull ."
    <<"\n Traversed & Calculated Number Of Nodes In A Double Linked List Successfully . "<<"\n
Press Any Key To Continue .";
    getch();
    return NosOfNodes;
}
```

第3题 二叉树解决四则运算问题

8.3.1 程序功能简介

原程序是利用二叉树的结构解决带括号的四则运算的问题。程序中利用二叉树的堆栈将二叉树的结点变成结点中的数据是运算符，左右子树或是标准结点形式，或是另外的标准二叉树形式，这样，程序通过后序遍历，就可将标准结点中的表达式求出。该题有一定的难度。

8.3.2 课程设计要求

(1) 读懂程序，将程序的运算步骤完整地描述出来。
(2) 四则运算的表达式可以接受空格输入。
(3) 依照运算顺序依次输出四则运算每一步的算式及结果，最后输出最终计算结果。
评定难易等级：A 级。

8.3.3 程序设计思想

原程序虽然比较复杂，但设计要求却不难，将原程序稍加修改即可完成。关键是二叉树堆栈的概念，在程序中，先计算的式子放在栈顶，首先赋值右子树，再赋值左子树，计算时也是这个顺序，这样就可以保证优先级。

8.3.4 关键源代码注解

```
/*二叉树后序遍历——源代码及关键源代码注解如下：*/
#include <iostream>
#include <string>
#include <stack>
#ifndef _TREE_H_
#define _TREE_H_
#include <math.h>
#include <sstream>
using namespace std;
bool IsOperator(string mystring)     //重载函数，检查字符串是否为运算符
{    if(mystring == "-" || mystring == "+" || mystring == "/" || mystring == "*" || mystring
== "^")
        return(true);
    else
        return(false);
}
bool IsOperator(char ops)     //重载函数，检查字符是否为运算符
{    if(ops == '+' || ops == '-' || ops == '*' || ops == '/' || ops == '^' || ops == '(' || ops == ')')
        return(true);
    else
```

```
        return(false);
}
class node_type//二叉树类结点的定义和实现
{
public:
    string data;    //字符串数据
    node_type * left_child;    //左向指针
    node_type * right_child;    //右向指针
    node_type(string k)    //用数据初始化结点
    {   data=k;
        left_child = NULL;
        right_child = NULL;
    }
};
class binary_tree    //二叉树类的定义和实现
{public:
    node_type * root;    //二叉树根结点
    void print(node_type * r);    // Postfix traversal
    binary_tree(void) { root = NULL;}    //缺省构造
    void print(void) {print (root);} //
    void evaluate()    //计算根结点数据
    {   evaluate(root);   }
    void evaluate(node_type * prt)    //递归计算结点标准形式的结点数据
    {   if(IsOperator(prt->data)          &&          ! IsOperator(prt->left_child->data)
&& ! IsOperator(prt->right_child->data))
        {   //如果遇到的二叉树结点是标准形式(中间是运算符,两边为数字),开始计算
            int num = 0;
            int num1=atoi(prt->left_child->data.c_str());
            int num2=atoi(prt->right_child->data.c_str());
            if(prt->data == "+")
              num = num1 + num2;
            else if(prt->data == "-")
              num = num1 - num2;
            else if(prt->data == "*")
              num = num1 * num2;
            else if(prt->data == "/")
              num = num1 / num2;
            else if(prt->data == "^")
              num = pow(num1,num2);
            stringstream bob;
            bob << num;
            string suzzy(bob.str());
            prt->data = suzzy;
```

```
            prt->left_child = NULL;
            prt->right_child = NULL;
        }
        else if(prt->left_child == NULL && prt->right_child == NULL);
        else//递归计算,先计算右子树,再计算左子树
        {   evaluate(prt->left_child);
            evaluate(prt->right_child);
            evaluate(prt);
        }
    }
    void clear_help(node_type * rt)      //删除结点
    {   if( rt != NULL )
        {   clear_help( rt->left_child);
            clear_help( rt->right_child);
            delete rt;
        }
    }
    void clear()     //删除全部结点
    {     clear_help(root);     }
};
node_type * build_node(string x)      //用字符串生成一个结点
{   node_type * new_node;
    new_node = new node_type(x);
    return(new_node);
}
void binary_tree::print(node_type * p)      //后序遍历
{    if(p != NULL)
    {   print(p->left_child);
        print(p->right_child);
        cout << p->data << " ";
    }
}
bool IsOperand(char ch)      //判断字符是否为数字字符
{  if ((ch >= '0') && (ch <= '9'))
      return true;
   else
      return false;
}
bool TakesPrecedence(char OperatorA, char OperatorB)      //判断运算符A与运算符B的优先级的大小
{  if (OperatorA == '(')
      return false;
   else if (OperatorB == '(')
      return false;
```

```
    else if (OperatorB == ')')
        return true;
    else if ((OperatorA == '~') && (OperatorB == '~'))
        return false;
    else if (OperatorA == '~')
        return true;
    else if (OperatorB == '~')
        return false;
    else if ((OperatorA == '*') || (OperatorA == '/'))
        return true;
    else if ((OperatorB == '*') || (OperatorB == '/'))
        return false;
    else
        return true;
}
void copy(node_type * &r1, node_type * r2)     //结点拷贝,将结点 r2 的分支结点拷贝到 r1 中
{   if(r2 == NULL)     //r2 为空结点
        r1 = NULL;
    else
    {   if(r1 == NULL)     //r1 为空结点
        {   r1 = build_node(r2->data);     //建立父结点
            copy(r1->left_child, r2->left_child);     //拷贝分支结点
            copy(r1->right_child, r2->right_child);
        }
        else
        {   r1 = build_node(r2->data);
            copy(r1->left_child, r2->left_child);
            copy(r1->right_child, r2->right_child);
        }
    }
}
#endif
/********** Checks if expression is ok *********/
bool isok(string exp)     //检查输入的字符串是否合法,左右括号是否相等等
{   char check;
    int error=0;
    int lb=0;
    int rb=0;
    for(int m=0;m < exp.size(); m++)     //逐个字符检查
    {   check = exp[m];
        if(IsOperand(check))     //判断字符是否为数字字符
        {       }
        else if(IsOperator(check))     //判断字符是否为运算符
```

```
    {   if(check == ')')      //如果为右括号
        {   rb++;      //右括号个数加 1
            if(IsOperator(exp[m+1]) && (exp[m+1]=='+' || exp[m+1]=='-' || exp[m+1]
=='*'
|| exp[m+1]=='/' || exp[m+1]=='~' || exp[m+1]==')'))      //右括号后跟这些运算符合法
            {   m++;      //判断下一个字符
                if(exp[m] == ')')      //如果为右括号,右括号数加 1
                    rb++;
            }
            else if(IsOperator(exp[m+1]))      //如果为其他运算符
                error++;      //非法
        }
        else if(check == '(')      //如果为左括号
        {   lb++;      //左括号个数加 1
            if(IsOperator(exp[m+1]) && exp[m+1] =='(')      //左括号后跟左括号合法
            {   m++;
                lb++;
            }
            else if(IsOperator(exp[m+1]))      //如果跟其他运算符,非法
                error++;
        }
        else
        {   if(IsOperator(exp[m+1]) && exp[m+1] == '(')      //如果为左括号,合法
            {   m++;
                lb++;
            }
            else if(IsOperator(exp[m+1]))      //如果运算符后接其他运算符,非法
                error++;
        }
    }
    else     //除了数字字符和运算符,其他字符非法
        error++;
  }
  if(error == 0 && lb==rb)      //如果左右括号个数相等,合法
      return(true);
  else     //否则非法
      return(false);
}
void main()
{   binary_tree etree;      //定义二叉树对象
    stack<binary_tree> NodeStack;      //定义二叉树类型的堆栈
    stack<char> OpStack;      //定义字符类型的堆栈,放运算符
    string infix;
```

```
char choice = 'y';
char c;
while(choice == 'y' || choice == 'Y')
{   cout << "\n\nIntroduce the Expression (no spaces): ";
    cin >> infix;
    cout << "---------------------------------------" << endl;
    cout << "Expression:   " << infix << endl;
    if(isok(infix))     //如果输入的字符串是合法的表达式
    {   for(int i=0; i < infix.size(); i++)
        {   c = infix[i];   //依次取字符串表达式中的字符
            if(IsOperand(c))    //如果是数字字符
            {   string tempstring;
                tempstring = tempstring + c;
                if(i+1 < infix.size() && IsOperand(infix[i+1]))
                {   while(i+1 < infix.size() && IsOperand(infix[i+1]))
                    {   tempstring = tempstring + infix[++i];     /*将相邻的数字字符放到一
起*/
                    }
                }
                binary_tree temp;
                temp.root = build_node(tempstring);     //建立数字字符串类型的二叉树
                NodeStack.push(temp);     //将其压栈
            }
            else if(c == '+' || c == '-' || c == '*' || c == '/' || c == '^')     /*如果取出的
是运算符*/
            {   if(OpStack.empty())     //字符堆栈为空
                    OpStack.push(c);    //运算符压栈
                else if(OpStack.top() == '(')     //如果字符堆栈的顶部为左括号
                    OpStack.push(c);    //运算符压栈
                else if(TakesPrecedence(c, OpStack.top()))     /*判断运算符与上一次入栈的运
算符的优先级*/
                    OpStack.push(c);    //若运算符优先级高,运算符入栈
                else//若字符堆栈顶部的优先级高
                {   while(! OpStack.empty() && TakesPrecedence(OpStack.top(), c))
                    {   binary_tree temp_tree;     //生成二叉树
                        string thisstring="";
                        thisstring = thisstring + OpStack.top();
                        OpStack.pop();
                        etree.root = build_node(thisstring);     /*将优先级高的运算符作为二叉
树的根结点*/
                        copy(temp_tree.root,NodeStack.top().root);     /*将二叉树堆栈栈顶的
二叉树复制到新生成的二叉树中*/
                        NodeStack.pop();     //复制过的二叉树删除
```

```
                        etree.root->right_child = temp_tree.root;      /*该二叉树作为新二叉
树的右分支*/
                        temp_tree.root = NULL;
                        copy(temp_tree.root,NodeStack.top().root); /*继续将下一个栈顶二叉
树复制*/
                        etree.root->left_child = temp_tree.root;      //成为新二叉树的左分支
                        NodeStack.pop();      //删除复制过的二叉树
                        temp_tree.root = NULL;
                        copy(temp_tree.root, etree.root);
                        NodeStack.push(temp_tree);      //将新生成的二叉树进栈
                        etree.root = NULL;
                    }
                    OpStack.push(c);      //将低优先级的符号压栈
                }
            }
            else if(c == '(')      //如果为左括号
                OpStack.push(c);      //直接压栈
            else if(c == ')')      //如果为右括号
            {   while(OpStack.top() != '(')      /*当栈顶不为左括号时,先计算栈中存储的运算
符,直到遇到左括号为止*/
                {      //计算过程与上面的循环类似
                    binary_tree temp_tree;
                    string thisstring="";
                    thisstring = thisstring + OpStack.top();
                    OpStack.pop();
                    etree.root = build_node(thisstring);
                    copy(temp_tree.root,NodeStack.top().root);
                    NodeStack.pop();
                    etree.root->right_child = temp_tree.root;
                    temp_tree.root = NULL;
                    copy(temp_tree.root,NodeStack.top().root);
                    etree.root->left_child = temp_tree.root;
                    NodeStack.pop();
                    temp_tree.root = NULL;
                    copy(temp_tree.root, etree.root);
                    NodeStack.push(temp_tree);
                    etree.root = NULL;
                }
                OpStack.pop();      //删除左括号
            }
        }
        while(! OpStack.empty())      //将字符串表达式扫描一遍后,如果运算符堆栈没有处理完
        {     /*同上面的循环一样,继续将运算符堆栈中的运算符与二叉树堆栈中的二叉树形成新的
```

二叉树压栈*/

```
                binary_tree temp_tree;
                string thisstring="";
                thisstring = thisstring + OpStack.top();
                OpStack.pop();
                etree.root = build_node(thisstring);
                copy(temp_tree.root,NodeStack.top().root);
                NodeStack.pop();
                etree.root->right_child = temp_tree.root;
                temp_tree.root = NULL;
                copy(temp_tree.root,NodeStack.top().root);
                etree.root->left_child = temp_tree.root;
                NodeStack.pop();
                temp_tree.root = NULL;
                copy(temp_tree.root, etree.root);
                NodeStack.push(temp_tree);
                if(! OpStack.empty())      /*如果符号堆栈中没有运算符,二叉树 etree 中是最后的二
叉树形式*/
                    etree.root = NULL;
            }
            cout << "Postfix traversal:";
            etree.print();      //后序遍历
            cout << endl;
            etree.evaluate();      //计算最后的二叉树
            cout << "Result:" << etree.root->data << endl;      //输出结果
            cout << "-----------------------------------" << endl;
            cout << "\n\nRun Program again? Enter <y/n> : ";
            cin >> choice;
            }
            else
            {   cout << "*******************************" << endl;
                cout << "ERROR:Invalid Expression" << endl;
                cout << "*******************************" << endl;
                cout << "\n\nRun Program again? Enter <y/n> : ";
                cin >> choice;
            }
      }
}
```

第 4 题　二叉树操作

8.4.1　程序功能简介

带枚举值的二叉树的实现，利用枚举值使二叉树的组成尽量平衡，即左右子树的级数相差不多。可以完成二叉树结点数据的插入、删除、查找和输出等功能。

8.4.2　课程设计要求

(1) 仔细阅读程序，回答下列问题：

a. 枚举值 Red 和 Black 在程序中起什么作用，Red 的结点和 Black 的结点有何区别？

b. 一个结点的左右子树最多可以相差几级，为什么？

c. 程序是通过哪些函数来调整二叉树左右子树的结构，举例说明如何调整。

(2) 增加对二叉树上结点中的数据进行由大到小排序的函数。

(3) 增加对二叉树上结点中的数据进行由小到大排序的函数。

(4) 增加计算二叉树中结点上数据的平均数值的函数。

(5) 修改 main 函数，增加菜单选项，使得用户可以通过键盘反复输入命令或数值，查看运行结果。

评定难易等级：A 级。

8.4.3　程序设计思想

1) 类的结构

原程序是一个二叉树的操作程序，有一定的难度，原程序定义了较完整的功能实现函数，在设计时不必改变原程序的成员函数，在原程序的基础上增加一些排序函数和求平均值的函数。

对二叉树的结点排序有两种方式，一种是二叉树中序遍历，这是较经典的一种递归方式；另一种是将最大值或最小值的结点求出，然后利用原程序所给的前向、后向求值函数，依次输出全部结点的数值。类的参考结构中用的是第一种方法。求平均值就比较简单，将二叉树遍历一遍，把结点数值累加求和平均。参考的类的结构如下：

```
class RBtree      //二叉树类
{
private:
        ……      //与原程序一致
public:
……      //与原程序一致
    void SortB();       //从大到小输出
    void Ascend(RBnode * strpP);      //升序遍历
    void SortS();       //从大到小输出
    void Descend(RBnode * strpP);      //降序遍历
    void Ave(int &Sum,RBnode * strpP)      //求平均值函数
```

```
void Average()      //求平均值
};
```

2）main 函数结构

main 函数采用菜单选项的形式，具体的菜单选项参考如下：

主菜单

……   //从 1 至 8 与原程序相同

9. 从大到小输出二叉树的值

10. 从小到大输出二叉树的值

11. 输出二叉树的平均值

0. 结束

各项操作应能循环执行。

为使用户界面更加友好，避免输入数据类型错误导致的程序无效循环，在输入数据时进行判断，对非法输入予以提示，具体参见样例程序说明第三部分。

8.4.4 关键源代码注解

```
/*  二叉树操作——源代码及关键源代码注解如下：*/
// By Dror Helper.  last updated 23.1.2002
#include<iostream.h>      // Dror Helper I.D. 034354712
#include<fstream.h>      // sample main for RB tree
#include<stdlib.h>
//Rbtree.h  Begin
#ifndef _RBTREE_H
#define _RBTREE_H
template<class T>
class RBtree//二叉树类
{
public:
    enum Color{Red,Black};      //枚举类型
private:
    class RBnode      //二叉树结点类
    {   T value;      //数据
        Color color;      //枚举变量
        RBnode *p;      //前序指针
        RBnode *left;      //左支指针
        RBnode *right;      //右支指针
        RBnode():value(0),color(Red),p(NULL),left(NULL),right(NULL){};      //缺省构造
        RBnode(const T &val):value(val),color(Red),p(NULL),left(NULL),right(NULL){};      /*
数据初始化*/
        friend class RBtree<T>;      //二叉树类是其友元类
    public:
        void Print(int level)      //输出
```

```
    {   for(int i=0;i<level;++i)      //输出空格,对齐用
            cout<<"          ";
        cout<<"|"<<value;             //输出格式 |value(color)
        if (color==Black)
            cout<<"(B)";
        else
            cout<<"(R)";
        return;
    }
  };
  RBnode * ROOT;      //二叉树根结点指针
  RBnode * NIL;      //二叉树梢末结点指针值(标志)
  int alive;      //结点个数
public:
  RBtree():ROOT(new RBnode()),NIL(ROOT),alive(0)      //缺省构造
  {NIL->left=NIL->right=NIL->p=NIL;NIL->color=Black;}
  RBtree(const T &val):ROOT(new RBnode(val)),NIL(new RBnode()),alive(1)      //用数据初始化
  {   NIL->color=Black;
      NIL->left=NIL->right=NIL->p=NIL;      //均指向为 NIL 新分配的空间
      ROOT->left=ROOT->right=ROOT->p=NIL;
  }
  ~RBtree(){if(ROOT! =NIL)     DeleteAll(ROOT);delete NIL;}      //析构函数
  void Insert(const T&);      //向二叉树添加一个新数据
  void Delete(const T&);      //从二叉树中删除一个数据
  RBnode * RBFind(const T &val)      //从二叉树中查找数据,找到返回结点指针,否则返回 NIL
  {   RBnode * tmp=ROOT;
      while((tmp! =NIL)&&(tmp->value! =val))
          tmp=val<tmp->value ? tmp->left : tmp->right;
      return tmp;
  }
  bool Find(const T &val)      //在二叉树中查找数据,找到返回 true
  {   RBnode * tmp=RBFind(val);
      return (tmp! =NIL);
  }
  RBnode* RBMax(RBnode* start)      //返回二叉树中最大值的结点指针
  {RBnode * tmp=start;while(tmp->right! =NIL)tmp=tmp->right;return tmp;}
  RBnode* RBMin(RBnode* start)      //返回二叉树中最小值的结点指针
  {RBnode * tmp=start;while(tmp->left! =NIL)tmp=tmp->left;return tmp;}
  RBnode* RBPred(RBnode* start)      //找一个结点的数值比该结点小的下一个结点
  {   RBnode * tmp=start;
      if (tmp->left! =NIL)
          tmp=RBMax(tmp->left);
      else
```

```
    {   RBnode * ptmp=tmp;
        tmp=tmp->p;
        while((tmp! =NIL)&&(ptmp! =tmp->right))     //向前寻找,直到找到第一个右分支
        {   ptmp=tmp;
            tmp=tmp->p;
        }
    }
    return tmp;
}
RBnode* RBSucc(RBnode* start)    //找一个结点的数值比该结点大的下一个结点
{   RBnode * tmp=start;
    if (tmp->right! =NIL)
        tmp=RBMin(tmp->right);
    else
    {   RBnode * ptmp=tmp;
        tmp=tmp->p;
        while((tmp! =NIL)&&(ptmp! =tmp->left))
        {   ptmp=tmp;
            tmp=tmp->p;
        }
    }
    return tmp;
}
void Print();    //输出二叉树形状
void RotateLeft(RBnode*);    //二叉树左右分支交换
void RotateRight(RBnode*);
int NodeInsert(RBnode*);    //向二叉树中插入一个结点
void FixDel(RBnode*);    //改变二叉树的结构
T Succ(const T &val)    //输出数据的后序结点值
{   RBnode * tmp=RBFind(val);    //查找结点
    if (tmp==NIL)
    {   cout<<"value not found";
        return 0;
    }
    else
        tmp=RBSucc(tmp);    //后序结点
    return tmp->value;
}
T Pred(const T &val)    //输出数据的后序结点值
{   RBnode * tmp=RBFind(val);
    if (tmp==NIL)
    {   cout<<"value not found";
        return 0;
```

```
        }
        else
            tmp=RBPred(tmp);
        return tmp->value;
    }
    T Max(const T &val){RBnode *tmp=RBMax(ROOT);return tmp->value;}    //返回最大值
    T Min(const T &val){RBnode *tmp=RBMin(ROOT);return tmp->value;}    //返回最小值
    void RBPrint(RBnode *,int);    //输出二叉树的形状
    void DeleteAll(RBnode *);    //删除二叉树的所有结点
};
template<class T>
void RBtree<T>::Insert(const T &val)    //数值插入二叉树
{   RBnode* x=new RBnode(val),*y;    //用数值生成新结点
    if(NodeInsert(x)==1)    //将结点插入二叉树,不成功返回 1
    {   cout<<val<<" alread exist in tree"<<endl;
        return;
    }
    while ((x!=ROOT)&&(x->p->color==Red))    /*x 前序结点为红色,调整 x 结点在二叉树
中的位置*/
    {   if (x->p==x->p->p->left)    //当 x 的前序结点为左子树
        {   y=x->p->p->right;    //y 为与 x 前序结点平级的右子树
            if (y->color==Red)    // y 的颜色为红色
            {   x->p->color=Black;    //x 的前序结点为黑色
                y->color=Black;    //y 为黑色
                x->p->p->color=Red;    //x 的前序结点与 y 结点的前序结点为红色
                x=x->p->p;    //赋值 x 为 y 的前序结点
            }
            else
            {   if (x==x->p->right)    //如果 x 是前序结点的右子树
                {   x=x->p;    //将 x 前移一个结点
                    RotateLeft(x);    //新插入的结点成为原结点的前序结点
                }
                x->p->color=Black;    // x 的前序结点颜色为黑色
                x->p->p->color=Red;    //再向前结点颜色为红色
                RotateRight(x->p->p);
            }
        }
        else
        {   y=x->p->p->left;
            if (y->color==Red)
            {   x->p->color=Black;
                y->color=Black;
                x->p->p->color=Red;
```

```
                x=x->p->p;
            }
            else
            {   if (x==x->p->left)
                {   x=x->p;
                    RotateRight(x);
                }
                x->p->color=Black;
                x->p->p->color=Red;
                RotateLeft(x->p->p);
            }
        }
    }
    ROOT->color=Black;
    return;
}
template<class T>
void RBtree<T>::Delete(const T &val)     //删除一个结点
{   RBnode *z,*y,*x;
    z=RBFind(val);
    if(z==NIL)
    {   cout<<val<<" not found"<<endl;
        return;
    }
    --alive;    //结点个数减 1
    if ((z->left == NIL)||(z->right==NIL))    //如果该结点为二叉树梢
        y=z;
    else
        y=RBSucc(z);    //y 为比 z 数值大的结点
    if (y->left! =NIL)
        x=y->left;    //x 为 y 的左分支
    else
        x=y->right;
    x->p=y->p;    //x 与 y 的前序结点连接起来
    if (y->p==NIL)
    {   ROOT=x;
        x->p=NIL;
    }
    else
    {   if (y==y->p->left)
            y->p->left=x;    //x 是 y 前序结点的左分支
        else
            y->p->right=x;
```

```
    }
    if (y! =z)
        z->value=y->value;      //将 y 的值复制到 z
    if (y->color==Black)
        FixDel(x);      //如果删除了黑色的结点就要改变树的结构
    delete y;       //删除 y
    if (x==NIL)
        x->p=NIL;
    return;
}
template<class T>
void RBtree<T>::RotateLeft(RBnode * x)      //原来 y 是 x 的右分支,转换后 x 成为 y 的左分支
{   RBnode * y=x->right;        //y 为 x 的右分支
    x->right=y->left;       //将 y 的左分支的地址 z 赋给 x 的右分支
    if (y->left! =NIL)
        y->left->p=x;       //将 z 与 x 连接起来
    y->p=x->p;      //将 y 与 x 的前序结点连接起来
    if (x->p==NIL)
        ROOT=y;
    else if (x==x->p->left)     //如果 x 本身是左分支
        x->p->left=y;       //y 也是 x 前序结点的左分支
    else
        x->p->right=y;
    y->left=x;      //x 变成 y 的左分支
    x->p=y;     //改变 x 前序指针
    return;
}
template<class T>
void RBtree<T>::RotateRight(RBnode * x)     //原来 y 是 x 的左分支,转换后 x 是 y 的右分支
{   RBnode * y=x->left;     //y 是 x 的左分支
    x->left=y->right;
    if (y->right! =NIL)
          y->right->p=x;        //将 y 的右分支 z 与 x 连接起来
    y->p=x->p;      //y 与 x 的前序结点连接起来
    if (x->p==NIL)
        ROOT=y;
    else if (x==x->p->right)
        x->p->right=y;
    else
        x->p->left=y;
    y->right=x;     //x 成为 y 的右分支
    x->p=y;     //y 是 x 的前序结点
    return;
```

```
}
template<class T>
int RBtree<T>::NodeInsert(RBnode * x)      //将结点插入二叉树
{   RBnode * tmp1=ROOT, * tmp2=tmp1;
    if (ROOT==NIL)     //链表为空,插入结点是惟一的
    {   ROOT=x;     //赋值根结点
        x->left=x->right=x->p=NIL;     //惟一结点
        ++alive;     //结点个数加 1
        return 0;
    }
    while((tmp1!=NIL)&&(tmp1->value!=x->value))     //寻找插入点
    {   tmp2=tmp1;
        tmp1=x->value>tmp1->value ? tmp1->right : tmp1->left;     //右子树的数值大
    }
    if (tmp1==NIL)     //如果顺着二叉树没有找到插入点
    {   if (x->value>tmp2->value)     //如果其值大于最后一个结点的值
            tmp2->right=x;     //插入到该结点的右边
        else
            tmp2->left=x;     //否则插入到该结点的左边
        x->p=tmp2;     //x 的前序结点为 tmp2
        x->left=x->right=NIL;     //其左右指针指向 NIL
        ++alive;     //结点个数加 1
        return 0;     //成功返回
    }
    return 1;     //如果二叉树内有相同的数值,返回 1
}
template<class T>
void RBtree<T>::FixDel(RBnode * x)     //改变二叉树的结构
{   RBnode * w;
    while ((x!=ROOT)&&(x->color==Black))
    {   if (x==x->p->left){
            w=x->p->right;
            if (w->color==Red){
                w->color=Black;
                x->p->color=Red;
                RotateLeft(x->p);
                w=x->p->right;
            }
            if ((w->left->color==Black)&&(w->right->color==Black))
            {   w->color=Red;
                x=x->p;
            }else{
                if (w->right->color==Black)
```

```
            {   w->left->color=Black;
                w->color=Red;
                RotateRight(w);
                w=x->p->right;
            }
            w->color=x->p->color;
            x->p->color=Black;
            w->right->color=Black;
            RotateLeft(x->p);
            x=ROOT;
        }
    }
    else
    {   w=x->p->left;
        if (w->color==Red)
        {   w->color=Black;
            x->p->color=Red;
            RotateRight(x->p);
            w=x->p->left;
        }
        if ((w->right->color==Black)&&(w->left->color==Black))
        {   w->color=Red;
            x=x->p;
        }
        else
        {   if (w->left->color==Black)
            {   w->right->color=Black;
                w->color=Red;
                RotateLeft(w);
                w=x->p->left;
            }
            w->color=x->p->color;
            x->p->color=Black;
            w->left->color=Black;
            RotateRight(x->p);
            x=ROOT;
        }
    }
  }
  x->color=Black;
  return;
}
template<class T>
```

```
void RBtree<T>::Print()
{   int depth=-1;
    RBnode *x=ROOT;
    RBPrint(x,depth);
    return;
}
template<class T>
void RBtree<T>::RBPrint(RBnode *x,int level)    //输出二叉树的形状
{   if (x==NIL) return;
    ++level;
    RBPrint(x->right,level);
    x->Print(level);
    cout<<"---|"<<endl;
    RBPrint(x->left,level);
    return;
}
template<class T>
void RBtree<T>::DeleteAll(RBnode *x)
{   if(x==NIL) return;
    DeleteAll(x->left);
    DeleteAll(x->right);
    delete x;
};
#endif
//Rbtree.h end
int main()
{
    int choice,num;
    RBtree<int> tr;
    cin>>choice;    //输入选择的操作
    while(choice! =0)
    {
        if(choice<6)
        cin>>num;    //插入、删除、查找的数据
        switch(choice)
        {
        case(1):cout<<"Insert - "<<num<<endl;    //选择1,插入数据
            tr.Insert(num);
            break;
        case(2):cout<<"Delete - "<<num<<endl;    //选择2,删除数据
            tr.Delete(num);
            break;
        case(3):cout<<"Find - "<<num<<endl;    //选择3,查找数据
```

```
            if(tr.Find(num))
                cout<<num<<" exist in tree"<<endl;
            else
                cout<<num<<" doesn't exist in tree"<<endl;
            break;
        case(4):cout<<"the successor of "<<num<<" is:"<<endl;      //查找后续结点
            cout<<tr.Succ(num);
            cout<<endl;
            break;
        case(5):cout<<"the predecessor of "<<num<<" is:"<<endl;      //查找前向结点
            cout<<tr.Pred(num);
            cout<<endl;
            break;
        case(6):cout<<"the min value of the tree is: ";      //查找最小值
            cout<<tr.Min(num);
            cout<<endl;
            break;
        case(7):cout<<"the max value of the tree is: ";      //查找最大值
            cout<<tr.Max(num);
            cout<<endl;
            break;
        case(8):cout<<"printing tree"<<endl;      //输出链表
            tr.Print();
            break;
        default:cout<<endl<<"the choice number is out of range"<<endl;
            break;
        }
        cin>>choice;
    }
    return 0;
}
```

★★★★★

第 5 题　模板实现排行榜管理

8.5.1　程序功能简介

模板形式的二叉树操作的实现。定义了二叉树的一些基本功能：插入、查找、删除、删除子树、前序、中序及后序遍历等，在示范例子中构造了整型数据形式的二叉树。

8.5.2　课程设计要求

(1) 将模板类型用排行榜数据替代，构建一棵二叉树，表示游戏挑战大赛积分排行榜；当出现一个挑战者，其成绩能加到数据库中；也可将弃权者的记录从数据库中删除。

(2) 能显示分数的排行榜，能根据姓名的顺序显示分数。

(3) 统计平均得分。

(4) 根据人名查找分数。

(5) 根据分数查找人名。

(6) 修改 main 函数，可以从键盘输入数据，要求界面清楚，并可循环操作。

评定难易等级：A 级。

8.5.3　程序设计思想

1) 类的结构

原程序已详细定义了二叉树的各种基本的操作，在设计时不必改变原程序的成员函数，关键是要改变原程序的结点类中的数据类型，将模板类型变换成我们需要的排行榜的数据类型。由于课程设计中要求能分别根据姓名和成绩排序，对于一个二叉树对象来说，根据两种不同类型的数据排序是很难实现的，而为了利用已编写好的模板类的成员函数，最好不要对已有的二叉树的成员函数进行变动，所以这里我们定义了两个二叉树对象，分别根据姓名和成绩的顺序进行构造，相应地定义了两个不同名的数据类，分别重载二叉树类中成员函数所需的运算符，这样，用相同的类定义就可以实现不同的排序功能。供参考的数据类定义如下：

```
class SCORE      //成绩类,可以根据成绩构造二叉树
{
private:
    char szName[20];      //姓名
    float flScore;    //成绩
public:
    SCORE(){strcpy(szName,""); flScore=0;}
    SCORE(char * name, float score){strcpy(szName,name);flScore=score;}
    char * GetName(){return szName;}      //返回姓名,删除姓名类二叉树时使用
    int operator >(SCORE &record);      //重载各种运算符,实现二叉树类的功能时使用
    int operator <(SCORE &record);
    int operator ==(SCORE &record);
    friend istream& operator>>(istream &is, SCORE &);
```

```
    friend ostream& operator<<(ostream &os, SCORE &);
};
class Record      //姓名类数据,根据姓名的顺序构造二叉树
{
private:
    char szName[20];
    float flScore;
public:
    Record(){strcpy(szName,""); flScore=0;}
    Record(char * name, float score){strcpy(szName,name);flScore=score;}
    float GetScore(){return flScore;}      //返回成绩
    int operator >(Record &record);
    int operator <(Record &record);
    int operator ==(Record &record);
    friend istream& operator>>(istream &is, Record &);
    friend ostream& operator<<(ostream &os, Record &);
};
```

在二叉树的插入操作中,输入姓名和成绩后,两个二叉树对象一起构建,在删除结点的操作中,如果删除了其中一个二叉树对象的数据,那么另一个对象的同一个数据也要删除,这时,就要将结点的数据读出,生成另一个树对象的结点,实现数据的同步删除,参考的程序如下:

```
//根据姓名删除结点
void Delete(TREESTRUCT<Record> &mytree,TREESTRUCT<SCORE> &myscore)
{Record * rec;
    TreeNode<Record>   * tree;
    SCORE * score;
    char choice;
    float flscore;
    char name[20];
    do
    {   cout<<"请输入欲删除结点的姓名:";
        cin. getline (name,20);
        rec=new Record(name,0);      //生成姓名类二叉树的结点数据
        if(tree=mytree. searchNodes( * rec))
        {   flscore=tree->data . GetScore();      //将树中结点数据的成绩读出
            mytree. remove( * rec);      //删除姓名类二叉树结点
            score=new SCORE("",flscore);      //根据读出的成绩生成成绩类二叉树的结点数据
            myscore. remove( * score);      //删除成绩类二叉树结点
        }
        cout<<"是否继续(y/n)?";
        cin>>choice;
        cin. ignore ();
    }while(choice=='y'||choice=='Y');
```

```
        return ;
    }
```

以上是参考的程序片段，可以将根据姓名删除和根据成绩删除的程序编写成一个函数，使程序更加简练。

2）main 函数结构

main 函数采用菜单选项的形式，具体的菜单选项参考如下：

主菜单

1. 插入结点
2. 根据姓名删除结点
3. 根据姓名查找结点
4. 根据姓名排序输出
5. 根据成绩删除结点
6. 根据成绩查找结点
7. 根据成绩排序输出
0. 退出

各项操作应能循环执行。

为使用户界面更加友好，避免输入数据类型错误导致的程序无效循环，在输入数据时进行判断，对非法输入予以提示，具体参见样例程序说明第三部分。

3）进一步完善程序

为了使程序更加实用，可以在程序中添加文件的输入输出功能，这样，就可以保存排行榜数据并将不同的排行榜文件读入程序进行管理操作。

8.5.4 关键源代码注解

```
/*  模板实现排行榜管理——源代码及关键源代码注解如下：*/
//Coded by Joe Konney II
//Templated binary tree class
#include <iostream.h>
#include <string.h>
template< class T>
struct TreeNode
{   TreeNode * right;
    TreeNode * left;
    T data;
};
template< class T >
class TREESTRUCT
{
 public:
    TREESTRUCT() { root = NULL;}      //缺省的构造函数
    ~TREESTRUCT()
      { makeDeleteSubTree(root); root = NULL;}      //析构函数
```

```
        void removeSubTree(T data);    //从根结点处开始查找,删除数据 data 所在的树形分支
        void deleteSubTree(T data, TreeNode<T> * &nodePtr);    //查找数据 data 所在的树形分支
        void makeDeleteSubTree(TreeNode<T> * &tRoot);    //删除结点指针为 tRoot 的树形分支
        void insertNode(T);    //插入结点
        void remove(T data);    //从根结点查找数据为 data 的结点并删除
        void deleteNode(T num, TreeNode<T> * &nodePtr);    /* 从指针为 nodePtr 的结点处查找数据
为 num 的结点 */
        void makeDeletion(TreeNode<T> * &nodePtr);    //删除指针为 nodePtr 的结点
        void showNode(TreeNode<T> *);    //显示结点数据
        void showNodesInOrder()    //顺序显示二叉树
            {showNodesInOrder(root);}
        void showNodesInOrder(TreeNode<T> *);    //根据结点顺序显示二叉树
        void showNodesPreOrder()    //前序遍历
            {showNodesPreOrder(root);}
        void showNodesPreOrder(TreeNode<T> *);    //前序遍历
        void showNodesPostOrder()    //后序遍历
            {showNodesPostOrder(root);}
        void showNodesPostOrder(TreeNode<T> *);    //后序遍历
        void showRoot()    //显示根结点的数据
            {cout<<"ROOT: "<<root->data<<endl;}
        TreeNode<T>* searchNodes(T);    //查找结点,返回结点指针
        TreeNode<T>* getRoot();    //返回根结点指针
        T getRootData();
    private:
        TreeNode<T>* root;    //二叉树根结点
};
template< class T>
T TREESTRUCT<T>::getRootData()
{    return root->data;}
template< class T>
void TREESTRUCT<T>::remove(T data)    //从根结点查找数据为 data 的结点并删除
{    deleteNode(data, root);    }
template< class T>
void TREESTRUCT<T>::deleteNode(T num, TreeNode<T> * &nodePtr)    /* 从指针为 nodePtr 的
结点处查找数据为 num 的结点 */
{    if(num < nodePtr->data)    //循环查找被删除结点的数据
         deleteNode(num, nodePtr->left);
     else if(num > nodePtr->data)
         deleteNode(num, nodePtr->right);
     else
         makeDeletion(nodePtr);    //删除结点
}
template< class T>
```

```
void TREESTRUCT<T>::makeDeletion(TreeNode<T> *&nodePtr)      //删除指针为 nodePtr 的结点
{   TreeNode<T> *tempNodePtr;
    cout << "\t\tDELETING " << nodePtr->data << endl;
    if(nodePtr == NULL)
        cout << "Cannot delete empty node!" << endl;
    else if(nodePtr->right == NULL)
    {   tempNodePtr = nodePtr;
        nodePtr = nodePtr->left;     //引用的参数转移
        delete tempNodePtr;     //删除结点
    }
    else if(nodePtr->left == NULL)
    {   tempNodePtr = nodePtr;
        nodePtr = nodePtr->right;
        delete tempNodePtr;
    }
    else
    {   tempNodePtr = nodePtr->right;
        while(tempNodePtr->left)
        tempNodePtr = tempNodePtr->left;
        tempNodePtr->left = nodePtr->left;     //将被删除结点的左分支接到右分支的最后
        tempNodePtr = nodePtr;
        nodePtr = nodePtr->right;
        delete tempNodePtr;
    }
}
template< class T>
TreeNode<T>* TREESTRUCT<T>::searchNodes(T search)     //查找结点
{   TreeNode<T> *tRoot = root;
    if(tRoot == NULL)
        return 0;
    if(tRoot->data == search)
        return tRoot;
    while(tRoot != NULL)
    {   if(search < tRoot->data)
            tRoot = tRoot->left;
        else if(search > tRoot->data)
            tRoot = tRoot->right;
        else if(search == tRoot->data)
            return tRoot;
        else
            return 0;
    }
    return 0;
```

```
}
template< class T>
void TREESTRUCT<T>::showNode(TreeNode<T> * tNode)      //显示结点数据
{   if(tNode)
        cout << tNode->data << endl;
    else
        cout << "Query is not in binary tree. " << endl;
}
template< class T>
void TREESTRUCT<T>::removeSubTree(T data)      /* 从根结点处开始查找,删除数据 data 所在的树形分支 */
{   deleteSubTree(data, root);}
template< class T>
void TREESTRUCT<T>::deleteSubTree(T data, TreeNode<T> * &nodePtr)      /* 查找数据 data 所在的树形分支 */
{   if(data < nodePtr->data)      //递归查找分支结点
        deleteSubTree(data, nodePtr->left);
    else if(data > nodePtr->data)
        deleteSubTree(data, nodePtr->right);
    else
    {   makeDeleteSubTree(nodePtr->left);      //分别删除 data 及左右分支
        makeDeleteSubTree(nodePtr->right);
        nodePtr = NULL;
    }
}
template< class T>
void TREESTRUCT<T>::makeDeleteSubTree(TreeNode<T> * &tRoot)      /* 删除结点指针为 tRoot 的树形分支 */
{   if(tRoot == NULL) return;
    makeDeleteSubTree(tRoot->left);      //从梢到头删除结点
    makeDeleteSubTree(tRoot->right);
    cout << "\t\tDELETING SUBTREE NODE " << tRoot->data << endl;
    delete tRoot;
}
template< class T>
void TREESTRUCT<T>::showNodesInOrder(TreeNode<T> * tRoot)      //中序遍历排序输出
{   if(tRoot==NULL)
        return;
    showNodesInOrder(tRoot->left);
    cout << tRoot->data << endl;
    showNodesInOrder(tRoot->right);
}
template< class T>
```

```
void TREESTRUCT<T>::showNodesPreOrder(TreeNode<T> *tRoot)     //前序遍历
{   if(tRoot==NULL) return;
    cout << tRoot->data << endl;
    showNodesInOrder(tRoot->left);
    showNodesInOrder(tRoot->right);
}
template< class T>
void TREESTRUCT<T>::showNodesPostOrder(TreeNode<T> *tRoot)     //后序遍历
{   if(tRoot==NULL) return;
    showNodesInOrder(tRoot->left);
    showNodesInOrder(tRoot->right);
    cout << tRoot->data << endl;
}
template< class T>
TreeNode<T> * TREESTRUCT<T>::getRoot()     //返回根结点地址
{   return root;}
template< class T >
void TREESTRUCT<T>::insertNode(T data)     //插入结点
{   TreeNode<T> * newNode = new TreeNode<T>;     //新建结点
    TreeNode<T> * nodePtr;
    newNode->data = data;     //结点赋值
    newNode->left = newNode->right = NULL;
    if(! root)
        root = newNode;     //惟一结点
    else
    {   nodePtr = root;
        while(nodePtr ! = NULL)     //循环查找,将结点插入树中
        {   if(newNode->data < nodePtr->data)
            {   if(nodePtr->left)
                    nodePtr = nodePtr->left;
                else
                {   nodePtr->left = newNode;
                    break;
                }
            }
            else if(newNode->data > nodePtr->data)
            {   if(nodePtr->right)
                    nodePtr = nodePtr->right;
                else
                {   nodePtr->right = newNode;
                    break;
                }
            }
```

```
            else
            {   cout << "Duplicate value(" << data << ") found in tree";
                break;
            }
        }
    }
}
//示范的二叉树形状:
//              5
//            /   \
//           /     \
//         /          \
//     -5               11
//       \             /
//        0           9
//          \        /
//           1      7
//             \   / \
//              4  6  8
//             /
//            3

void main()
{   TREESTRUCT<int> mytree;     //建立整型数据的二叉树
    mytree.insertNode(5);     //依次插入以下数据
    mytree.insertNode(-5);
    mytree.insertNode(0);
    mytree.insertNode(1);
    mytree.insertNode(4);
    mytree.insertNode(3);
    mytree.insertNode(-1);
    mytree.insertNode(11);
    mytree.insertNode(9);
    mytree.insertNode(7);
    mytree.insertNode(8);
    mytree.insertNode(6);
    mytree.showRoot();     //显示二叉树数据根结点数据
    cout << "SHOW:" << endl;
    mytree.showNodesInOrder();     //升序显示二叉树数据
    mytree.remove(4);     //删除数据 4 所在的结点
    mytree.showNodesInOrder();     //升序显示二叉树数据
    mytree.removeSubTree(7);     //删除数据 7 所在的结点及连接在结点上的子树
    cout << "SHOW:" << endl;
```

```
    mytree.remove(5);      //删除数据为 5 的结点
    cout << "SHOW:" << endl;
    mytree.showNodesInOrder();      //升序显示剩余的数据
    mytree.showRoot();      //显示根结点
    cout << "SUCCESS! GOING TO DECONSTRUCTOR!" << endl;
}
```

第 6 题　模板实现电话簿管理

8.6.1　程序功能简介

模板形式的单向链表操作的实现。定义了单向链表的一些基本功能：插入、查找、删除、输出等，还定义了一些常用运算符的重载运算。在示范例子中构造了整型数据形式的链表及其简单操作。

8.6.2　课程设计要求

(1) 将模板类型用电话簿数据替代，建立一个用电话簿姓名排序的链表，可以完成电话簿管理的一些基本功能，如输入数据、分别根据姓名及电话号码查找数据、根据姓名及电话号码删除数据、输出电话簿数据内容等。

(2) 增加程序的文件输入输出功能，可以将电话簿数据保存在文件中，也可以从指定的文件中读入电话簿数据进行管理。

(3) 修改 main 函数结构，可以从键盘或文件中读入数据并可以根据用户的需要选择操作命令。

评定难易等级：A 级。

8.6.3　程序设计思想

1) 类的结构

原程序已定义了单向链表的各种基本操作，只有链表结点的插入操作是将结点插入到链表头，没有排序插入，不符合设计要求，其他的成员函数都无需作大的变动，在设计时关键是要改变原程序的结点类中的数据类型，将模板类型变换成我们需要的电话簿的数据类型，因此定义了电话簿类型的数据类，其中重载了链表中成员函数所需的各种运算符。这样，就可以用原程序中定义的函数完成对我们需要的数据类型的操作。参考的数据类定义如下：

```
class TelBook      //电话簿类
{
private:
    char szName[20];      //姓名
    char szCode[20];      //电话
public:
    TelBook(){strcpy(szName,"");strcpy(szCode,"");}
    TelBook(char * name,char * code);      //用数据构造
    TelBook(TelBook &tel){strcpy(szName,tel.szName);strcpy(szCode,tel.szCode);}
    int operator >=(TelBook &tel);      //重载>=运算符
    int operator <(TelBook &);      //重载<运算符
    int operator==(TelBook &) const;      //重载==运算符
    friend istream& operator>>(istream &is,TelBook &tel);      //重载输入流
    friend ostream& operator<<(ostream &os,TelBook &tel);      //重载输出流
```

```
};
原程序中链表类需改动的函数
template <class T>
class LList
{
protected:
……    //与原程序一致
 * Last;    //该指针指向链表尾结点,可以省略
public:
……    //与原程序一致
    void Print();    //修改其中的 Last 指针部分
    void Insert(T& el);    //需改动的函数,排序插入结点
};
```

注意:原程序中链表成员函数的很多参数用了 const 加以限制,在调用时也要用 const 形式的实参调用,如果实际调用的为非 const 形式的变量,那么要将原程序函数参数中的 const 去掉。

2) main 函数的结构

main 函数采用菜单选项的形式,具体的菜单选项参考如下:

1. 插入电话簿数据
2. 根据姓名查找电话簿数据
3. 根据号码查找电话簿数据
4. 根据姓名删除电话簿数据
5. 根据号码删除电话簿数据
6. 输出电话簿数据
7. 输入电话簿数据文件
8. 输出电话簿数据文件
0. 退出

各项操作应能循环执行。

为使用户界面更加友好,避免输入数据类型错误导致的程序无效循环,在输入数据时进行判断,对非法输入予以提示,具体参见样例程序说明第三部分。

8.6.4 关键源代码注解

```
/*模板实现电话簿——源代码及关键源代码注解如下:*/
#ifndef LINKEDLIST
#define LINKEDLIST
#include <fstream.h>
#include <assert.h>
template <class T> //模版,使用方法见 VC++手册
class LList
{
protected:
```

```
    struct Node
    {   T Data;    //自定义的结点数据类型
        Node * Next;
        Node()
        {   Next=0;      }
        Node(T element, Node * ptr=0)
        {   Data = element;
            Next=ptr;
        }
    }
     * First, * Last;    //是指向结点(Node 类型)的指针
    int NumberNodes;    //链表的结点个数
public:
    LList(){ First=0; Last=0; NumberNodes=0;}    //构造函数
    ~LList();    //析构函数
    LList(const LList& L);    //拷贝的构造函数
    int Length();    //返回结点个数
    T& operator[](int i);    //重载运算符[]
    void Print();    //输出链表结点数据
    const T& operator[](int i) const;    //重载[ ]
    void Insert(const T& el);    //插入结点
    void Append(const LList<T>& L);    //连接两个链表
    void Remove(int location);    //删除结点
    int Search(const T& value)const;    //查找结点
    friend ostream& operator<<(int s,const LList<T>& L) ;    //输出
};
template <class T>
LList<T>::~LList()    //析构函数
{   Node * p=First;
    while( p ! =0)    //依次析构链表上的各个结点
    {   First=p->Next;
        delete p;
        p=First;
    }
    NumberNodes=0;
    Last=0;
}
template <class T>
int LList<T>::Length() { return  NumberNodes;}    //返回结点个数
template <class T>
LList<T>::LList(const LList& L)    //拷贝的构造函数
{   Node * Old=L. First, * New=0;
    NumberNodes=L. NumberNodes;
```

```
    if(NumberNodes==0)      //如果原链表没有结点
        First=0;      //链表首指针为空
    else
    {   New= new Node(Old->Data);      //新链表开辟结点空间拷贝原链表的数据
        assert(New ! =0);      //判断 New 指针是否不空,assert()在 assert.h 中
        Old=Old->Next;
        First=New;
    }
    while(Old ! =0)      //循环复制原链表中的结点数据,形成新链表
    {   New->Next= new Node(Old->Data);
        assert(New->Next ! =0);
        New= New->Next;
        Old= Old->Next;
    }
    Last=New;
}
template <class  T>
ostream& operator<<(ostream & s,const LList<T>& L)      //重载输出流
{   int i,M=L.Length();      //链表结点个数
    for(i=0;i<M-1;i++)      //输出结点数据
    {   s << L[i] << ",";   }
    s << L[M-1] ;
    return s;
}
template <class T>
void LList<T>::Print()      //输出函数输出结点数据
{    Node *p=First;      //从链表的头结点开始,依次输出链表的结点值
     while (p! =Last)
     {  cout << p->Data <<",";
        p=p->Next;
     }
     cout << p->Data << endl;
}
template <class T>
T& LList<T>::operator[](int i)      //重载[]运算符,返回该结点的数据,可以赋值
{   assert(i >=0);
    assert(i <NumberNodes);
    Node *p=First;
    for(int k=0;k<i;k++)      //寻找从链表头开始的第 i 个结点
    {   p = p->Next;}
    return p->Data;
}
template <class T>
```

```
const T& LList<T>::operator[](int i) const//重载[]运算符,参数及返回值均为常数,只能输出
{    assert(i >=0);
     assert(i <NumberNodes);
     Node * p=First;
     for(int k=0;k<i;k++)
     {    p = p->Next;     }
     return p->Data;
}
template <class T>
void LList<T>::Insert(const T& el)     //将结点插入到链表头
{    Node * newnode= new Node(el);
     assert(newnode  ! =0);
     newnode->Next=First;
     First=newnode;
     if(NumberNodes==0) Last=newnode;
     NumberNodes++;     //结点个数加 1
}
template <class T>
void LList<T>::Remove(int location)     //移去第 location 个结点
{    assert(location >=0);
     assert(location < NumberNodes);
     Node * p;
     if(location==0)     //如果为头结点
     {    p=First;
          First=p->Next;     //链表头结点后移
          p->Next=0;
     }
     else
     {    Node * pp=First;
          for(int i=0;i<location-1;i++)     //pp 指向欲删除结点的后一个结点
               pp=pp->Next;
          p=pp->Next;     //p 指向欲删除结点
          pp->Next=p->Next;     //删除结点
          p->Next=0;
          if(location==NumberNodes-1) Last=pp;
     }
     delete p;
     NumberNodes--;
}
template<class T>
int LList<T>::Search(const T& value)const     //寻找数据为 value 的结点,返回结点序号
{    Node * p=First;
     for(int i=0;i<NumberNodes;i++)
```

```
    {   if(p->Data==value) return i;      //找到,返回序号
        else p=p->Next;
    }
    return -1;      //没有找到,返回-1
}
template <class T>
void LList<T>::Append(const LList<T>& L)    //将参数链表 L 接到对象链表中
{   Node *p=L.First;      //p 为参数链表的头指针
    while(p != 0)
    {   Insert(p->Data);      //依次将参数链表的结点插入到对象链表中
        p=p->Next;
    }
}
#endif
main()
{   LList<int> L,M;      //定义两个链表 L,T;数据成员为整型变量
    L.Insert(2);      //插入结点值
    L.Insert(3);
    for(int i=0;i<10;i++) L.Insert(i);      //循环插入 10 个结点
    L.Print();      //输出
    cout << endl;
    L.Remove(0);      //删除头结点
    L.Print();
    cout << endl;
    L.Remove(1);      //删除 L 链表的第二个点
    L.Print();
}
```

附录1 变量命名应遵守的原则

建议变量命名遵守表1和表2的前缀约定。

表1 常用的变量前缀

前缀	含义	前缀	含义
a	数组	l	长整型
ch	字符	lp	长指针
cb	字节计数	n	整型
dw	无符号长型	np	近指针
h	16位的句柄	pt	点结构(x,y)
hdc	设备描述表的句柄	r	矩形结构
hwnd	窗口的句柄	sz	以空字符为结束符的字符串
i	索引	w	无符号整型

表2 常用的变量前缀

前缀	含义	前缀	含义
fl	float	np	整型指针
dl	double	chp	字符型指针
str	结构体	flp	float 指针
strp	结构体指针	dlp	double 指针
na	整型数组	fpinfile	输入文件指针
sz	字符型数组	fpoutfile	输出文件指针

附录 2　VC++编程应遵守的原则

1) 编程命名原则

关于宏、常量、变量和函数名等的前缀建议参考附录 1。命名要本着清楚、简单的原则，名字尽可能精确地表达其内容。避免用模棱两可、晦涩或不标准的缩写，避免使用会引起误解的词汇。变量名、类和对象名应是名词，实现行为的类成员函数名应是动词。

2) 使用宏的原则

尽量用常量替代实现类似功能的宏，尽量用 typedef 代替宏定义新类型，尽量用 inline 函数代替实现类似功能的宏。若宏值多于一项，一定要使用括号，宏的每个参数都要括起来。不要在公共头文件中定义宏，不要用宏改写语言。

3) 使用类型的原则

慎用无符号类型、浮点数类型、union 类型。慎用位操作，用 enum 取代(一组相关的)常量，(尽量)用引用取代指针。

4) 使用函数的原则

一定要做到先定义后使用。重复使用的代码可用函数代替。函数原型声明要放在一个头文件中，函数无参数一定要用 void 标注，函数的基本类型参数应传值，函数的非基本类型参数应先考虑传递引用，后考虑传递指针。避免使用参数不确定的函数，避免函数的参数过多。定义清楚返回类型，尽量保证函数只有惟一 return 语句。返回指针类型的函数应该用 NULL 表示失败。

5) 使用条件编译的原则

若使用＃if 或＃ifdef，不要遗漏＃else，对复杂的编译条件用括号使其清晰，条件编译和普通条件语句不要混合使用。

6) 使用类的原则

类应是描述一组对象的集合，避免为每个类成员提供访问函数。不要在类定义时，实现类中的函数体部分。努力使类中的函数尽可能少。类中的函数声明时定义参数的缺省值。

7) 使用继承的原则

限制继承的层数，慎用多重继承。基类析构函数首选是虚函数。不要重新定义继承来的非虚函数，不要重新定义缺省参数值，不要将基类强制转换成派生类。

8) 使用异常处理的原则

确保代码在异常出现时能正确处理。抛出的异常最好是一个对象，捕捉异常时用引用。

9) 使用代码格式的原则

水平缩进每次用两个空格。在引用操作符前后加空格，在单目操作符和其操作对象间不要加空格，在“::”前后不要加空格，函数名和左括号之间不要加空格。

函数间要用空行分开。一条语句占一行，每一行不超过 78 个字符。所有 switch 语句要用 default 分支。变量定义集中放置在一起，每个变量占一行，按字母顺序排列。

10) 使用注释的原则

注释要简单、清楚、切中要害。注释用词要精确，不能有二义性，注释中的术语要通用。注释清楚基本类型变量及扩充类型的变量；注释清楚每个引用的头文件。

注释清楚函数要实现的功能,注释清楚函数实现的方法(或称实现算法),注释清楚函数体中的每个变量,每行程序。

11) 兼容性原则

遵守 ANSI C 和 ISO C++国际标准。确保类型转换不会丢失信息,注意运算溢出问题。注意引用公共库的兼容性,一定不要重新实现标准库函数。将所有#include 的文件名视为大小写有区别的。确保 main()函数总是返回一个整型。

12) 性能原则

不要用移位代替乘除运算。避免在循环体内部定义对象,尽量减少对象拷贝、临时对象、对象数组。

使用前缀++和--比使用后缀++和--效率高,使用非递归方法比使用递归方法效率高,使用 inline 函数比使用普通函数效率高。

参　考　文　献

主要书籍：

1　陈世忠编著．C＋＋编程规范．北京：人民邮电出版社，2002

2　董士海主编．图像格式编程指南．北京：清华大学出版社，1994

3　陆润民．C语言绘图教程．北京：清华大学出版社，1996

4　谭浩强．C程序设计．北京：清华大学出版社，2000

5　王强如，李兰友编．C语言绘图与计算机仿真技术．北京：北京航空航天大学出版社，1996

6　张岳新．Visual C＋＋程序设计基础．苏州：苏州大学出版社，2000

主要网站：

http://www.yahoo.com/

http://www.webwareindex.com/

http://cplus.about.com/cs/

http://www.digitalmars.com/

http://www.cuj.com/

http://www.thefreecountry.com/

http://msdn.microsoft.com/

http://www.javacode.net/

http://www.pscode.com/

http://directory.google.com/